Nativo Matemáticas 5

Ernesto Vega Jánica

El libro **Nativo Matemáticas** de **quinto grado** de educación básica primaria ha sido elaborado de acuerdo con los planes de educación de múltiples países americanos y europeos, y adicionalmente, complementado con un enfoque y material de etno-educación basado en las culturas y sistemas numéricos de civilizaciones nativas de américa latina.

Autor. **Ernesto Vega Jánica**

Reconocido como el Ingeniero de Protección Contra Incendios del Año 2017 por parte de la Sociedad de Ingenieros de Protección Contra Incendios (SFPE), Capítulo Nueva Jersey, Estados Unidos; y galardonado con el Premio de Patentes Tyco 2011 como autor de una solicitud de patente sobre dispositivos de notificación visual de alarma contra incendios, el Sr. Vega Janica es autor de múltiples documentos técnicos y presentaciones internacionales en el ámbito de las ingenierías y la aplicación de modelos de optimización. El ingeniero Vega Jánica, graduado de la Universidad de Maryland, U.S., es además un entusiasta de las matemáticas y sus investigaciones sobre múltiples sistemas numéricos lo han llevado a labores humanitarias y de STEM (Ciencia, Tecnología, Ingeniería y Matemáticas). El Sr. Vega Jánica es también instructor de normativas internacionales.

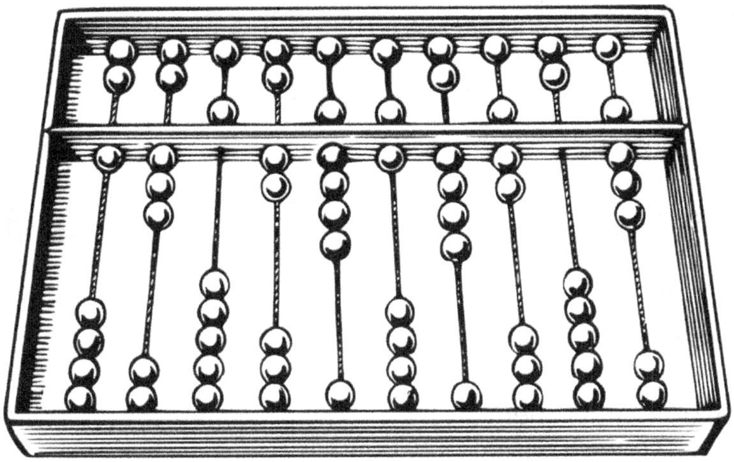

ISBN-13: 978-0-9997757-0-7

Registro Derechos de Autor, U.S. Copyright Office. Número de Registro TXu 2-085-064

Primera edición: Julio 22 de 2018

Presentación...

Nativo Matemáticas 5

La opción perfecta para profesores y padres, este valioso libro de matemáticas proporciona una reseña histórica de las principales civilizaciones nativas latinoamericanas, resalta el valor de múltiples sistemas numéricos y de sus posibles usos. Además, este libro incluye más de 1,000 ejercicios prácticos y actividades emocionantes, en un entorno actual y con ámbito global. Las páginas reproducibles brindan a los estudiantes la práctica que necesitan para dominar las habilidades básicas necesarias para tener éxito en el quinto grado, y son excelentes para usar tanto en la escuela como en el hogar.

Habilidades incluidas:

- Suma y resta de números con múltiples dígitos
- Multiplicación y división de números con múltiples dígitos
- Reducción y comparación de fracciones
- Suma y resta de fracciones con denominadores iguales y diferentes
- Multiplicación de fracciones
- Suma, resta, multiplicación y división de decimales
- Equivalencias entre fracciones y decimales
- Áreas y perímetros
- Líneas, ángulos y figuras
- Geometría
- Estadística y probabilidad
- Dinero y sistemas monetarios
- Ábacos
- Etno-Educación Latinoamericana

Maya-Azteca-Inca-Guaraní-
Arhuacos-Wayuu

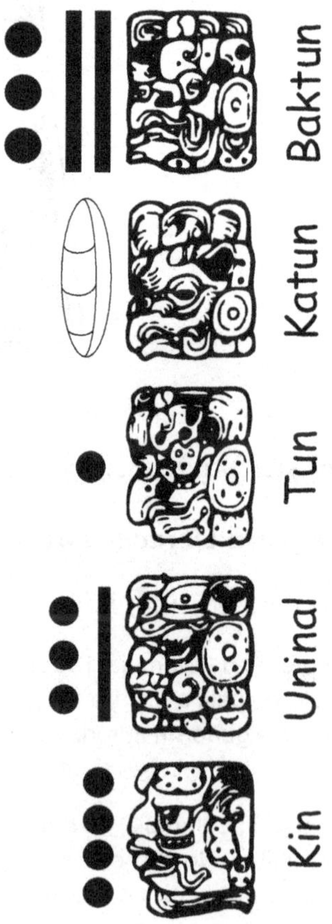

Dedicado a las culturas nativas del nuevo continente, a su historia, su sabiduría y sus enseñanzas para futuras generaciones.

Así es tu libro...

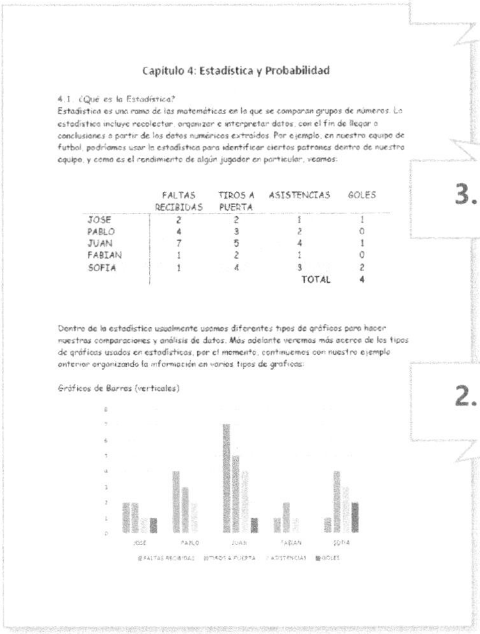

Capitulo 4: Estadística y Probabilidad

4.1. ¿Qué es la Estadística?
Estadística es una rama de las matemáticas en la que se comparan grupos de números. La estadística incluye recolectar, organizar e interpretar datos, con el fin de llegar a conclusiones a partir de los datos numéricos extraídos. Por ejemplo, en nuestro equipo de futbol, podríamos usar la estadística para identificar ciertos patrones dentro de nuestro equipo, y como es el rendimiento de algún jugador en particular, veamos:

	FALTAS RECIBIDAS	TIROS A PUERTA	ASISTENCIAS	GOLES
JOSE	2	2	1	1
PABLO	4	3	2	0
JUAN	7	5	4	1
FABIAN	1	2	1	0
SOFIA	1	4	3	2
			TOTAL	4

Dentro de la estadística usualmente usamos diferentes tipos de gráficos para hacer nuestras comparaciones y análisis de datos. Más adelante veremos más acerca de los tipos de gráficas usados en estadísticas, por el momento, continuemos con nuestro ejemplo anterior organizando la información en varios tipos de graficas:

Gráficos de Barras (verticales)

1. Título y Pestaña

Identifica la temática y conceptos a analizar

3. Teoría y Conceptos

Explica la terminología y lectura contextualizada

2. Gráficas y Tablas

Ilustración gráfica de datos y conceptos

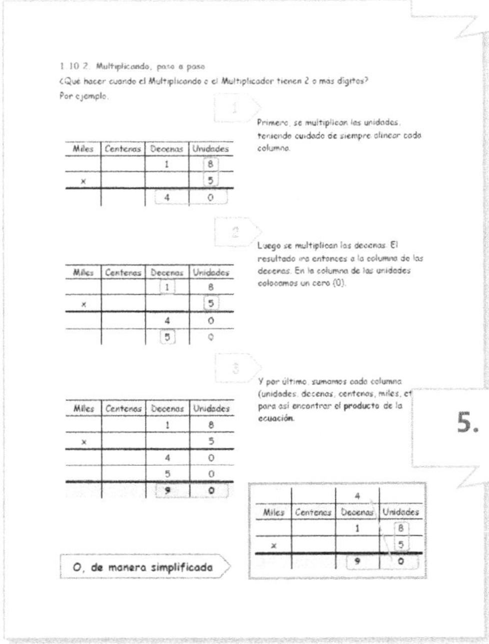

1.10.2. Multiplicando, paso a paso
¿Qué hacer cuando el Multiplicando o el Multiplicador tienen 2 o más digitos?
Por ejemplo.

1

Miles	Centenas	Decenas	Unidades
		1	8
×			5
		4	0

Primero, se multiplican las unidades, teniendo cuidado de siempre alinear cada columna.

2

Miles	Centenas	Decenas	Unidades
		1	8
×			5
		4	0
		5	0

Luego se multiplican las decenas. El resultado ira entonces a la columna de las decenas. En la columna de las unidades colocamos un cero (0).

3

Miles	Centenas	Decenas	Unidades
		1	8
×			5
		4	0
		5	0
		9	0

Y por último, sumamos cada columna (unidades, decenas, centenas, miles, etc para así encontrar el **producto** de la **ecuación**.

O, de manera simplificada

		4	
Miles	Centenas	Decenas	Unidades
		1	8
×			5
		9	0

4. Guías "Paso a Paso"

Explicaciones prácticas y concisas que te ayudaran a aprender y aplicar los conceptos matemáticos.

5. Validación

Exploración de alternativas matemáticas para validar o confirmar nuestras operaciones.

6. Actividades Lúdicas

Juegos y otras actividades en las cuales podemos poner en practica nuestros conocimientos, y al mismo tiempo, compartir y aprender de nuestros padres, maestros y amigos.

7. Etno-Educación

Conceptos y ejercicios básicos usando múltiples sistemas numéricos y herramientas desarrolladas por culturas nativas de américa latina.

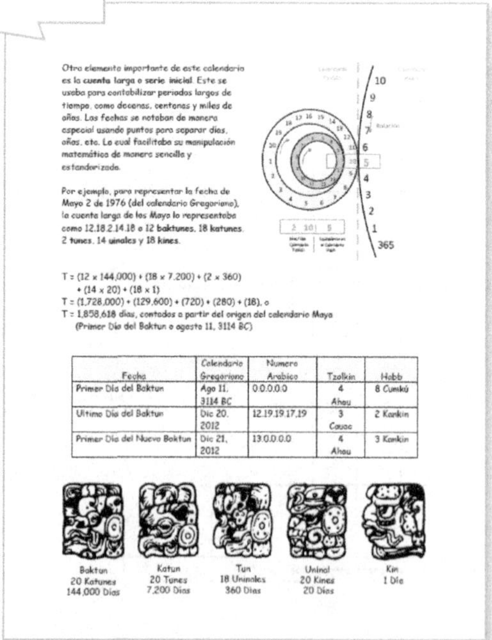

Otro elemento importante de este calendario es la **cuenta larga o serie inicial**. Este se usaba para contabilizar periodos largos de tiempo, como decenas, centenas y miles de años. Las fechas se notaban de manera especial usando puntos para separar días, años, etc. Lo cual facilitaba su manipulación matemática de manera sencilla y estandarizada.

Por ejemplo, para representar la fecha de Mayo 2 de 1976 (del calendario Gregoriano), la cuenta larga de los Maya lo representaba como 12.18.2.14.18 o 12 **baktunes**, 18 **katunes**, 2 **tunes**, 14 **uinales** y 18 **kines**.

T = (12 x 144,000) + (18 x 7,200) + (2 x 360)
+ (14 x 20) + (18 x 1)
T = (1,728,000) + (129,600) + (720) + (280) + (18), o
T = 1,858,618 días, contados a partir del origen del calendario Maya
(Primer Día del Baktun o agosto 11, 3114 BC)

Fecha	Calendario Gregoriano	Numero Arabico	Tzolkin	Habb
Primer Día del Baktun	Ago 11, 3114 BC	0.0.0.0.0	4 Ahau	8 Cumkú
Ultimo Día del Baktun	Dic 20, 2012	12.19.19.17.19	3 Cauac	2 Kankin
Primer Día del Nuevo Baktun	Dic 21, 2012	13.0.0.0.0	4 Ahau	3 Kankin

Baktun
20 Katunes
144,000 Días

Katun
20 Tunes
7,200 Días

Tun
18 Uninales
360 Días

Uninal
20 Kines
20 Días

Kin
1 Día

Tabla de Contenido

Tabla de Contenido

Tabla de Contenido

Tabla de Contenido

Tabla de Contenido

Tabla de Contenido

0 1 2 3 4 5 6 7 8 9

LATINO 01001100 01000001 01010100 01001001 01001110 01001111

Capítulo 1: Números y Operaciones

5.15 por 2.78?

5 x 2 = 10
Entonces, debe ser más de 10

318.12
más 75.89

La respuesta debe ser cerca a 400

37 menos 13?

7 - 3 = 4; la respuesta debe terminar en 4

18 por 12 = ¿??

18 x 10 = 180; debe ser mayor a 180

**Aprendamos juntos,
creemos un mejor futuro…
juntos, en comunidad.**

Capítulo 1: Números y Operaciones

1.1. Sistemas de Numeración

El sistema de numeración que usamos comúnmente es el **sistema decimal**; el cual se compone de diez símbolos o dígitos.

{0, 1, 2, 3, 4, 5, 6, 7, 8, 9}

A los cuales se les asigna un **valor** de acuerdo a la posición que ocupan en la cifra.

{unidades, decenas, centenas, millares, etc}

Por ejemplo, el número 365 representa:

3	6	5
Centenas	Decenas	Unidades
(x100)	(x10)	(x1)

Otros sistemas de numeración incluyen:

Decimal	0	1	2	3	4	5	6	7	8	9	10
Romano		I	II	III	IV	V	VI	VII	VII	IX	X
Griego		α	β	γ	δ	ε	ς	ζ	η	θ	ι
Arábigos	٠	١	٢	٣	٤	٥	٦	٧	٨	٩	
Chino	零	一	二	三	四	五	六	七	八	九	十
Japonés	零	一	二	三	四	五	六	七	八	九	十

Además del sistema decimal, los **Números Romanos** creados hace más de 2,000 año atrás, aún siguen vigentes.

I = 1　　I = I
II = 2　　I = I + I
III = 3　　I = I + I + I
IV = 4　　I = V - I = 5 -1

De igual forma:

IX = 9　　IX = X - I = 10 - 1
IL = 9　　IL = L - I = 50 - 1
XC = 9　　XC = C - X = 100 - 10

7 letras representan los números básicos:

I = 1　　$\overline{I}$ = 1,000
V = 5　　$\overline{V}$ = 5,000
X = 10　　$\overline{X}$ = 10,000
L = 50　　$\overline{L}$ = 50,000
C = 100　　$\overline{C}$ = 100,000
D = 500　　$\overline{D}$ = 500,000
M = 1,000　　$\overline{M}$ = 1,000,000

Una barra horizontal (—) sobre el numeral indica multiplicar por 1,000

Los cuales son en **Base 10** y probablemente provienen de contar con los dedos de las manos; pero los Mayas y otras culturas indígenas del nuevo continente desarrollaron sistemas numéricos en **Base 20**, lo que probablemente indica que contaban con los dedos de las manos y de los pies. Impresionante, ¿cierto? Veamos algunos ejemplos de nuestras culturas prehispánicas.

Números Maya y Aztecas:

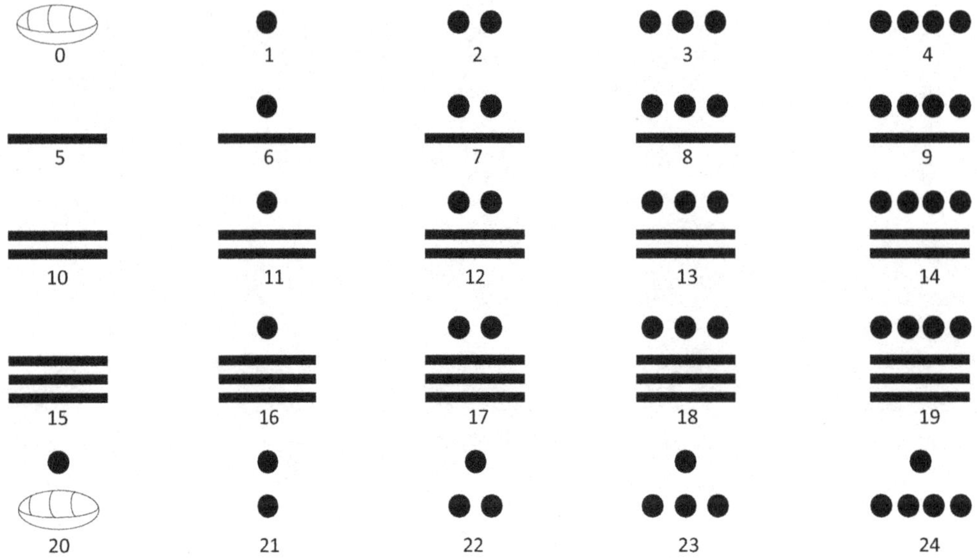

Cabe destacar que estas civilizaciones también usaron figuras antropomórficas (humanas) para representar números, días y otras fechas importantes, por ejemplo, los Mayas usaron las siguientes denominaciones en su calendario (cuenta larga), los cuales analizaremos en más detalle en el Capítulo 2:

Baktun	Katun	Tun	Uninal	Kin
20 Katunes	20 Tunes	18 Uninales	20 Kines	1 Día
144,000 Días	7,200 Días	360 Días	20 Días	

Números Incas:

Los Incas usaron el **sistema decimal**, y conocieron el concepto del cero. Usaron el **Quipu**, o sistema de cuerdas y nudos, como herramienta de contabilidad. Los nudos representaban los valores, y la ausencia de nudo representaba el cero. En el Capítulo 2 veremos más acerca del **Quipu** y la **Yupana** como **Abaco de los Incas**.

Quipu Inca

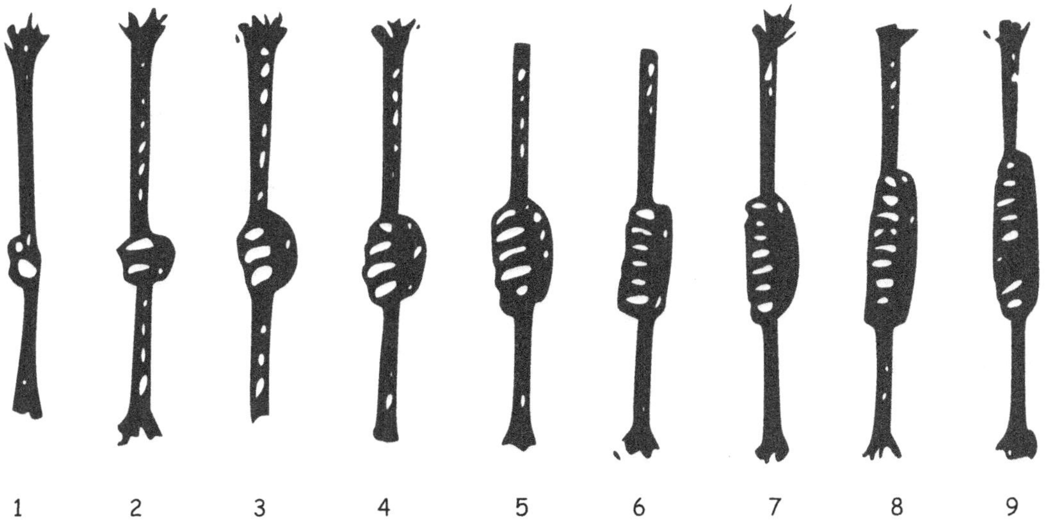

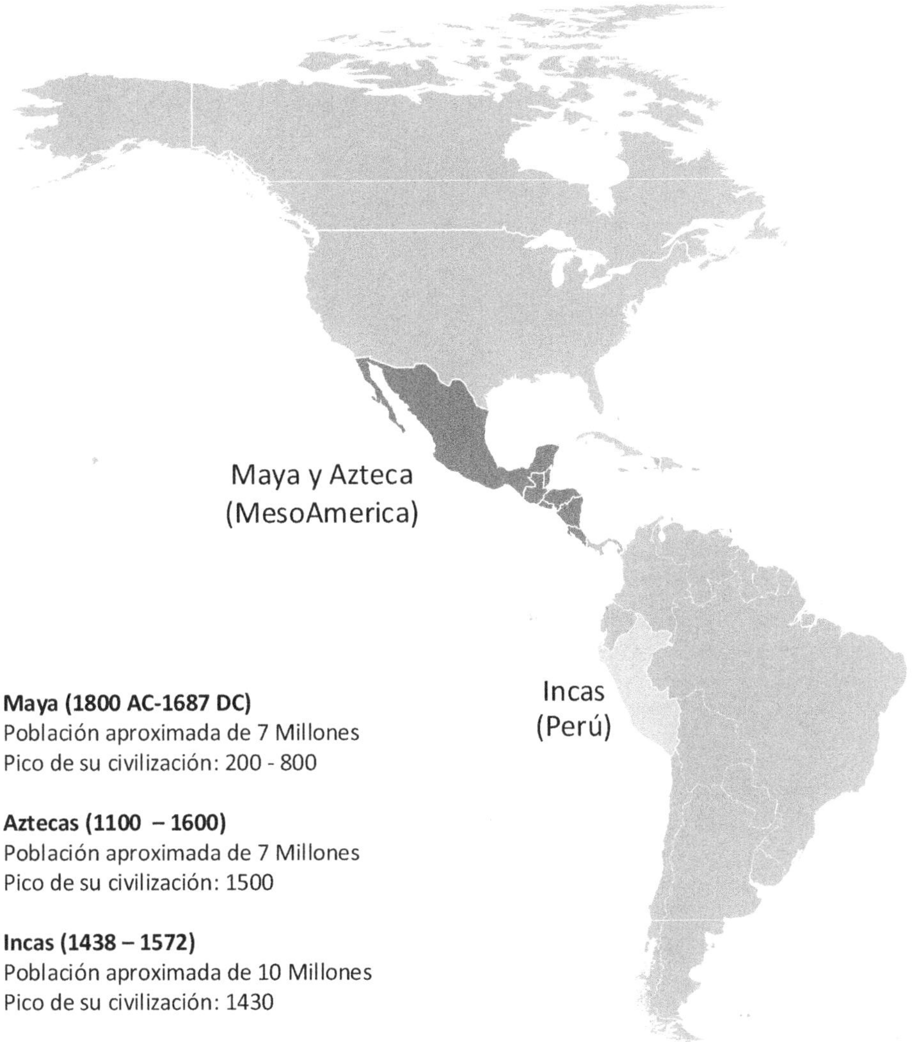

Maya (1800 AC-1687 DC)
Población aproximada de 7 Millones
Pico de su civilización: 200 - 800

Aztecas (1100 – 1600)
Población aproximada de 7 Millones
Pico de su civilización: 1500

Incas (1438 – 1572)
Población aproximada de 10 Millones
Pico de su civilización: 1430

Números Guaraní (o avá)

El guaraní paraguayo es, junto con el español, la lengua oficial de la República de Paraguay, y el guaraní correntino es co-oficial junto con el español en la provincia de Corrientes, en Argentina. Estos son talvez los dos únicos estados en el continente americano que aún mantienen su lengua nativa como lengua oficial. Los guaraníes hablan variantes lingüísticas de la familia tupí-guaraní. Aproximadamente 8 millones de personas hablan guaraní en Paraguay, Brasil, Bolivia y Argentina.

Guaraníes en Paraguay

Guaraní
Población estimada: 270,700
Pico de su civilización: Aun presentes en la actualidad (2018)

Números Guaraní (Pronunciación en Lengua Guaraní):

1. (peteĩ)
2. (mokõi)
3. (mbohapy)
4. (irundy)
5. (po)
6. (poteĩ)
7. (pokõi)
8. (poapy)
9. (porundy)
10. (pa)
11. (pateĩ)
12. (pakõi)
13. (paapy)
14. (parundy)
15. (papo)
16. (papoteĩ)
17. (papokõi)
18. (papoapy)
19. (paporundy)
20. (mokõi pa)

Para describir el cero, lo nombran **mba'eve**, que significa también "**nada**".

El guaraní tiene varias expresiones para las operaciones matemáticas, veamos algunos ejemplos:

1 + 1 = 2	peteĩ ha peteĩ, mokõi, uno y uno, dos (uno más uno, dos)
1 + 1 = 2	peteĩ joapy peteĩ, ombojoja mokõi, uno más uno, es igual a dos
1 + 1 = 2	peteĩ joapy peteĩ, mokõi, uno más uno, dos
1 + 1 = 2	peteĩ ha peteĩ joapy, ombojoja mokõi = uno más uno es igual a dos
1 + 1 = 2	peteĩ ha peteĩ joapy, mokõi = uno más uno es igual. dos
	peteĩ ha peteĩ ombojoja mokõi = uno más uno es igual a dos
	peteĩ ha peteĩ mbojoapy ome'ẽ mokõi = uno más uno, dan dos

Es recomendable elegir un operador, solo uno, al comienzo, y practicar con él hasta dominarlo. Luego introducir cada uno de los restantes con el mismo método.

Números Arhuacos (Colombia):

Aun en existencia, los **Arhuacos** son talvez la tribu indígena más representativa y mejor preservada en el nuevo continente. Su sabiduría y sobrevivencia han servido de inspiración a nuevas generaciones.

Wayuu
Población aproximada de 440,000 (Colombia y Venezuela)
Pico de su civilización: Aun presentes en la actualidad (2018)

Arhuacos
Población aproximada de 27,000 nativos
Pico de su civilización: Aun presentes en la actualidad (2018)

Números Arhuacos (Pronunciación en Lengua Chibcha):

1. (Ingui)
2. (Mouga)
3. (Maykʉnʉ)
4. (Ma´keywa)
5. (Asewa)
6. (Chinwa)
7. (Koga)
8. (Abewa)
9. (Ikawa)
10. (Uga)
11. (Ingui uga ingui kʉtoʉ) o ((1x10) + 1)
12. (Ingui uga mouga kʉtoʉ) o ((1x10) + 2)
13. (Ingui uga maykʉnʉ kʉtoʉ) o ((1x10) + 3)
14. (Ingui uga ma´keywa kʉtoʉ) o ((1x10) + 4)
15. (Ingui uga asewa kʉtoʉ) o ((1x10) + 5)
16. (Ingui uga chinwa kʉtoʉ) o ((1x10) + 6)
17. (Ingui uga koga kʉtoʉ) o ((1x10) + 7)
18. (Ingui uga abewa kʉtoʉ) o ((1x10) + 8)
19. (Ingui uga ikawa kʉtoʉ) o ((1x10) + 9)
20. (Mouga uga) o (2x10)

Números Wayuu (Colombia y Venezuela, península de La Guajira):

También aun en existencia hoy día, los indígenas Wayuu (o Wayúu) son considerados una de las tribus más aisladas en el norte colombiano. Su sistema de numeración decimal aún podría ser estudiado en más detalle.

Número (Pronunciación en Lengua Wayuu):

1. (Wane)
2. (Pia'ma)
3. (Apu'nuim)
4. (Pieinchi)
5. (Jahrrai)
6. (Aipirrua)
7. (Aka'rraishii)
8. (Mekisatu)
9. (Mkieetasalu)
10. (Po'lo)
11. (Po'lo Waneshimiuini)
12. (Po'lo Pia'mamuin)
13. (Po'lo Apu'nuimuin)
14. (Po'lo Pieinchiuin)
15. (Po'lo Jahrraiuin)
16. (Po'lo Aipirruauin)
17. (Po'lo Aka'rraishiiuin)
18. (Po'lo Mekisatuini)
19. (Po'lo Mkieetasaluini)
20. (Pia'majiki)
21. (Pia'ma Jiki Wanesimuim)
30. (Apu'nuim Jiki)
40. (Pieichi Jiki)
100. (Po'lo Jiki)

Mucho (Maima)
Poco (Pali'rru)
Todo (Apishua'a)

1.2. Sistema Decimal

También conocido como el Sistema Arábico; el sistema decimal fue creado originalmente por astrónomos de la India hace más de 1,000 años. Luego fue difundido por Europa y otras regiones, por lo cual se ha establecido como uno de los sistemas numéricos más utilizados en todo el mundo.

El **sistema decimal** emplea diez símbolos o **dígitos**.

{0, 1, 2, 3, 4, 5, 6, 7, 8, 9}

La palabra decimal proviene del latín "**decem**" que significa "**diez**".

El sistema decimal incluye diferentes tipos de números:

1.2.1. Números Naturales

También conocidos como números de contar, comienzan con el número uno (1) y continua hasta el **infinito** (∞). No incluye el cero (0) ni los números negativos.

{1, 2, 3, 4, 5, 6, 7, 8, 9, 10...20...}

1.2.2. Números Enteros

El conjunto de los números naturales comienza con el número cero (0) y continua hasta el infinito (∞). No incluye los números negativos. En otras palabras, es igual al conjunto de los números naturales <u>**más**</u> el cero (0).

{0, 1, 2, 3, 4, 5, 6, 7, 8, 9, 10...20...}

1.2.3. Números Fraccionales

También conocido como el conjunto de los **números racionales**, incluye cualquier número, natural o entero, escrito en forma de fracción, siempre y cuando el **denominador sea distinto de cero**.

{1/2, 2/3, 3/4, 5/9...}

Ejemplo: 3/4
En donde,
3 es el **Numerador**, y
4 es el **Denominador**

Todos los números naturales y enteros pueden ser escritos como números racionales usando como denominador al número uno (1).

{0/1, 1/1, 2/1, 3/1, 4/1...}

1.2.4. Números Primos

Este conjunto incluye aquellos números naturales que solo pueden ser divididos por dos números, por si mismos y por el número uno (1). Pero como dato curioso, **el número uno (1)** solo puede ser divido por si mismo, por lo cual, **no es un número primo**.

{2, 3, 5, 7, 11, 13, 17, 19, 23...}

1.2.5. Números Compuestos

Este conjunto incluye aquellos números que no son números primos. Es decir, este conjunto incluye aquellos números naturales que pueden ser divididos por más de dos números. Dado que el número uno (1) solo puede ser divido por sí mismo, **no es un número compuesto**.

{ 4, 6, 8, 9, 10, 12, 14, 15, 16...}

1.2.6. Números Pares e Impares

Los números pares incluyen el cero (0), el dos (2), y todos aquellos números enteros que puedan ser divididos por el número dos (2). Los números impares son todos aquellos números enteros que no puedan ser divididos en partes iguales por el número dos (2).

Pares {0, 2, 4, 6, 8, 12, 14, 16, 18, 20...}

Impares {1, 3, 5, 7, 9, 11, 13, 15, 17, 19...}

1.2.7. Números Integrales

Este conjunto incluye todos los números naturales (o **números positivos**), más el cero (**0**), más los números enteros menores que cero (o **números negativos**).

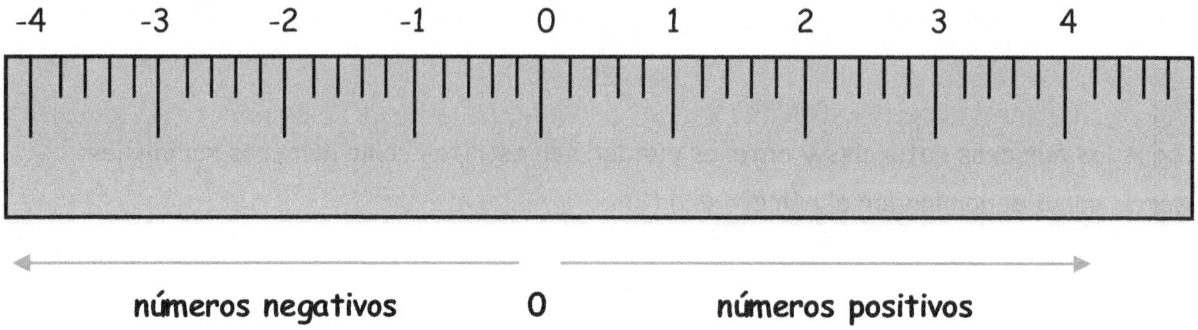

1.2.8. Otros Conceptos Importantes

Concepto de Infinito

El conjunto de números naturales no tiene fin. Por lo que siempre podremos seguir adicionando más y más números sin llegar a un valor máximo. A este concepto se le denomina **Infinito** y se simboliza con el icono (∞), el cual es también conocido como **lemniscata**.

{ 2, 3, 5, 7, 11, 13, 17, 19, 23...}

Valor Absoluto

El valor absoluto nos **indica la distancia** entre el número, positivo o negativo, y el cero (0). El valor absoluto de cualquier número siempre es positivo. El símbolo usado para identificar el valor absoluto es || (dos barras verticales y paralelas entre sí).

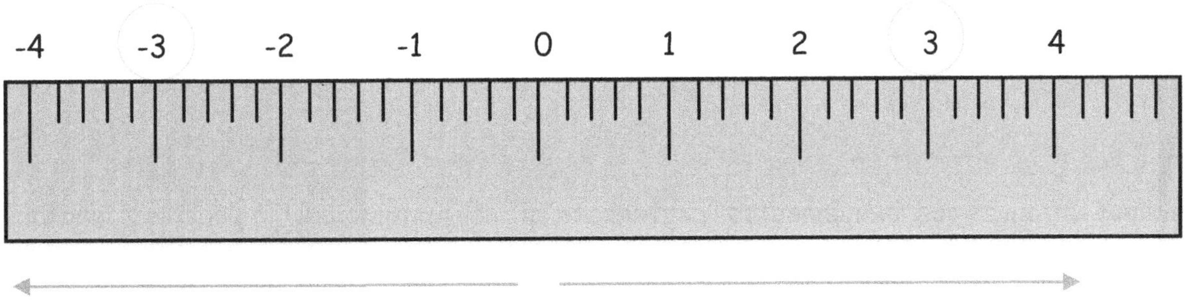

Valor Absoluto de -3 0 **Valor Absoluto de 3**

$|-3| = 3$ $|3| = 3$

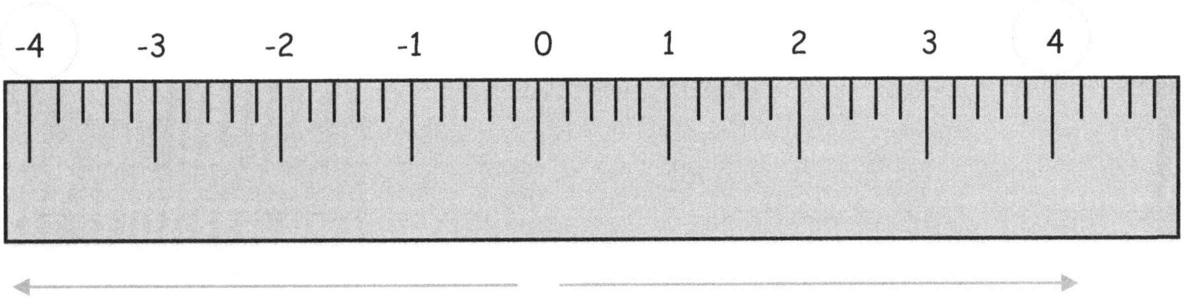

Valor Absoluto de -4 0 **Valor Absoluto de 4**

$|-4| = 4$ $|4| = 4$

1.3. Noción de Conjunto

Un conjunto es una **colección de artículos**, por ejemplo: carros, arboles, frutas, animales, números, etc. Dichos artículos dentro del conjunto se denominan **elementos** del conjunto.

Usamos paréntesis { } para identificar o nombrar los elementos de un conjunto y usamos comas (,) para separar un elemento de otro; por ejemplo el conjunto de los números naturales es representado así:

{1, 2, 3, 4, 5, 6, 7, 8, 9, 10...20...}

Decimos entonces que los elementos **"pertenecen al"** conjunto; lo cual lo podemos denotar de la siguiente manera:

5 "**pertenece al**"
5 "**e**"
} conjunto de los números naturales

Hay tres tipos de conjunto: Conjuntos Iguales, Conjuntos Equivalentes y Subconjuntos.

1.3.1. Conjuntos Iguales

Son aquellos en los cuales todos sus elementos son iguales.

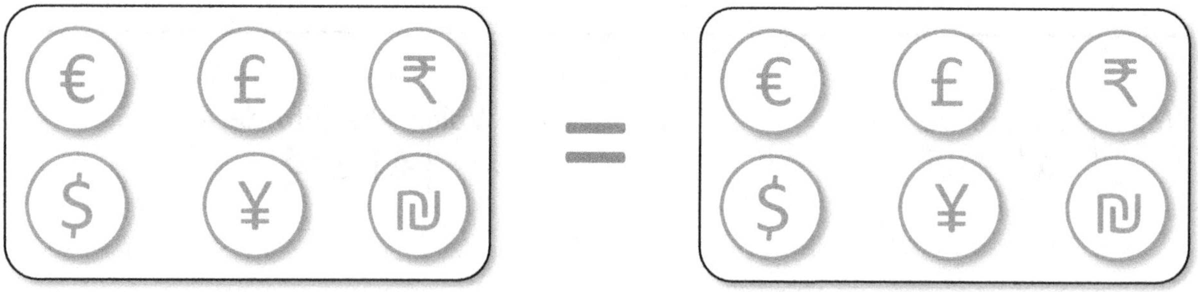

Conjunto A Conjunto B

Conjunto A "igual a" Conjunto B

A "=" B

1.3.2. Conjuntos Equivalentes

Son aquellos que tienen el mismo número de elementos. Veamos un ejemplo en el cual cada conjunto tiene seis (6) elementos; dichos elementos no necesariamente tienen que ser iguales.

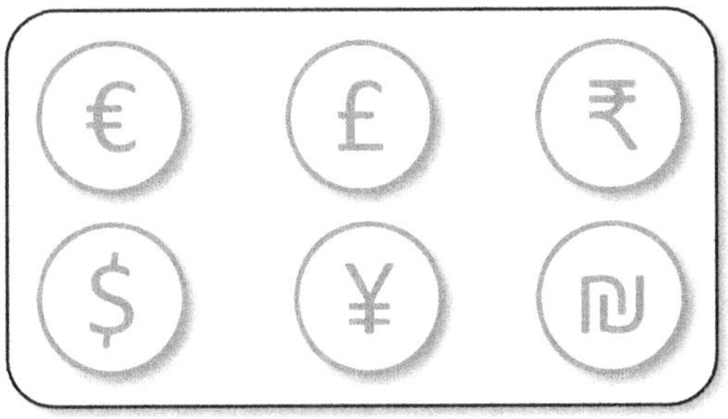

e

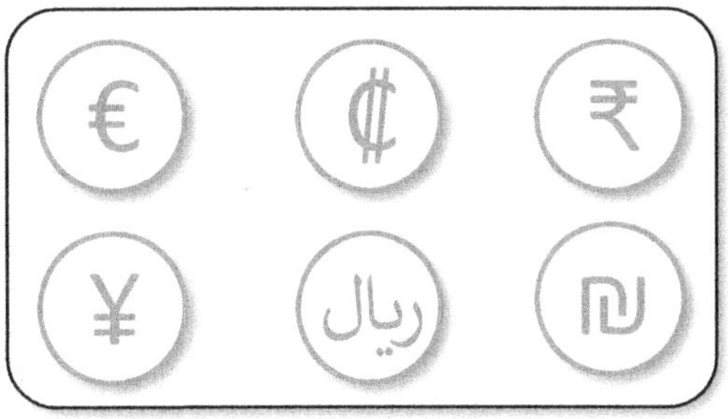

Conjunto A

Conjunto D

Conjunto A es "equivalente a" Conjunto D

A "e" D

1.3.3. Subconjuntos

Son conjuntos cuyos elementos están incluidos en otros conjuntos. Todo conjunto es subconjunto de sí mismo.

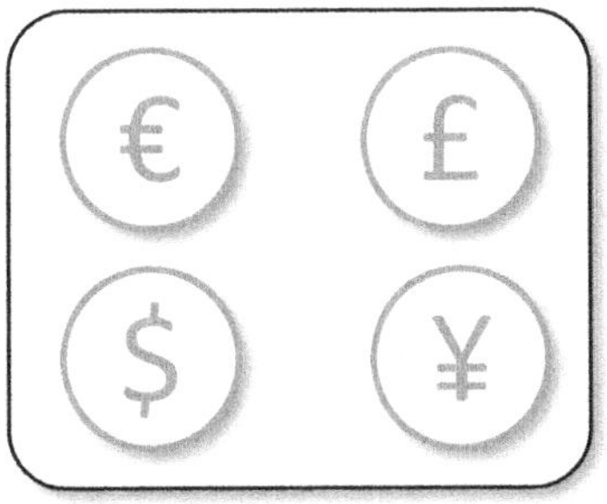

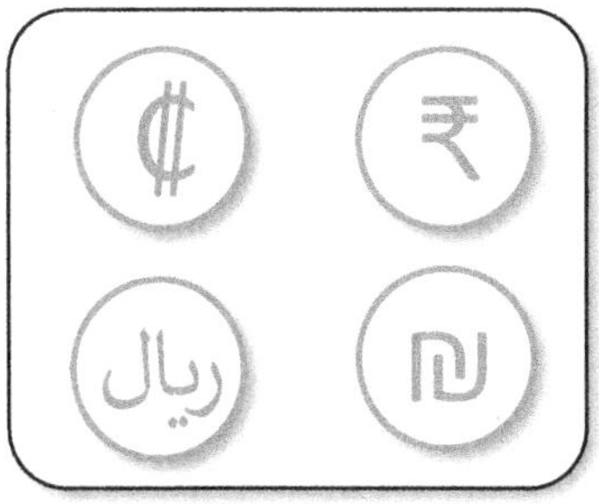

Conjunto E

E es "subconjunto de" A

E "C" A

Conjunto F

F es "subconjunto de" D

F "C" D

1.3.4. Conjunto Vacío

Es aquel que no posee ningún elemento. Se denota { } o O. El conjunto vacío es subconjunto de cualquier conjunto.

1.3.5. Operaciones con Conjuntos

UNION de Conjuntos

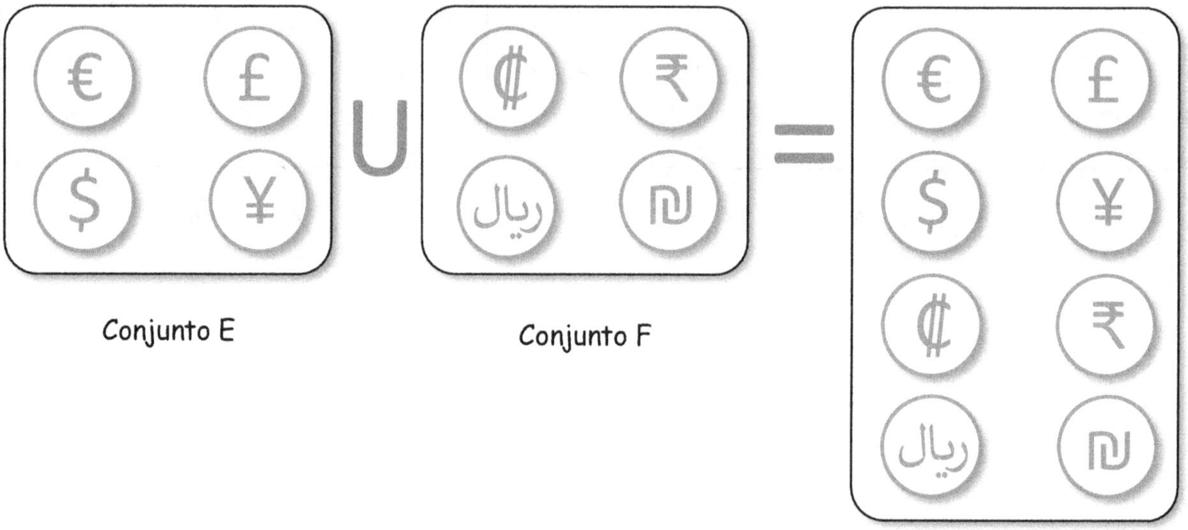

Conjunto E

Conjunto F

Conjunto G

E "Union" F "igual a" G
E "U" F "=" G
E ∪ F = G

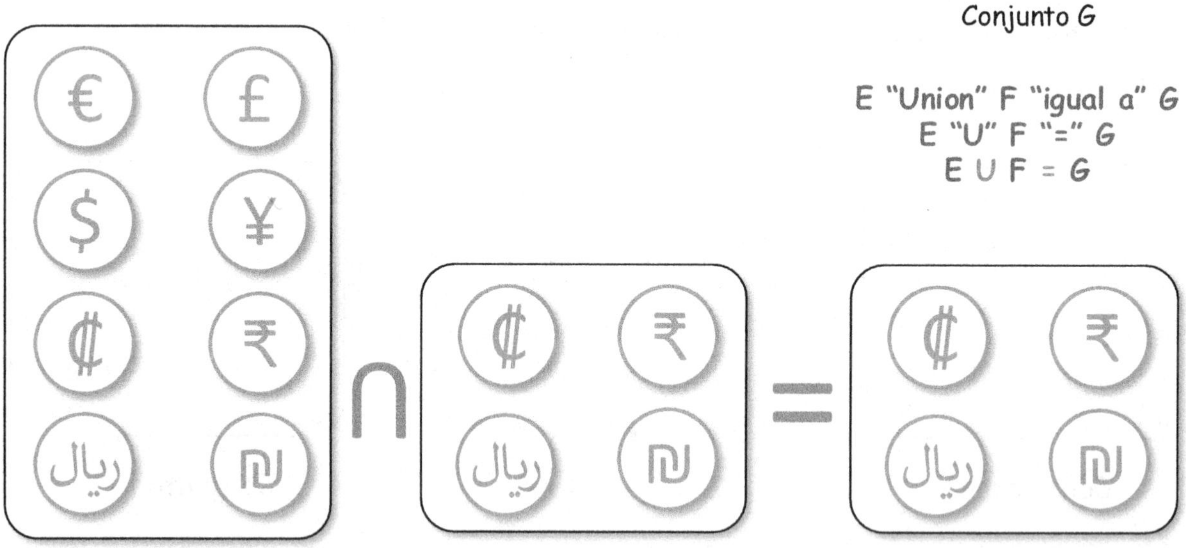

Conjunto G

Conjunto F

Conjunto F

INTERSECCION de Conjuntos

G "Intersección" F "igual a" F
G "∩" F "=" F
E ∩ F = G

O, por ejemplo, en notación de conjuntos:

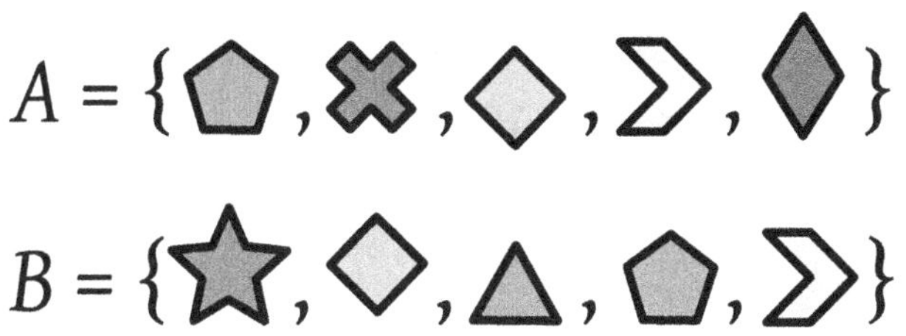

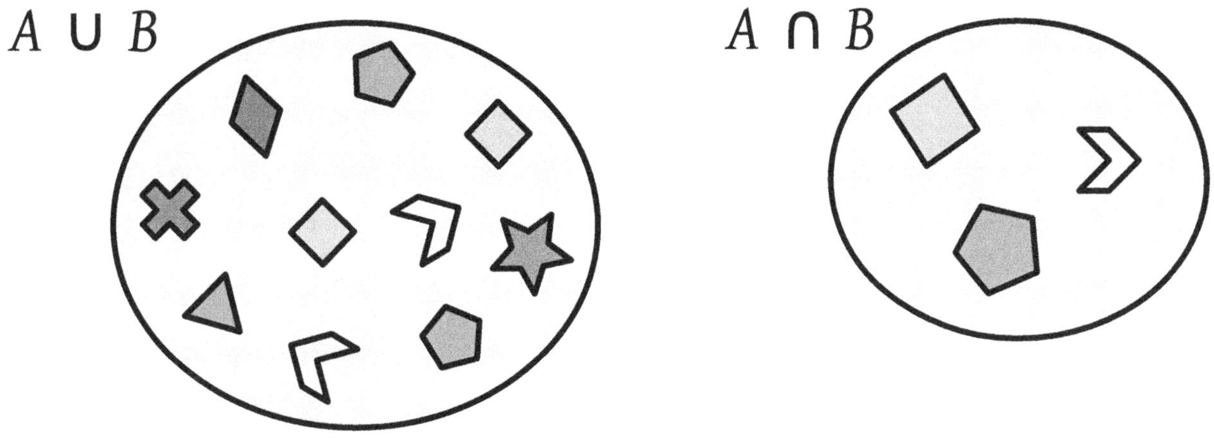

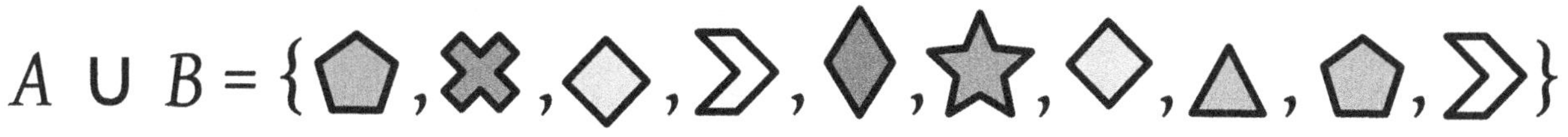

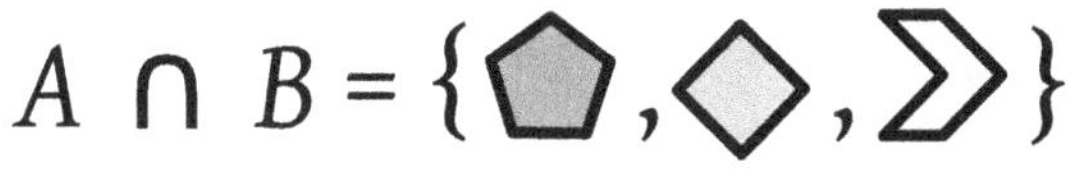

1.4. Sistema Binario y en Base 5

El **sistema binario**, o en **Base 2**, es comúnmente usado en lenguaje de programación en computadoras. Este sistema emplea únicamente los números uno (1) y cero (0) para representar todos los números en el **sistema decimal** (o en **Base 10**).

ASCII - BINARIO

0	00110000	5	00110101
1	00110001	6	00110010
2	00110010	7	00110111
3	00110011	8	00111000
4	00110100	9	00111001

LATINO 01001100 01000001 01010100 01001001 01001110 01001111

El **sistema** en **Base 5**, emplea únicamente los cinco números entre cero (0) y cuatro (4) para representar todos los números en el **sistema decimal** (o en **Base 10**). Por ejemplo:

Sistema Decimal (Base 10)	Sistema Binario (Base 2)				
	2^4	2^3	2^2	2^1	2^0
	16	8	4	2	1
0	0	0	0	0	0
1	0	0	0	0	1
2	0	0	0	1	0
3	0	0	0	1	1
4	0	0	1	0	0
5	0	0	1	0	1
6	0	0	1	1	0
7	0	0	1	1	1
8	0	1	0	0	0
9	0	1	0	0	1
10	0	1	0	1	0
11	0	1	0	1	1
12	0	1	1	0	0
13	0	1	1	0	1
14	0	1	1	1	0
15	0	1	1	1	1
16	1	0	0	0	0
17	1	0	0	0	1
18	1	0	0	1	0
19	1	0	0	1	1
20	1	0	1	0	0

Base $^{(\text{Exponente})}$

Equivalente Decimal

Sistema en Base 5				Sistema Decimal (Base 10)
5^3	5^2	5^1	5^0	
125	25	5	1	
0	0	0	0	0
0	0	0	1	1
0	0	0	2	2
0	0	0	3	3
0	0	0	4	4
0	0	1	0	5
0	0	1	1	6
0	0	1	2	7
0	0	1	3	8
0	0	1	4	9
0	0	2	0	10
0	0	2	1	11
0	0	2	2	12
0	0	2	3	13
0	0	2	4	14
0	0	3	0	15
0	0	3	1	16
0	0	3	2	17
0	0	3	3	18
0	0	3	4	19
0	0	4	0	20

¿Cómo convertir del sistema decimal al sistema binario y al sistema en base 5? Veamos...

Decimal		Binario		Base 5	
		2^6 - 2^5 - 2^4 - 2^3 - 2^2 - 2^1 - 2^0		5^2 - 5^1 - 5^0	
		64 - 32 - 16 - 8 - 4 - 2 - 1		25 - 5 - 1	
75		64 - 32 - 16 - 8 - 4 - 2 - 1		25 - 5 - 1	
	Decimal	64 + 0 + 0 + 8 + 0 + 2 + 1	= 75	75 + 0 + 0	= 75
		1 0 0 1 0 1 1	= 75	3 0 0	= 75
		1001011		300	

Decimal		Binario		Base 5	
		2^6 - 2^5 - 2^4 - 2^3 - 2^2 - 2^1 - 2^0		5^2 - 5^1 - 5^0	
		64 - 32 - 16 - 8 - 4 - 2 - 1		25 - 5 - 1	
33		64 - 32 - 16 - 8 - 4 - 2 - 1		25 - 5 - 1	
	Decimal	0 + 1 + 0 + 0 + 0 + 0 + 1	= 33	25 - 5 - 3	= 33
		0 1 0 0 0 0 1	= 33	1 1 3	= 33
		0100001		113	

Decimal		Binario		Base 5	
		2^6 - 2^5 - 2^4 - 2^3 - 2^2 - 2^1 - 2^0		5^2 - 5^1 - 5^0	
		64 - 32 - 16 - 8 - 4 - 2 - 1		25 - 5 - 1	
58		64 - 32 - 16 - 8 - 4 - 2 - 1		25 - 5 - 1	
	Decimal	0 + 1 + 1 + 1 + 0 + 1 + 0	= 58	50 - 5 - 3	= 58
		0 1 1 1 0 1 0	= 58	2 1 3	= 58
		0111010		213	

1.5. Exponentes y Potenciación (de números naturales)

Podríamos considerar la potenciación de números naturales como una forma de multiplicación abreviada cuando el número es multiplicado por sí mismo múltiples veces.

$$3^5 = 3 \times 3 \times 3 \times 3 \times 3 = 243$$

Base: número multiplicado por sí mismo múltiple veces	Exponente: número de veces a multiplicar	Potencia: resultado de la multiplicación

...7^4, 5^3, 2^2, 3^1, 6^0

Todo número, positivo o negativo, elevado a Exponente Cero (0) es igual a uno (1)

Todo número elevado a Exponente Uno (1) es igual al número Base
Exponente 1 = Primera Potencia = Base

2 x 2 = 16 **Exponente 2** = Segunda Potencia = **Base al Cuadrado**

5 x 5 x 5 = 125 **Exponente 3** = Tercera Potencia = **Base al Cubo**

7 x 7 x 7 x 7 = 2,401

1.6. Raíz Cuadrada, Otras Raíces y Potencias

La **Raíz Cuadrada** es la función inversa a la de elevar un número al cuadrado (o segunda potencia).

$$\sqrt[n]{(a+b)}$$

Por ejemplo: Si $5^2 = 25$, entonces la raíz cuadrada de 25 es 5. Lo cual se puede notar de la siguiente manera:

Exponente

Potencia

$$5^2 = 25$$

Base

Potenciación

Índice (exponente)

Raíz (Base)

$$\sqrt[2]{(25)} = 5$$

Subradical (Radicando)

Notación Radical

Es decir, sí $(a)^n = b$ entones, $\sqrt[n]{(a)}$

$$\sqrt[n]{(a+b)}$$

$2^2 = 4 \longrightarrow \sqrt[2]{(4)} = 2$

$2^3 = 8 \longrightarrow \sqrt[3]{(8)} = 2$

$3^4 = 81 \longrightarrow \sqrt[4]{(81)} = 3$

$4^5 = 1{,}024 \longrightarrow \sqrt[5]{(1{,}024)} = 4$

$4^3 = 64 \longrightarrow \sqrt[3]{(64)} = 4$

1.7. Cálculo Mental y Aritmético

Resolver funciones y operaciones matemáticas requiere de uso de símbolos convencionales que nos ayudan a estandarizar las funciones matemáticas a resolver. Por ejemplo:

=	Igual a...	≠	Diferente a...
+	Suma	∞	Infinito
-	Resta	∅ o {}	Conjunto Vacío
×	Multiplicación	√	Raíz Cuadrada
/	División	$\sqrt[n]{}$	Raíz a la "n"
⟩	Mayor que...	||	Paralelo a...
≥	Mayor o Igual que...	⊥	Perpendicular a...
≤	Menor o Igual que...	∠	Ángulo

1.8. Suma y Resta de Números Naturales

Sumar es fácil y divertido, por ejemplo: 3 + 5 = 5 + 3 = 8

+	0	1	2	3	4	5	6	7	8	9	10
0	0	1	2	3	4	5	6	7	8	9	10
1	1	2	3	4	5	6	7	8	9	10	11
2	2	3	4	5	6	7	8	9	10	11	12
3	3	4	5	6	7	8	9	10	11	12	13
4	4	5	6	7	8	9	10	11	12	13	14
5	5	6	7	8	9	10	11	12	13	14	15
6	6	7	8	9	10	11	12	13	14	15	16
7	7	8	9	10	11	12	13	14	15	16	17
8	8	9	10	11	12	13	14	15	16	17	18
9	9	10	11	12	13	14	15	16	17	18	19
10	10	11	12	13	14	15	16	17	18	19	20

Aprender el concepto de suma y la relación entre los números también ayuda a entender el concepto de resta. Por ejemplo: si 3 + 5 = 8, entonces 8 - 5 = 3. Del mismo modo, 8 - 3 = 5.

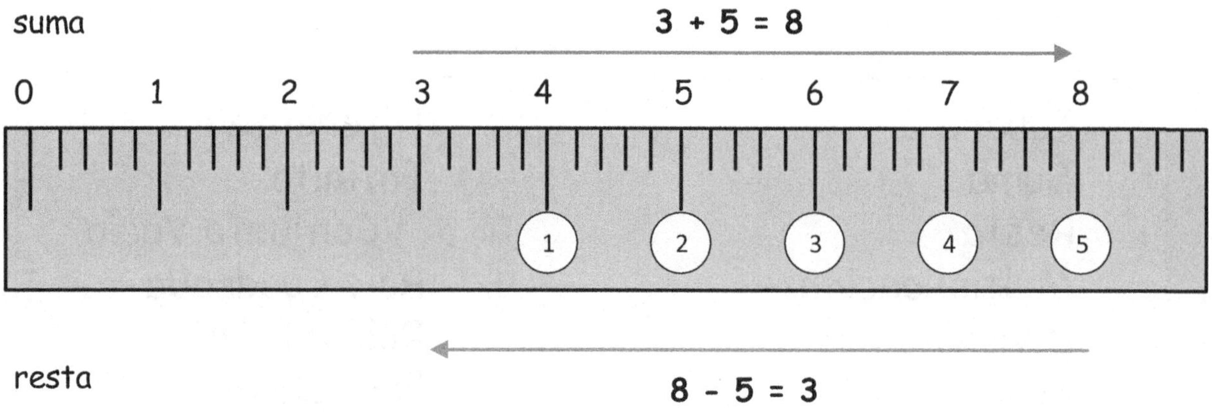

De igual modo,

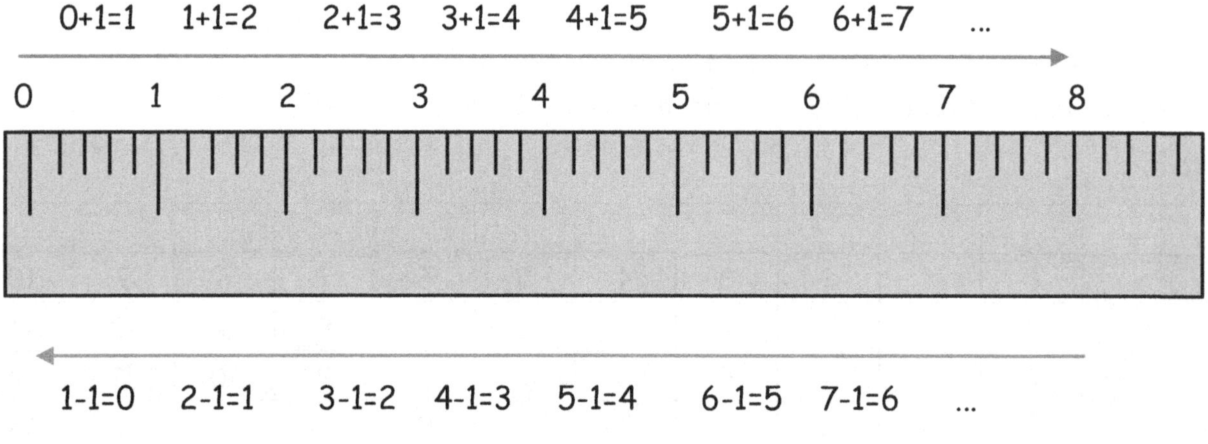

En la **Suma**, los números que se suman se denominan **Sumandos** y para realizar una suma, iniciamos de derecha a izquierda sumando la columna de las unidades; luego sumamos las decenas, centenas y así sucesivamente. Si la suma de cualquiera de las columnas es un número de dos cifras, anotamos el dígito de la derecha en la columna en la que estamos sumando y **Llevamos** el dígito de la izquierda a la columna siguiente. Al resultado de la operación se le denomina **Suma o Total**.

Veamos este concepto en unos ejemplos:

	3	Sumandos
+	5	
	8	Suma o Total

	1		
Miles	**Centenas**	**Decenas**	**Unidades**
	3	2	6
+		1	8
	3	**4**	**4**

		1	
Miles	**Centenas**	**Decenas**	**Unidades**
	1	0	9
+	3	1	5
	4	**2**	**4**

	1	1	
Miles	**Centenas**	**Decenas**	**Unidades**
		4	5
+		7	8
	1	**2**	**3**

1	1	1	
Miles	**Centenas**	**Decenas**	**Unidades**
	7	8	9
+	6	5	6
1	**4**	**4**	**5**

1			
Miles	**Centenas**	**Decenas**	**Unidades**
3	5	0	0
+	7	5	0
4	**2**	**5**	**0**

	1		
Miles	**Centenas**	**Decenas**	**Unidades**
	8	7	5
+		9	0
	9	**6**	**5**

1	1	1	
Miles	**Centenas**	**Decenas**	**Unidades**
	8	9	5
+	9	9	5
1	**8**	**9**	**0**

	1	1	
Miles	**Centenas**	**Decenas**	**Unidades**
	5	1	2
+		9	8
	6	**1**	**0**

Algo similar ocurre en la **Resta o Sustracción**, el número que es sustraído (o restado) se denomina **Sustraendo** y el primer número de la operación, al cual se le resta el sustrayendo, es conocido como **Minuendo**. El minuendo siempre debe ser mayor que el sustraendo para evitar obtener un resultado negativo. Al resultado de la operación se le denomina **Resta o Diferencia**

Para ara realizar una resta, iniciamos de derecha a izquierda restando la columna de la unidades; luego restamos las decenas, centenas y así sucesivamente. Si el digito del minuendo es menor que el digito del sustraendo, debemos **Prestar** un uno (1) de la columna adyacente antes de realizar la resta. Así, el digito de la columna adyacente es reducido a la vez que permite que la resta no sea un número negativo. Veamos este concepto en unos ejemplos:

	8	Minuendo
-	5	Sustraendo
	3	Resta o Diferencia

Miles	Centenas	Decenas	Unidades
	3	1 ~~2~~	→ 1 6
-		1	8
	3	**0**	**8**

Miles	Centenas	Decenas	Unidades
	3	0 ~~1~~	→ 1 5
-	1	0	9
	2	**0**	**6**

Miles	Centenas	Decenas	Unidades
		7	8
-		4	5
		3	**3**

Miles	Centenas	Decenas	Unidades
	6 ~~7~~	→ 17 ~~8~~	→ 1 5
-	6	9	6
		8	**9**

1.9. Suma y Resta de Números Integrales

Como mencionamos anteriormente, los números integrales incluye todos los **números positivos**, más el cero (0), más los **números negativos**.

$3 + 5 = 8$	$11 - 3 = 8$	Sumar y restar los números positivos es igual que sumar y restar los números naturales.
$7 + 0 = 7$	$4 - 0 = 4$	El Cero (0) no suma ni resta, así que no se requiere de procedimientos especiales.

Pero sumar y restar números negativos se maneja un tanto diferente.

$6 + (^{-}2) = 6 - 2 = 4$

$1 + 5 + (^{-}7) = 1 + 5 - 7 = -1$

Cuando adicionamos un número integral negativo a uno positivo, en realidad se está sustrayendo el valor del número integral negativo del número integral positivo.

$(^{-}6) + (^{-}2) = -(6 + 2) = -8$

$(^{-}4) + (^{-}7) = -4 - 7 = -11$

Cuando adicionamos un número integral negativo a otro negativo, en realidad se están adicionando dichos números y luego adicionamos el signo negativo.

$(^{-}2) - (^{-}5) = (^{-}2) + 5 = 3$

$(^{-}1) - (^{-}8) = (^{-}1) + 8 = 7$

Cuando restamos un número integral negativo a otro negativo, en realidad se está adicionando un valor positivo al número integral negativo.

$3 - 5 = {}^{-}2$

$4 - 2 - 7 = {}^{-}5$

Cuando restamos un número integral positivo a otro positivo de menor valor, el resultado siempre será un integral negativo.

1.10. Multiplicación

Se podría decir que la multiplicación es una **forma simplificada de sumar**. Cuando multiplicamos dos números, en realidad estamos sumando un numero **múltiples (o varias)** veces así mismo. Por ejemplo,

$3 + 3 = 3 = 9$	$5 + 5 + 5 = 15$
$3 \times 3 = 9$	$5 \times 3 = 15$

En el caso de la **Multiplicación**, el número que se "suma múltiples veces" se denomina **Multiplicando** y, el número de veces a multiplicar, se denomina **Multiplicador**. Al resultado de la operación la llamamos **Producto** y, a la operación como tal, la denominamos **ecuación**. Veamos este concepto en unos ejemplos:

Ecuación

3	x	5	=	15
Multiplicando		Multiplicador		Producto

	3	Multiplicando	
x	5	Multiplicador	Ecuación
	15	Producto	

1.10.1. Tablas de Multiplicar

Existen varias formar de represar las Tablas de Multiplicar. Veamos algunas de ellas:

x	0	1	2	3	4	5	6	7	8	9	10
1	0	1	2	3	4	5	6	7	8	9	10
2	0	2	4	6	8	10	12	14	16	18	20
3	0	3	6	9	12	15	18	21	24	27	30
4	0	4	8	12	16	20	24	28	32	36	40
5	0	5	10	15	20	25	30	35	40	45	50
6	0	6	12	18	24	30	36	42	48	54	60
7	0	7	14	21	28	35	42	49	56	63	70
8	0	8	16	24	32	40	48	56	64	72	80
9	0	9	18	27	36	45	54	63	72	81	90
10	0	10	20	30	40	50	60	70	80	90	100

Otras formas más tradicionales, incluye las tablas de multiplicar:

uno				
1	x	1	=	1
1	x	2	=	2
1	x	3	=	3
1	x	4	=	4
1	x	5	=	5
1	x	6	=	6
1	x	7	=	7
1	x	8	=	8
1	x	9	=	9
1	x	10	=	10

dos				
2	x	1	=	2
2	x	2	=	4
2	x	3	=	6
2	x	4	=	8
2	x	5	=	10
2	x	6	=	12
2	x	7	=	14
2	x	8	=	16
2	x	9	=	18
2	x	10	=	20

tres				
3	x	1	=	3
3	x	2	=	6
3	x	3	=	9
3	x	4	=	12
3	x	5	=	15
3	x	6	=	18
3	x	7	=	21
3	x	8	=	24
3	x	9	=	27
3	x	10	=	30

cuatro				
4	x	1	=	4
4	x	2	=	8
4	x	3	=	12
4	x	4	=	16
4	x	5	=	20
4	x	6	=	24
4	x	7	=	28
4	x	8	=	32
4	x	9	=	36
4	x	10	=	40

cinco				
5	x	1	=	5
5	x	2	=	10
5	x	3	=	15
5	x	4	=	20
5	x	5	=	25
5	x	6	=	30
5	x	7	=	35
5	x	8	=	40
5	x	9	=	45
5	x	10	=	50

seis				
6	x	1	=	6
6	x	2	=	12
6	x	3	=	18
6	x	4	=	24
6	x	5	=	30
6	x	6	=	36
6	x	7	=	42
6	x	8	=	48
6	x	9	=	54
6	x	10	=	60

siete				
7	x	1	=	7
7	x	2	=	14
7	x	3	=	21
7	x	4	=	28
7	x	5	=	35
7	x	6	=	42
7	x	7	=	49
7	x	8	=	56
7	x	9	=	63
7	x	10	=	70

ocho				
8	x	1	=	8
8	x	2	=	16
8	x	3	=	24
8	x	4	=	32
8	x	5	=	40
8	x	6	=	48
8	x	7	=	56
8	x	8	=	64
8	x	9	=	72
8	x	10	=	80

nueve				
9	x	1	=	9
9	x	2	=	18
9	x	3	=	27
9	x	4	=	36
9	x	5	=	45
9	x	6	=	54
9	x	7	=	63
9	x	8	=	72
9	x	9	=	81
9	x	10	=	90

Cabe anotar que el producto de **cualquier número multiplicado por cero (0) siempre resulta ser cero (0)**.

Veamos algunos ejemplos que nos ayuden a visualizar el concepto y uso de la multiplicación...

5 x 9 ...?

... si sabemos que 10 x 9 = 90; entonces la mitad es 45.
5 es la mitad de 10, entonces **5 x 9 = 45**

diez	10	x	1	=	10
	10	x	2	=	20
	10	x	3	=	30
	10	x	4	=	40
	10	x	5	=	50
	10	x	6	=	60
	10	x	7	=	70
	10	x	8	=	80
	10	x	9	=	90
	10	x	10	=	100

La tabla del 5 es muy fácil y divertida; todos los números (productos) terminan en cinco (5) o en cero (0).

Usando la tabla del 10 y luego dividiendo a la mitad, también nos ayuda a recordar la tabla del 5.

La tabla del 2 nos ayuda a contar cosas que vienen en pares, como nuestros zapatos y medias. Contar en grupos de a dos (2) también nos hace más fácil contar frutas, por ejemplo: una docena de naranjas

(2 + 2 + 2 + 2 + 2 + 2 = 12)

Pero usando la tabla del 2, lo podríamos simplificar a

2 x 6 = 12

Usar tarjetas de memorización nos ayuda a establecer conexiones entre diferentes tablas de multiplicación e incluso, relaciones entre la multiplicación y la división.

Es fácil construir tu propio set de tarjetas. Al hacerlo, estarías... 1. Leyendo de las tablas; 2. Escribiendo en tus tarjetas y, 3. Leyendo nuevamente al practicar. Esto te ayudara a recordar o memorizar las tablas de multiplicar.

nueve					
	9	x	1	=	9
	9	x	2	=	18
	9	x	3	=	27
	9	x	4	=	36
	9	x	5	=	45
	9	x	6	=	54
	9	x	7	=	63
	9	x	8	=	72
	9	x	9	=	81
	9	x	10	=	90

9 x 6...? ¿Crees que es 54?; Si, 5 + 4 = 9

En la tabla del 9, los dos dígitos del producto siempre suman nueve (9). Muy curioso. Esta casualidad nos ayuda verificar la tabla del 9.

9 x 6 = 54

1.10.2. Multiplicando, paso a paso

¿Qué hacer cuando el Multiplicando o el Multiplicador tienen 2 o más dígitos?

Por ejemplo,

1

Primero, se multiplican las unidades, teniendo cuidado de siempre alinear cada columna.

Miles	Centenas	Decenas	Unidades
		1	8
×			5
		4	0

2

Luego se multiplican las decenas. El resultado ira entonces a la columna de las decenas. En la columna de las unidades colocamos un cero (0).

Miles	Centenas	Decenas	Unidades
		1	8
×			5
		4	0
		5	0

3

Y por último, sumamos cada columna (unidades, decenas, centenas, miles, etc) para así encontrar el **producto** de la **ecuación**.

Miles	Centenas	Decenas	Unidades
		1	8
×			5
		4	0
		5	0
		9	0

O, de manera simplificada

		4	
Miles	Centenas	Decenas	Unidades
		1	8
×			5
		9	0

Veamos otro ejemplo,

1

Miles	Centenas	Decenas	Unidades
	3	6	5
x		1	8
		4	0
	4	8	0
2	4	0	0

Primero, se multiplican las unidades, teniendo cuidado de siempre alinear cada columna: 8 x 5 = 40.

Luego se multiplican las decenas: 8 x 6 = 48.

El resultado ira entonces a la columna de las decenas. En la columna de las unidades colocamos un cero (0).

Por último, se multiplican las centenas: 8 x 3 = 24.

El resultado ira entonces a la columna de las centenas. En la columna de las decenas y unidades colocamos un cero (0).

2

Miles	Centenas	Decenas	Unidades
	3	6	5
x		1	8
		4	0
	4	8	0
2	4	0	0
		5	0
	6	0	0
3	0	0	0

De igual forma continuamos con el siguiente dígito del multiplicador.

3

Una vez hemos multiplicado por cada dígito, entonces sumamos todos los resultados parciales. Así hayamos el resultado total de la ecuación.

	Miles	Centenas	Decenas	Unidades
		3	6	5
	x		1	8
			4	0
+		4	8	0
+	2	4	0	0
+			5	0
+		6	0	0
+	3	0	0	0
	6	**5**	**7**	**0**

O, de manera simplificada

		5	4	
	Miles	Centenas	Decenas	Unidades
		3	6	5
	x		1	8
	2	9	2	0
+	3	6	5	0
	6	**5**	**7**	**0**

1.11. División

Se podría decir que la división es la **operación inversa a la multiplicación** o incluso, **restas consecutivas**, por ejemplo:

$$30 / 5 = 6$$

puede ser visualizado como $30 = 6 \times 5$

o incluso como $30 - 5 - 5 - 5 - 5 - 5 - 5 = 0$

El objetivo de la división es hallar el número de veces que un número, el **Divisor**, cabe (o está incluido) en otro número, el **Dividendo**. El resultado de la división se denomina **Cociente** y la parte que no se logra distribuir, se denomina **Resto**; cuando el resto es igual a cero (o), se dice que la **división es exacta**.

Ecuación				
3	x	5	=	15
Multiplicando		Multiplicador		Producto

	30	Dividendo	Ecuación
/	5	Divisor	
	6	Cociente	

Igualmente,

¿Qué hacer cuando el Dividendo o el Divisor tienen 2 o más dígitos?
Por ejemplo,

1

	Centenas	Decenas	Unidades		
	1	2	6	7	
-					

Primero, en el Dividendo, tomamos los primeros dígitos. ¿Cuantos dígitos? el mismo número de dígitos que hay en el Divisor.

Si el número seleccionado en el Dividendo es menor que el Divisor, debemos tomar el dígito siguiente en el Dividendo.

En este ejemplo, tomamos primero el 1 (centenas) en el Dividendo, pero dado que 1 es menor que 7 en el Divisor, tomamos el siguiente dígito, el 2 (decenas), Así, el primer paso de esta división se reduce a dividir 12 entre 7 (o 12 / 7).

2

	Centenas	Decenas	Unidades		
	1	2	6	7	
-		7		1	
		5			

La respuesta es 12 / 7 = **1**. Así lo anotamos como el primer dígito del Cociente.

Luego multiplicamos 1 x 7 = 7

Y lo restamos a las columnas del Dividendo que habíamos seleccionado anteriormente.
(12 - 7 = 5)

3

A continuación, bajamos el siguiente dígito del Dividendo, en este caso el 6, hasta donde esta nuestro resultado previo, el 5.

Ahora la división se ha reducido a 56 entre 7 y podemos continuar como lo hicimos en el paso anterior.

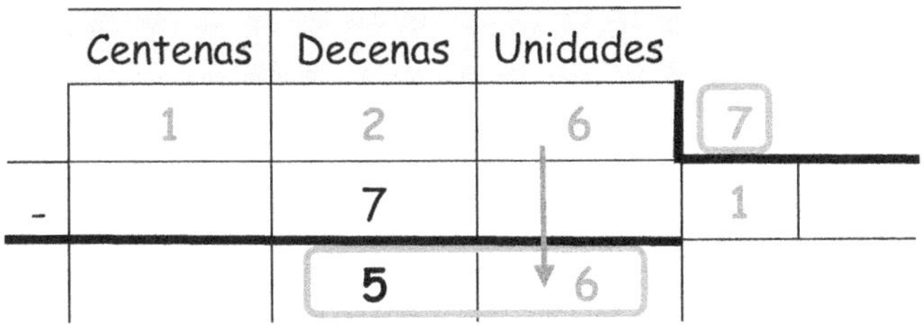

4

Por último, cuando ya no podemos seguir restando, entonces hemos hallado el Cociente.

En este ejemplo en particular, el **Resto es igual a cero (0)**, por lo que la división se considera **División Exacta**.

¿Cómo podemos verificar que el resultado es correcto?

Hay varias formas, una de ellas consiste en multiplicar el Cociente por el Divisor y es producto, adicionar el Resto. Este resultado debe ser igual a nuestro Dividendo inicial.

Veamos este concepto usando el ejemplo anterior.

18 x 7 = ?

Cociente Divisor

1

		5	
Miles	Centenas	Decenas	Unidades
		1	8
x			7
	1	2	6

126 + 0 = ?

Resto

2

	Miles	Centenas	Decenas	Unidades
Cociente			1	8
Divisor	x			7
		1	2	6
Resto	+			0
Dividendo		1	2	6

(18 x 7) + 0 = 126

126 = 126

3

...mas adelante veremos este tipo de notación para nuestras ecuaciones.

Veamos otro ejemplo,

1

	Centenas	Decenas	Unidades		
	2	5	0	1	8
-					

Primero, seleccionamos el número de dígitos en el Dividendo.

En este ejemplo, 25 es mayor que 18, por lo cual no tenemos que adicionar otro dígito.

Así, el primer paso de esta división se reduce a dividir 25 entre 18 (o 25 / 18).

2

	Centenas	Decenas	Unidades		
	2	5	0	1	8
-	1	8		1	
		7			

La respuesta es 25 / 18 = **1**. Así lo anotamos como el primer dígito del Cociente.

Luego multiplicamos 1 x 18 = 18

Y lo restamos a las columnas del Dividendo que habíamos seleccionado anteriormente. (25 - 18 = 7)

3

	Centenas	Decenas	Unidades		
	2	5	0	1	8
-	1	8		1	
		7	0		

A continuación, bajamos el siguiente dígito del Dividendo, en este caso el 0, hasta donde esta nuestro resultado previo, el 7.

Ahora la división se ha reducido a 70 entre 18 y podemos continuar como lo hicimos en el paso anterior.

4

Por último, cuando ya no podemos seguir restando (16 es menor que 18), entonces hemos hallado el Cociente.

En este ejemplo el Resto es diferente a cero (0), entonces la división no es exacta.

	Centenas	Decenas	Unidades			
Dividendo	2	5	0	1	8	Divisor
-	1	8		1	3	Cociente
		7	0			
-		5	4			
		1	6			
			Resto			

Verifiquemos...

13 x 18 = ?

Cociente Divisor

1

	1	2	
Miles	Centenas	Decenas	Unidades
		1	3
x		1	8
	1	0	4
+	1	3	0
	2	**3**	**4**

234 + 16 = ?

Resto

2

	Miles	Centenas	Decenas	Unidades
			1	
	Miles	Centenas	Decenas	Unidades
Cociente			1	3
Divisor	×		1	8
		2	3	4
Resto	+		1	6
Dividendo		2	5	0

(13 x 18) + 16 = 250

250 = 250

3

¡Correcto!
Así hemos verificado que nuestra división está bien realizada...

...y al mismo tiempo hemos practicado nuestras habilidades con la división, multiplicación y suma.
¡Muy Bien!

1.12. Multiplicación de Números Integrales

La multiplicación de números integrales no difiere mucho de la multiplicación de números enteros; la única diferencia es que hay que tener en cuenta el signo (positivo o negativo) de los números a multiplicar. Así,

$$30 \times 5 = 150$$
$$2 \times 6 = 12$$
$$8 \times 9 = 72$$

El producto de dos números integrales positivos, siempre resulta en un número positivo.

$$30 \times (-5) = -150$$
$$2 \times (-6) = -12$$
$$8 \times (-9) = -72$$

El producto de un número integral positivo y uno negativo, siempre resulta en un número negativo.

$$(-30) \times 5 = -150$$
$$(-2) \times 6 = -12$$
$$(-8) \times 9 = -72$$

El producto de un número integral negativo y uno positivo, siempre resulta en un número negativo.

$$(-30) \times (-5) = 150$$
$$(-2) \times (-6) = 12$$
$$(-8) \times (-9) = 72$$

El producto de dos números integrales negativos, siempre resulta en un número positivo.

Es decir, el signo, positivo o negativo, del multiplicando y el multiplicador es muy importante.

Positivo x Positivo	=	Positivo
Positivo x Negativo	=	Negativo
Negativo x Positivo	=	Negativo
Negativo x Negativo	=	Positivo

$$+ \times + = +$$

$$+ \times - = -$$

$$- \times + = -$$

$$- \times - = +$$

1.13. Fracciones

Una Fracción tiene dos miembros, el **numerador** y el **denominador**. El numerador, en la parte superior, nos indica cuantas partes del grupo o conjunto debemos tomar. El denominador, en la parte de abajo, nos indica en cuantas partes hemos dividido en el grupo o conjunto inicial. Suena un tanto complicado, pero en realidad no lo es tanto. Veamos,

$$\frac{5}{8}$$

Numerador: Numero de partes a tomar

Denominador: Total de partes en el conjunto

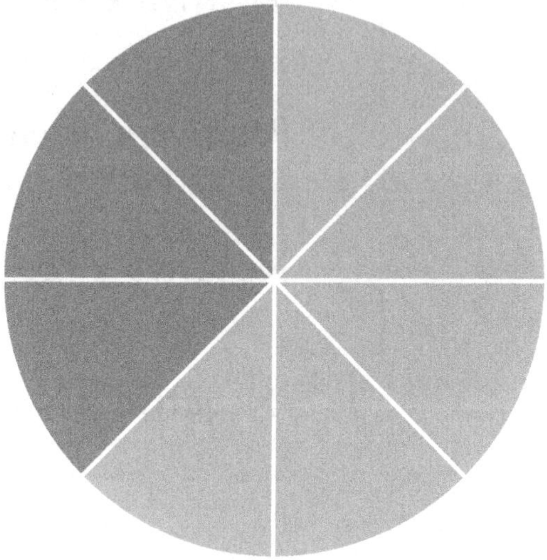

De igual modo, al **tomar 5** pedazos una pizza **(Numerador)**, la cual viene cortada en **8 pedazos iguales (Denominador)**; podríamos decir que hemos tomado **5/8**

$$\frac{3}{8}$$

$$\frac{\quad}{2}$$

$$\frac{\quad}{4}$$

Hay tres tipos de fracciones:

Fracciones Propias	Fracciones Impropias	Fracciones Mixtas
Aquellas donde el Numerador en **menor** que el Denominador. El resultado siempre es **menor** a 1.	Aquellas donde el Numerador es **mayor o igual** que el Denominador. El resultado siempre es **mayor o igual** a 1.	Cuando la fracción incluye un **número entero** y **una fracción propia**.
Por ejemplo: 1/2, 3/4, 5/7	Por ejemplo: 4/3, 5/2, 9/9	Por ejemplo: 3 1/2, 5 3/4

1.14. Suma y Resta de Fracciones

1.14.1. Suma y Resta de Fracciones con el mismo Denominador

Sumar y Restar fracciones con el mismo Denominador es simple y divertido, basta con mantener el mismo Denominador y sumar o restar los diferentes Numeradores, Así:

$$\frac{1}{4} + \frac{2}{4} = \frac{(1+2)}{4} = \frac{3}{4}$$

$\frac{1}{4}$  $+$ $\frac{2}{4}$ 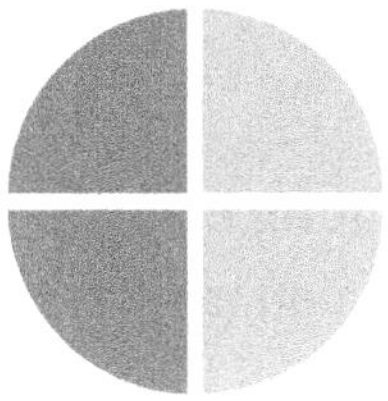 $=$ $\frac{3}{4}$ 

Igual ocurre con la resta,

$$\frac{7}{9} - \frac{5}{9} = \frac{(7-5)}{9} = \frac{2}{9}$$

Para sumar y restar fracciones con Denominadores distintos, necesitamos usar un concepto de **Mínimo Común Denominador** o Denominador Común.

1.14.2. Mínimo Común Denominador / Mínimo Común Múltiplo

El mínimo común múltiplo de dos o más números es el menor múltiplo común distinto de cero.

1

Primero, para hallar el mínimo común múltiplo de dos o más números debemos de descomponer el número en factores primos.

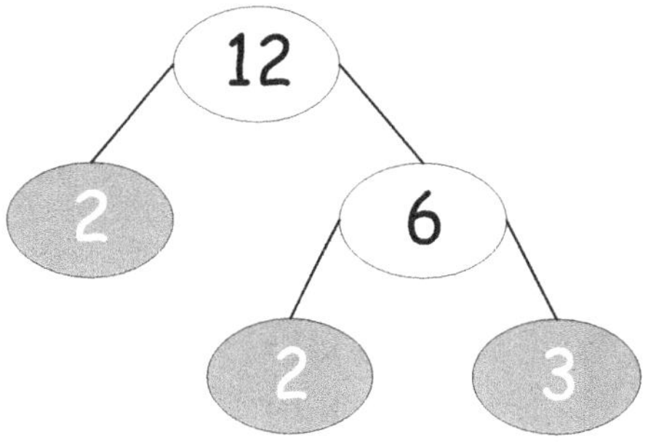

$12 = 2 \times 2 \times 3 = 2^2 \times 3$

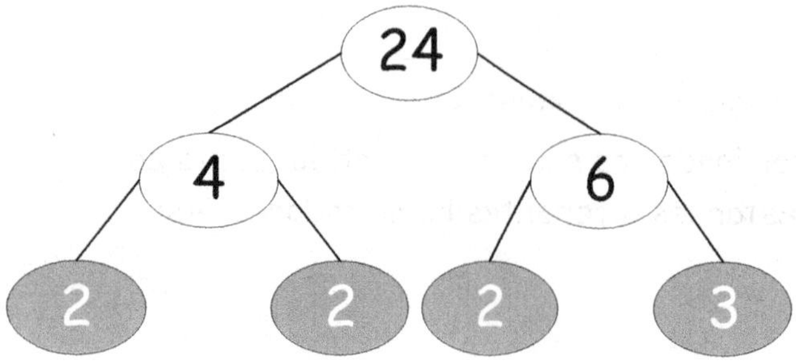

$24 = 2 \times 2 \times 2 \times 3 = 2^3 \times 3$

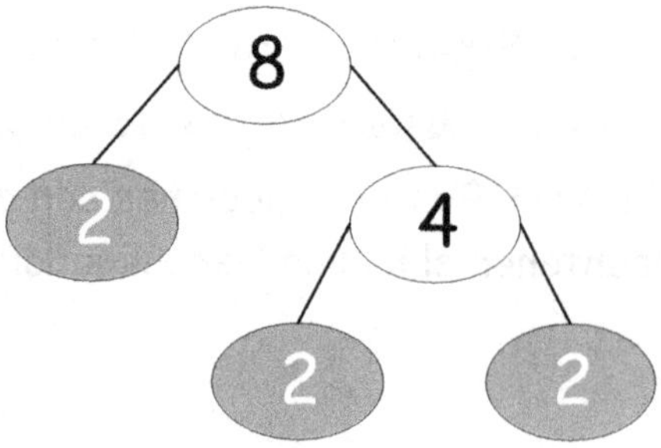

$8 = 2 \times 2 \times 2 = 2^3$

2

Luego, Se toman los factores comunes y no comunes con mayor exponente.

En este caso, el mínimo común múltiplo entre 12, 24 y 8 es:

$$2^3 \times 3 = (2 \times 2 \times 2) \times 3 = (8) \times 3 = 24$$

De igual modo, algunos números comparten los mismos múltiplos. A estos se les conoce como múltiplos comunes.

Número	Múltiplos					
0	0	0	0	0	0	0
1	0	1	2	3	4	5
2	0	2	4	6	8	10
3	0	3	6	9	12	15
4	0	4	8	12	16	20
5	0	5	10	15	20	25

El mínimo común múltiplo es el múltiplo común de menor valor. Así: el mínimo común múltiplo entre 3 y 5 es 15.

3 x 1 = 3	3 x 2 = 6	3 x 3 = 9	3 x 4 = 12	3 x 5 = 15
5 x 1 = 5	5 x 2 = 10	5 x 3 = 15		

1.14.3. Suma y Resta de Fracciones con distinto Denominador

Como lo mencionamos anteriormente, usamos el **Mínimo Común Denominador**. Luego se sustituyen las fracciones originales por fracciones equivalentes con este denominador común.

Por ejemplo,

1

$$\frac{1}{3} + \frac{7}{5} \longleftrightarrow 15$$

15 Mínimo Común Denominador

2

$$\frac{1}{3} + \frac{7}{5} = \frac{[((15/3) \times 1) + ((15/5) \times 7)]}{15}$$

$$\frac{1}{3} + \frac{7}{5} = \frac{[((5) \times 1) + ((3) \times 7)]}{15}$$

$$\frac{1}{3} + \frac{7}{5} = \frac{[(5) + (21)]}{15} = \frac{26}{15}$$

¿Es posible resolver este tipo operaciones sin usar el Mínimo Común Denominador?
Sí; si existe otra forma.

Veamos:

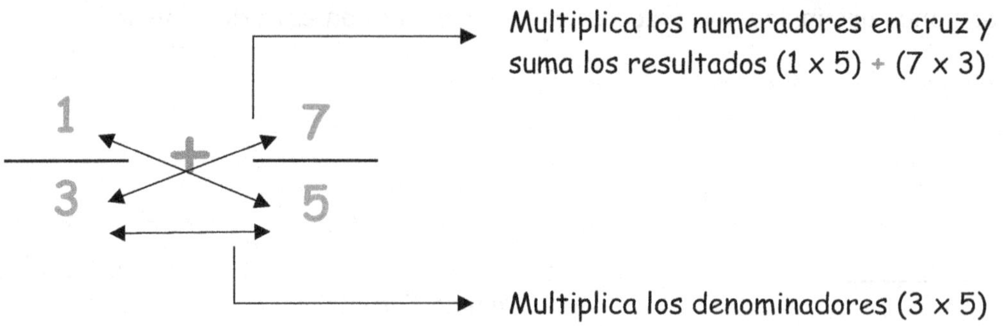

$$\frac{1}{3} + \frac{7}{5} = \frac{[(5) + (21)]}{15} = \frac{26}{15}$$

1.14.4. Multiplicación y División de Fracciones

Para **multiplicar** una fracción por un numero entero tan solo es necesario multiplicar el numerador por el numero entero. Dicho producto se convierte así en el numerador de la nueva fracción o resultado.

$$\frac{3}{8} \times \frac{4}{1} = \frac{(3 \times 4)}{(8 \times 1)} = \frac{\cancel{12}}{\cancel{8}} = \frac{3}{2}$$

Reducir o Minimizar dividiendo por a múltiplo común; en este caso, el 4. Así: 12/4 = 3 y 8/4 = 2

Para multiplicar una fracción por otra fracción, primero multiplicamos los numeradores de cada fracción, y este producto se convierte en el numerador del resultado. Luego multiplicamos los denominadores de cada fracción para determinar el denominador del resultado, por ejemplo:

$$\frac{2}{3} \times \frac{4}{5} = \frac{(2 \times 4)}{(3 \times 5)} = \frac{8}{15}$$

Para multiplicar fracciones mixtas, es necesario convertir la fracción mixta en una fracción impropia. Y luego se multiplican las fracciones como lo vimos anteriormente. Por ejemplo:

$$4\frac{2}{3} \times \frac{5}{2} = \frac{14}{3} \times \frac{5}{2}$$

$$\frac{14}{3} \times \frac{5}{2} = \frac{(14 \times 5)}{(3 \times 2)} = \frac{70}{6}$$

O, en caso de multiplicar dos fracciones mixtas:

$$1\frac{3}{4} \times 2\frac{5}{2} = \frac{7}{4} \times \frac{9}{2}$$

$$\frac{7}{4} \times \frac{9}{2} = \frac{(7 \times 9)}{(4 \times 2)} = \frac{63}{8}$$

Para **dividir** una fracción por un número entero, multiplicamos el denominador de la fracción por el número entero. El cociente será el nuevo denominador. El numerador no cambia y permanece igual.

$$\frac{2}{3} \,/\, 5 = \frac{2}{(3 \times 5)} = \frac{2}{15}$$

Para dividir un número entero por una fracción, o para dividir una fracción por otra fracción, invertimos el divisor de la fracción y luego multiplicamos las fracciones resultantes.

$$\frac{3}{8} \,/\, \frac{2}{5} = \frac{3}{8} \times \frac{5}{2}$$

$$\frac{3}{8} \times \frac{5}{2} = \frac{(3 \times 5)}{(8 \times 2)} = \frac{15}{16}$$

O, por ejemplo,

$$3 \,/\, \frac{5}{4} = 3 \times \frac{4}{5}$$

$$\frac{3}{1} \times \frac{4}{5} = \frac{(3 \times 4)}{(1 \times 5)} = \frac{12}{5}$$

Para dividir números mixtos por otro número mixto, debemos transformar los números mixtos a fracciones impropias, y luego resolver la división como lo vimos anteriormente; por ejemplo:

$$3\frac{1}{2} \,/\, 5\frac{3}{4} = \frac{(3 \times 2) + 1}{2} \,/\, \frac{(5 \times \mathbf{4}) + 3}{\mathbf{4}}$$

$$= \frac{7}{2} \,/\, \frac{23}{4} = \frac{7}{2} \times \frac{4}{23} = \frac{(7 \times 4)}{(2 \times 23)} = \frac{\cancel{28}}{\cancel{46}}$$

Entonces,

$$3\frac{1}{2} \,/\, 5\frac{3}{4} = \frac{14}{23}$$

Veamos otro ejemplo:

$$4\frac{3}{8} \,/\, 1\frac{1}{2} = \frac{(4 \times 8) + 3}{8} \,/\, \frac{(1 \times \mathbf{2}) + 1}{\mathbf{2}}$$

$$= \frac{35}{8} \,/\, \frac{3}{2} = \frac{35}{8} \times \frac{2}{3} = \frac{(35 \times 2)}{(8 \times 3)} = \frac{\cancel{70}}{\cancel{24}}$$

Entonces,

$$4\frac{3}{8} \,/\, 1\frac{1}{2} = \frac{35}{12}$$

1.15. Decimales y Fracciones Decimales

Básicamente, decimales y fracciones decimales son fracciones cuyo denominador es igual a 10 o múltiplos de 10, (por ejemplo 10, 100, 1000, etc.). Los decimales o fracciones decimales suelen escribirse usando el punto decimal, por ejemplo:

$$\frac{1}{10} = 0.1 \; ; \frac{1}{100} = 0.01 \; ; \frac{1}{1{,}000} = 0.001$$

Una fracción decimal puede escribirse en forma decimal si eliminamos el denominador y adicionamos el punto decimal en el lugar adecuado. Dependiendo del número de ceros en el denominador, así movemos el punto decimal hacia la izquierda. Veamos unos ejemplos sencillos:

$$\frac{8}{10} = (8/10) = 0.8$$

Un cero — Una posicion hacia la izquierda

$$\frac{15}{100} = (15/100) = 0.15$$

Dos ceros — Dos posiciones hacia la izquierda

Usualmente vemos decimales en precios y medidas; por ejemplo:

$41,500.25 Aquí, 0.25 representa 25 centavos.

35.18 cm Es este caso, 0.18 representa 18 milímetros.

	miles	centenas	decenas	unidades	Punto decimal	1/10	1/100
1,500.25	1	5	0	0	.	2	5
35.18			3	5	.	1	8
325.95		3	2	5	.	9	5
.33				0	.	3	3

1.15.1. Decimales Repetitivos

Algunas fracciones, cuando son escritas como división, nunca llegan a un digito final. Este es el caso de los decimales repetitivos.

$$\frac{1}{3} = ?$$

	1	0		3
-		9		0.333...
		1	0	
			...	

En estos casos, usamos una barra horizontal sobre el digito que se repite infinitamente. Así notamos los decimales repetitivos:

$$\frac{1}{3} = 0.\overline{33}$$

1.15.2. Suma y Resta de Decimales

Debido a que todos los decimales tienen "denominadores comunes" y son múltiplos de 10, sumar y restar decimales es sencillo. Lo más importante es alinear el punto decimal de cada una de los números. Así:

$$\begin{array}{r} 15.25 \\ +\ \ 3.02 \\ \hline 18.27 \end{array} \qquad \begin{array}{r} 2.85 \\ +\ 1.43 \\ \hline 4.28 \end{array} \qquad \begin{array}{l} 5.07 \\ -\ 2.3 \\ \hline 2.77 \end{array}$$

1.15.3. Multiplicación de Decimales

Para multiplicar decimales, por ejemplo:

$$\begin{array}{r} 3.5 \\ \times\ 1.8 \\ \hline ???\end{array}$$

1

Inicialmente ignoramos la localización del punto decimal, así:

$$
\begin{array}{r}
3\,.\,5 \\
\times\ 1\,.\,8 \\
\hline
2\,8\,0 \\
+\ 3\,5 \\
\hline
6\,3\,0
\end{array}
$$

2

Luego contamos el número de posición a la derecha de cada punto decimal. En este caso tenemos dos cifras a la derecha del punto decimal.

3

y por último, insertamos dicho número de espacios en el resultado de la multiplicación inicial. Esto lo hacemos moviendo (o corriendo) el punto decimal hacia la izquierda, los mismos dos espacios

$$
\begin{array}{r}
3\,.\,5 \\
\times\ 1\,.\,8 \\
\hline
2\,8\,0 \\
+\ 3\,5 \\
\hline
6.\,3\,0
\end{array}
$$

Así, $3.5 \times 1.8 = 6.3$

Veamos otros ejemplos:

4 dígitos a la derecha del punto decimal.

$$
\begin{array}{r}
16.22 \\
\times\ 2.46 \\
\hline
\mathbf{39.9012}
\end{array}
\qquad
\begin{array}{r}
33.24 \\
\times\ 23.41 \\
\hline
\mathbf{778.1484}
\end{array}
\qquad
\begin{array}{r}
9.38 \\
\times\ 3.08 \\
\hline
\mathbf{28.8904}
\end{array}
$$

Correr el punto 4 espacios a la izquierda

$$
\begin{array}{r}
16.21 \\
\times\ 6.20 \\
\hline
\mathbf{100.5020}
\end{array}
\qquad
\begin{array}{r}
9.38 \\
\times\ 3.08 \\
\hline
\mathbf{28.8904}
\end{array}
\qquad
\begin{array}{r}
1.78 \\
\times\ 1.85 \\
\hline
\mathbf{3.2930}
\end{array}
$$

1.15.4. Dividiendo Decimales

1

Para dividir decimales es necesario escribir el divisor como un número entero. Para ello, multiplicamos el divisor por una potencia de 10 lo suficientemente grande para convertir el divisor en número entero; por ejemplo, para dividir 3.8 / 5 = ¿?

$$\begin{array}{r} 3.80 \\ \times\ 10 \\ \hline \mathbf{38} \end{array}$$

2

Luego, usamos el mismo múltiplo de 10 y lo multiplicamos por el dividendo:

$$\begin{array}{r} 5 \\ \times\ 10 \\ \hline \mathbf{50} \end{array}$$

3

Por ultimo resolvemos la división como hemos visto anteriormente para números enteros:

	3	8	0	50
-	3	5	0	0.7
		3	0	

Entonces, 3.8 / 5 = 0.7

Veamos otros ejemplos:

$$\frac{0.15}{0.2} \times \frac{100}{100} = \frac{15}{20} \longrightarrow 15 \,\lfloor\, 20$$

$$\frac{0.00}{1.5} \times \frac{1000}{1000} = \frac{4}{1500} \longrightarrow 4 \,\lfloor\, 1500$$

1.16. Porcentajes y Proporciones

Cuando comparamos tamaños, usamos **proporciones**. Cuando comparamos el numerador y el denominador de una fracción, lo consideramos proporciones. El símbolo **(:)** es comúnmente usado para separar el numerador de denominador cuando los usamos como proporciones o razón.

Por ejemplo, 3 pedazos de una pizza cortada en 8 pedazos, puede ser escrita en forma de fracción como (3/8) o en forma de proporción como 3:8

$$\frac{3}{8}$$

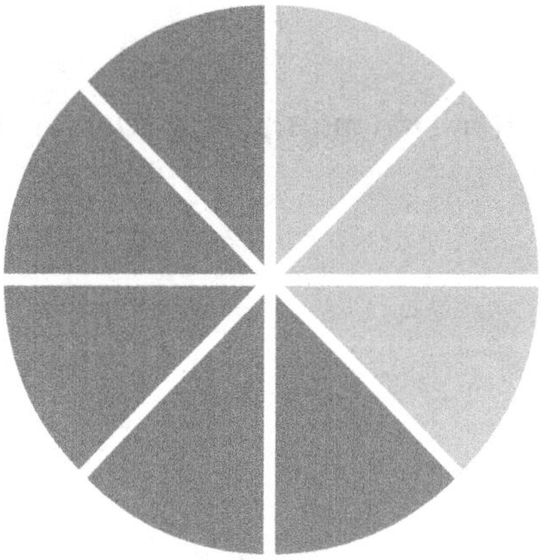

3:8

Porcentajes son proporciones escritas en forma de fracciones decimales. El término Porcentaje significa 1 parte de 100 y cualquier fracción con denominador 100 puede ser escrita como porcentaje usando el símbolo **(%)**; por ejemplo:

$$\frac{1}{4} \longrightarrow \frac{25}{100} = 25\%$$

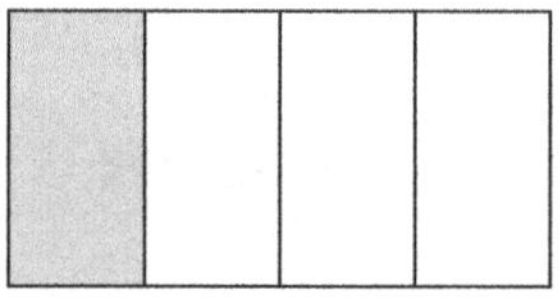

$$\frac{1}{2} \longrightarrow \frac{50}{100} = 50\%$$

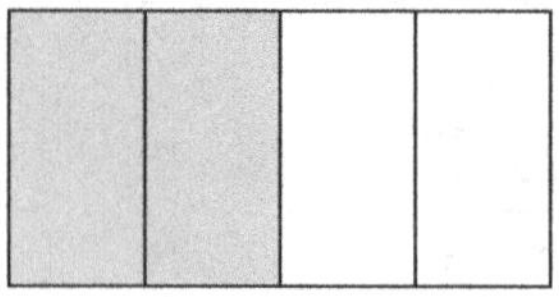

$$\frac{3}{4} \longrightarrow \frac{75}{100} = 75\%$$

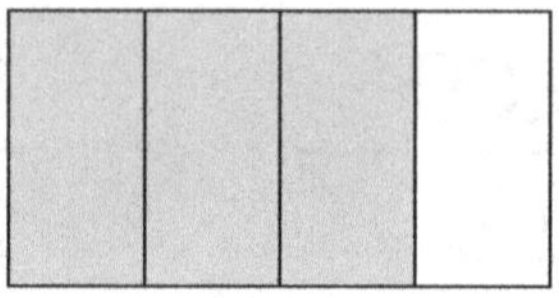

1.16.1. Calculo de porcentajes y proporciones

Proporciones

Si tomamos media pizza o (1/2), ¿cuántos cuartos hemos tomado?

$$\frac{1}{2} = \frac{?}{4}$$

Para hallar la respuesta, multiplicamos en "cruz" el numerador de una de las fracciones por el denominador de la otra. El producto de cada operación debe ser igual, por ello:

$$\frac{1}{2} = \frac{?}{4} \longrightarrow (1 \times 4) = (\underline{2} \times ?)$$

entonces

> Importante: Sí este factor está multiplicando en este lado del signo igual (=), y queremos pasarlo al otro lado de la ecuación, entonces pasaría a dividir (la cual es la operación inversa de la multiplicación). Esto operación la podemos hacer cada vez que deseamos despejar incógnitas en nuestras ecuaciones.

Entonces,

$$? = \frac{4}{2} = 2$$

$$\frac{1}{2} = \frac{2}{4}$$

> Media pizza equivale a (2/4) de pizza

Porcentajes

Para transformar una fracción a porcentaje

1

Dividimos la fracción

$$\frac{3}{8}$$

3	0		8
- 2	4		0.375
	6	0	
-	5	6	
		4	0
-		4	0
			0

2

Convertimos el decimal a una fracción cuyo denominador es el número 100.

$$0.375 = \frac{37.5}{100} = 37.5\%$$

Y para revertir el proceso, es decir, convertir un porcentaje a fracción:

1

$$75\% = \frac{75}{100}$$

Escribimos la fracción usando el número 100 como denominador.

$$75\% = \frac{\cancel{75}}{\cancel{100}} = \frac{\cancel{15}}{\cancel{20}} = \frac{3}{4}$$

$$75\% = \frac{3}{4}$$

2

Luego resolvemos reduciendo hasta el menor término posible.

Para hallar el porcentaje de un número, o cantidad:

1 Multiplicamos el número por el porcentaje escrito en forma decimal. Por ejemplo: ¿cuánto es el 75% de $1,250?

$$0.75 \times \$1{,}250 = \$937.50$$

2 No olvide correr el punto decimal

$$\begin{array}{r} 1250 \\ \times\ 0.75 \\ \hline 6250 \\ +\ 8750 \\ \hline \$937.50 \end{array}$$

2 decimales

2 espacios a correr el punto

Para determinar qué porcentaje es un número con respecto a otro, por ejemplo ¿qué porcentaje es 7 de 12?:

¿Recuerdas que significa este símbolo? 3333... este digito se repite

$$\frac{7}{12} = 0.58\overline{33}$$

1 Dividimos el primer número por el segundo.

$$0.5833 \times 100 = 58.33\%$$

2 Una vez tenemos el resultado en forma decimal, multiplicamos 100 y obtenemos el porcentaje final.

¿Cómo podemos hallar el valor de un número cuando lo único que conocemos es el porcentaje con respecto a otro número? Por ejemplo, 3 es el 20% de qué número?

1 Calculemos las proporciones.

$$\frac{3}{?} = 20\%$$

No olvides multiplicar en cruz. Esta ecuación es también conocida como la **regla de tres**; pues solo conocemos tres de las variables en la ecuación.

$$\frac{3}{?} = \frac{20}{100} \longrightarrow (3 \times 100) = (? \times 20)$$

2 Y luego despejamos la incógnita.

$$\frac{(3 \times 100)}{20} = ?$$

$$? = 15$$

Es decir, 3 es al 20% de 15

1.17. Aproximaciones y Redondeo

Algunas veces redondeamos y aproximamos números para simplificar operaciones, ya sean multiplicaciones y divisiones o incluso sumas y restas. Por ejemplo; Si estamos de compras en el supermercado y necesitamos sumar mentalmente las siguientes cantidades:

	Precio Real	Precio Redondeado
Arroz	$1,525	$1,500
Aceite	$725	$700
Carne	$4,780	$4,800
Vegetales	$1,230	$1,200
Total	$8,270	$8,200

¿Cuál de las dos formas es más fácil de resolver mentalmente?

¿Cómo sabemos si redondeamos hacia arriba o hacia abajo? Usualmente redondeamos hacia abajo los números menores de 5 y redondeamos hacia arriba los números mayores a 5.

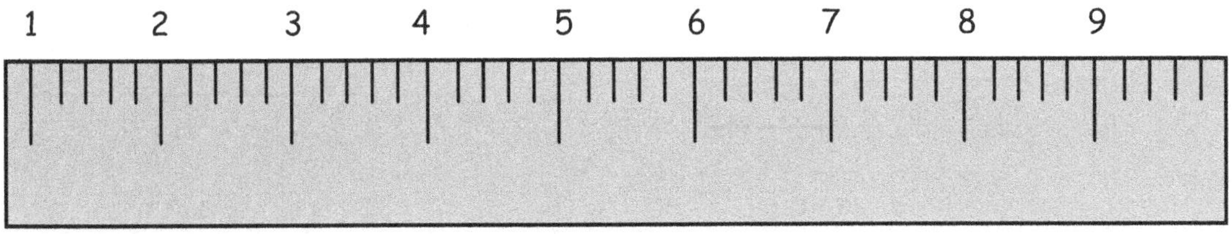

redondeo hacia abajo **5** **redondeo hacia arriba**

La misma regla se aplica para múltiplos de 10: Redondeamos al ciento más cercano redondeando hacia abajo del 49 y redondeamos hacia arriba del 50 en adelante, así:

$ 1,5<u>35</u>

Redondeando hacia abajo

$35 \leq 50$ $\$\,1{,}535 \approx \$1{,}500$

$ 4,7<u>80</u>

Redondeando hacia arriba

$80 \geq 50$ $\$\,4{,}780 \approx \$4{,}800$

Redondear o aproximar nos ayuda a **estimar** el resultado de manera rápida y muy cercana al resultado exacto de la operación. Por ejemplo:

Valor Exacto

$$\begin{array}{r} 18 \\ +\ 23 \\ \hline 41 \end{array} \quad \begin{array}{l} \text{(aproximadamente):} \\ \text{(aproximadamente):} \\ \\ \end{array} \quad \begin{array}{r} 20 \\ +\ 20 \\ \hline 40 \end{array}$$

Valor Estimado

Promedios

La forma más común de hallar el promedio es **sumar** la lista de números y **dividir** por la cantidad de números en nuestra lista.

cinco valores

Total de la suma

$$2 + 5 + 3 + 9 + 1 = 20$$

A este resultado también se lo llama **media**

$$\frac{20}{5} = 4.0$$

Pero **media** es distinto a **mediana**. Por ejemplo; la mediana de 1, 2, 3, 5, y 9 es 3 y la media o promedio, como lo vimos anteriormente es 4. La **mediana** es el número que es encuentra en la mitad de la serie cuando escribimos la serie en orden ascendente (de menor a mayor).

Promedios y medianas son importantes cuando usamos las matemáticas para calcular Probabilidades y Estadísticas que veremos en un capítulo más adelante.

¿Cuándo necesitamos calcular promedios? He aquí un par de ejemplos:

1	Matemáticas	3.8
2	Español	4.0
3	Arte	3.9
4	Geografía	3.8
	Suma:	15.5

media

$$\frac{15.5}{4} = 3.875$$

cuatro valores

Total de la suma

1	Pepe	6
2	Sofia	5
3	Ana	7
4	Clara	6
5	Santiago	5
	Suma:	29

Promedio de edad

$$\frac{29}{5} = 5.8$$

Número de niños

Total de la suma

1.18. Propiedades y Orden de Operaciones

La suma y la multiplicación siguen ciertas reglas llamadas propiedades o leyes. Unas de las más importantes son las propiedades conmutativa, asociativa y la distributiva.

Propiedad Conmutativa

Suma	Multiplicación
La suma de dos o más números siempre será la misma, sin importar en qué orden las adicionemos	El producto de dos o más números siempre será el mismo, sin importar en qué orden los multipliquemos
Por ejemplo: 3 + 4 = 7 o 4 + 3 = 7 (5 / 8) + (1 / 4) = (7 / 8) o (1 / 4) + (5 / 8) = (7 / 8)	Por ejemplo: 3 x 4 = 12 o 4 x 3 = 12 (5 / 8) x (1 / 4) = (5 / 32) o (1 / 4) x (5 / 8) = (5 / 32)

Propiedad Asociativa

Suma
No importa como agrupemos una serie de números, siempre la suma de ellos será igual. Por ejemplo: (3 + 5) + 4 = 12 3 + (5 + 4) = 12 (3 + 4) + 5 = 12

El uso de paréntesis se emplea para combinar sumas, restas, multiplicación y división. Es importante aclarar que el uso del paréntesis en las operaciones determina el orden en que debemos resolverlas, iniciando por las indicadas entre paréntesis.

Propiedad Distributiva

Multiplicación
La multiplicación de un número por una suma es igual a la suma de las multiplicaciones de dichos números po r cada uno de los sumandos. Por ejemplo: 7 x (3 + 5) = (7 x 3) + (7 x 5) o 7 x (3 + 5) = 7 x (8) = (21) + (35) o = **56** = **56**

Orden de Operaciones

Como mencionamos anteriormente, el uso de paréntesis nos ayuda a identificar el orden en que debemos resolver las operaciones. Dicho orden, es muy importante. Veamos algunas aplicaciones:

$3 \times 5 + 7$ podría ser $(3 \times 5) + 7 = (15) + 7 = 22$

o $3 \times (5 + 7) = 3 \times (12) = 36$

Diferente resultado

Si no resolvemos las operaciones en el orden adecuado, obtendremos resultados equivocados. Por ello existen varias reglas básicas para resolver el orden de operaciones:

1

La multiplicación y la división son resueltas primero y luego siguen la suma y la resta.

$(3 \times 5) + 7 = (15) + 7 = 22$ es correcto

$3 \times (5 + 7) = 3 \times (12) = 36$ es incorrecto

2

Cuando varios números son multiplicados o divididos en una operación, deben resolverse en el orden en el cual aparecen. Por ejemplo:

$2 \times 5 - 1$ es agrupado como $(2 \times 5) - 1 = (10) - 1 = 9$

3

En problemas que combinan sumas, restas, multiplicación y división, debemos resolver las operaciones de izquierda a derecha en orden de aparición.

$9 / 3 \times 5 = (9 / 3) \times 5 = 3 \times 5 = 15$

$14 \times 2 / 7 + 2 = (14 \times 2) / 7 + 2$

$= (28) / 7 + 2$

$= (28 / 7) + 2$

$= (4) + 2 = 6$

Orden de Operaciones

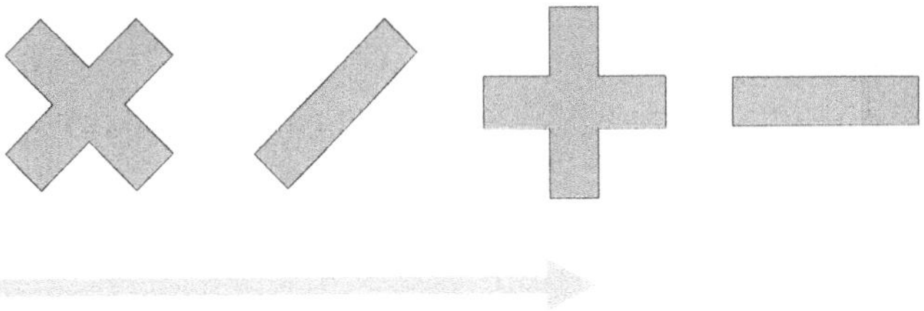

Importante: La resta y la división NO cumplen con las leyes conmutativa y asociativa.

Resta	División
Por ejemplo:	Por ejemplo:
$3 - 2 \neq 2 - 3$	$3 / 2 \neq 2 / 3$
$1 \neq -1$	$1.5 \neq 0.666$
o...	o...
$(5 - 2) - 1 \neq 5 - (2 - 1)$	$(5 / 2) / 2 \neq 5 / (2 / 2)$
$(3) - 1 \neq 5 - (1)$	$(5/2) / 2 \neq 5 / (1)$
$2 \neq 4$	$(5/4) \neq 5$

1.19. Solución de Problemas

¿Cómo identificar palabras claves?

Usualmente encontramos múltiples palabras claves. Dichas palabras nos ayudan a identificar el tipo de operaciones matemáticas que debemos realizar para resolver el problema.

Palabras Clave:

Suma	Resta
Adicionar	Reducir
Suma	Tomar de
Total	Descontar
Ambos	Menos que
Todos	Han salido
Juntos	Hemos tomado de
En incrementos de	Menos
	Permanecen
	Diferencia entre...

Multiplicación	División
Veces	Cociente de
Producto de	Dividido por
Multiplicar por	Mitad
Por (cuando usamos dimensiones)	Fracción
... y aquellas mencionadas en la suma:	Dividir
Adicionar	Partes
Suma	Separado
Total	Compartido partes iguales
Ambos	
Todos	
Juntos	
En incrementos de	

Resolviendo Problemas

1. Identifica las palabras clave. Por ejemplo, usa un circulo o resaltador alrededor de ellas.

2. Subraya otra información que se considere importante

3. Descarta o tacha la información que es irrelevante

Ejemplo 1: Pepe tiene 2 cuadernos, Sofía 1, Ana 2, Clara 3 y Santiago 2.
¿Cuántos cuadernos tienen en total?

Solución: ~~Pepe tiene~~ 2, ~~Sofía~~ 1, ~~Ana~~ 2, ~~Clara~~ 3 y ~~Santiago~~ 2.
¿Cuántos cuadernos tienen en total?

2 + 1 + 2 + 3 + 2 = 10

Ellos tienen **10** cuadernos en **total**

Ejemplo 2: Fabián tiene el doble de juegos que Martín. Si Martín tiene 4 juegos, ¿Cuántos tiene Fabián?

Solución: Fabián ~~tiene~~ el doble ~~de juegos que~~ Martín. Si Martín tiene 4 juegos, ¿Cuántos tiene Fabián?

4 juegos x 2 = 8

Fabián tiene **8** juegos

El "**doble**" o "multiplica" por **2**

Ejemplo 3: José, Andrea y sus 2 hijas van a comer pizza. La pizza tiene 8 pedazos. José se come 2, Andrea un pedazo de pizza y cada uno de las niñas se come 2. ¿Cuántos pedazos quedan?

Solución: José, Andrea ~~y sus~~ 2 hijas van a comer pizza. La pizza tiene 8 pedazos. José ~~se come~~ 2, Andrea un ~~pedazo de pizza~~ y cada una de las niñas se come 2. ¿Cuántos pedazos quedan?

Empecemos por calcular cuantas pizzas se comen entre todos:

2 + 1 + (2 x 2) = ?

2 por "cada una" o "multiplicar por el número de hijas

2 de José, mas, "un" o 1 de Andrea.

2 + 1 + (4) = 7

Se comieron **7** pedazos entre **todos**

Ahora solo falta restar este valor al número total de pedazos en la pizza...

8 - 7 = 1

Solo queda **1** pedazo de pizza

La pizza entera tiene **8** pedazos

Solución: Este ejemplo también podemos hacer uso de ayudas gráficas. Así:

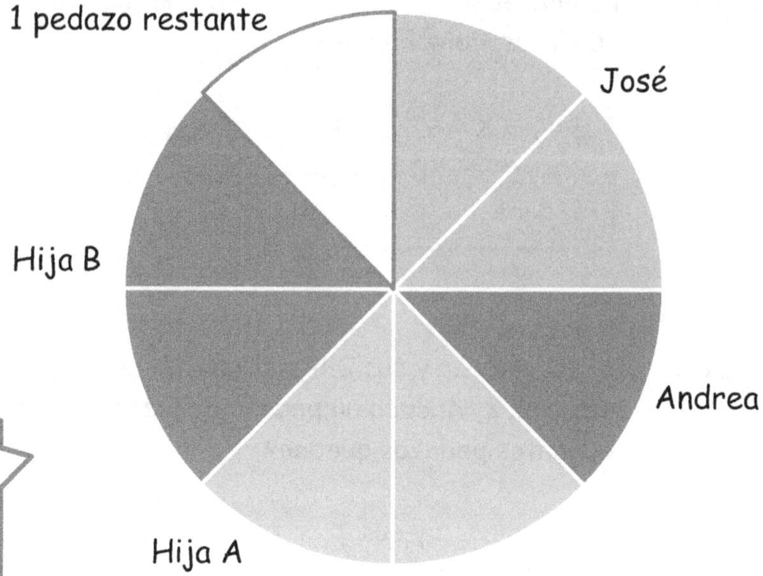

Esta es otra herramienta que podemos utilizar para resolver problemas

Otros problemas un tanto más complicados requerirán otras soluciones más elevadas o complejas. Por ejemplo:

Ejemplo 4: Pedro ayuda a su papá al ir de compras para sus útiles escolares. Pedro recibe $25,000 de su papá. Pedro paga $5,000 por un cuaderno, $12,000 por un set de marcadores y $2,500 en un borrador. Luego de comprar unas cartulinas solo le quedaron $3,200. ¿Cuánto le costaron las cartulinas?

Solución:

1

	$	25,000	total (inicio)
-	$	5,000	(cuaderno)
	$	20,000	
-	$	12,000	(marcadores)
	$	8,000	
-	$	2,500	(borrador)
	$	5,500	
-		????	(cartulinas)
	$	3,200	restante (final)

En este caso, nos toca hacer algo de regresión y empezar con el total y regresar a cada uno de los gastos realizados.

Reescribimos el problema ya simplificado

$$\$5{,}500 - ???? = \$3{,}200$$

$$\$5{,}500 - x = \$3{,}200$$

$$\$5{,}500 = \$\,3{,}200 + x$$

$$\$5{,}500 - \$\,3{,}200 = x$$

$$\$2{,}300 = x$$

Las cartulinas costaron \$2,300

Cálculo Mental
Aprender y practicar los conceptos y operaciones básicas nos dará la confianza necesaria para realizar cálculos mentales de manera rápida y eficiente. Usualmente es más rápido hacer o resolver operaciones mentalmente que escribirlas en papel o incluso usar una calculadora.

A continuación, veremos algunas ayudas y técnicas que pueden ayudarnos a resolver operaciones mentalmente.

Comparando Métodos (Recomendación para padres y educadores)
Padres e hijos pueden comparar nuevas formas de resolver cálculos y operaciones mentalmente. Siempre es importante resaltarle al niño o niña que hay múltiples formas de resolver cualquier operación. Inicialmente podemos explorar métodos lentos y relativamente ineficientes para reforzar los conceptos básicos y revisar paso a paso la secuencia a resolver. Incluso nuestros propios métodos pueden ser mejorados, así que "padres" prepárense para aceptarlo.

Importante: No hay que presionar a nuestros niños a sumar o restar rápidamente, el *stress* puede prevenirlos de resolver las operaciones más ágilmente.

Yo tomo 10 de 23
23 - 10 = 13
Y luego + 1 = 14
Tomo 3 de 23
23 - 3 = 20
Y luego tomo 6 más
20 - 6 = 14
¿Cómo restarías 9 de 23?
Yo sumo 13 + 7 = 20
Y luego + 2 = 22
Sumo 13 + 10 = 23
Y luego le resto 1 = 22
¿Cómo sumarias tu 13 más 9?
9 = 10-1
7+2 = 9
9 = 3+6
9 = 10-1

1.20. Calculadora y Cálculo Mental

5.15 por 2.78?

5 x 2 = 10
Entonces, debe
ser mas de 10

318 .12
más 75 .89

La respuesta
debe ser
cerca a 400

37 menos 13?

7 - 3 = 4; la
respuesta debe
terminar en 4

18 por 12 = ¿??

18 x 10 = 180;
debe ser
mayor a 180

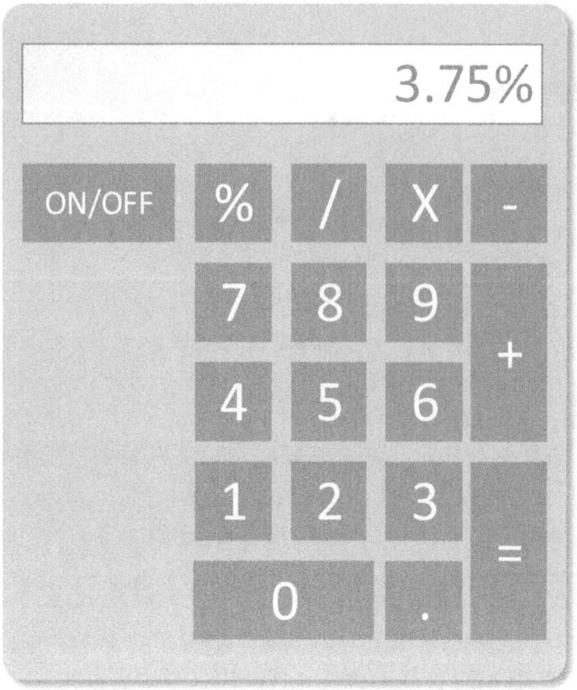

Al usar la **calculadora**, es fácil cometer errores al introducir los valores y las operaciones a realizar. Por eso es importante tener nuestros propios estimados (operaciones mentales simplificadas) para de alguna manera poder verificar que hemos usado la calculadora correctamente.

1.21. Juegos

Estimar y contar:

Aprender a estimar es tan importante como realizar cálculos precisos. Pregúntale a tu niño o niña que estime ¿cuántas manzanas o naranjas hay en una bolsa y luego ayúdalo/la a contarlas.

Ayúdalo/la a estimar imaginando grupos de 10 o 100 y luego estimen cuántos grupos habría.

Si pierde la cuenta, ayúdalo a hacer grupos de 10 o 100 y luego cuéntalos.

Placas de los carros:

Anima a tu niño o niña a jugar con números en su cabeza. Por ejemplo, trata de hacer conexiones entre los números de las placas de los carros que estén cerca.

Juego de cartas y totales:

Con un juego de naipes, reparte el mismo número de cartas a todos los participantes. Cada jugador debe hacer grupos que sumen 21. (Nota: el As vale 1, la J, Q y K valen 10).

La persona que termine con menos cartas gana.
También se puede usar 15, 20 o 30 como objetivo.

Usando la calculadora

Algunos padres se preocupan porque piensan que si sus hijos aprenden a usar la calculadora limitarán la capacidad para resolver las operaciones por sí solos. Pero, de hecho, el uso de la calculadora puede ayudar al desarrollo del pensamiento lógico y matemático. Además, puede ayudar al niño o niña a resolver problemas de mayor complejidad.

Por otro lado, para iniciar el uso de la calculadora el niño o niña debe conocer las funciones básicas (+, −, ×, ÷), y aprender a usar tanto las operaciones como las teclas de la calculadora correctamente. Además, con la práctica del cálculo mental, puede estimar el resultado y verificar que ha usado la calculadora correctamente.

Veamos algunos ejemplos y actividades que nos pueden ayudar a introducir el uso de la calculadora en nuestros niños y niñas:

Ejemplo 1. Descubriendo Números

¿Puede tu niño o niña a hacer aparecer un número sin usar los dígitos que lo componen? Por ejemplo, para 18, puede usar:

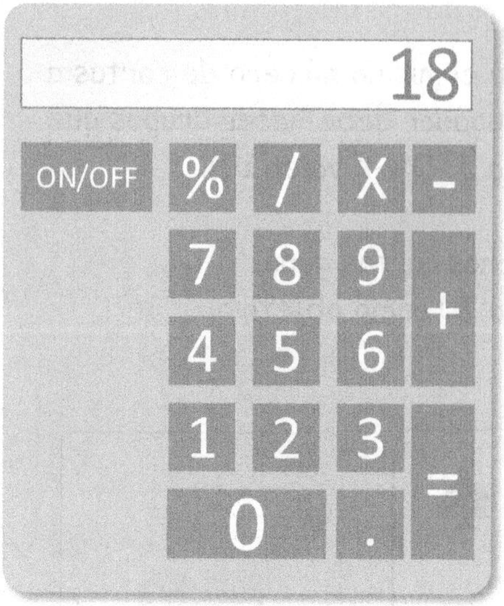

Luego,

Nos pasamos. Toca restar ahora,

Ejemplo 2. **Número Objetivo**

Selecciona un número como objetivo, por ejemplo. 32 inicia la calculadora en cero y toma turnos con tu niño o niña. Cada uno debe adicionar un número entre 1 y 9. Quién llegue, o se pase de 32, pierde.

Se puede usar otros números objetivos o tirar dados y adicionar el resultado.

Ejemplo 3. **Desapareciendo Números**

¿Puede tu niño o niña desaparecer números sin usar los dígitos que lo componen? Por ejemplo 46, sin usar el 4 o el 6.

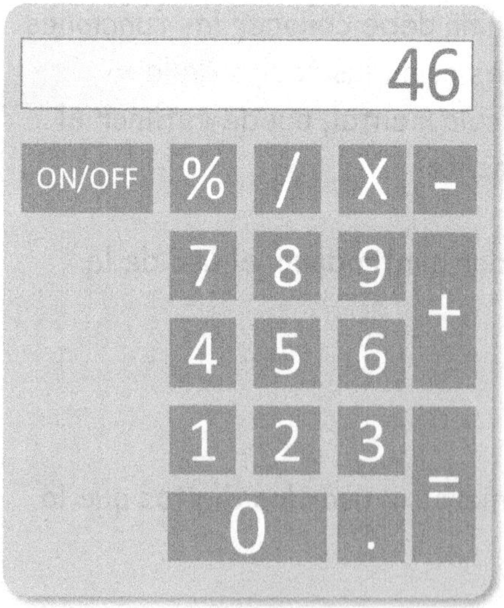

Luego,

También puedes prohibir que se repita cualquier digito ya usado, así el juego se hace más divertido.

Juegos de Estrategia en Computadores | Dispositivos Móviles | Tabletas

Otros juegos como ajedrez, tic-tac-toc, sudoku. También suelen ser muy interesantes para niños y niñas.

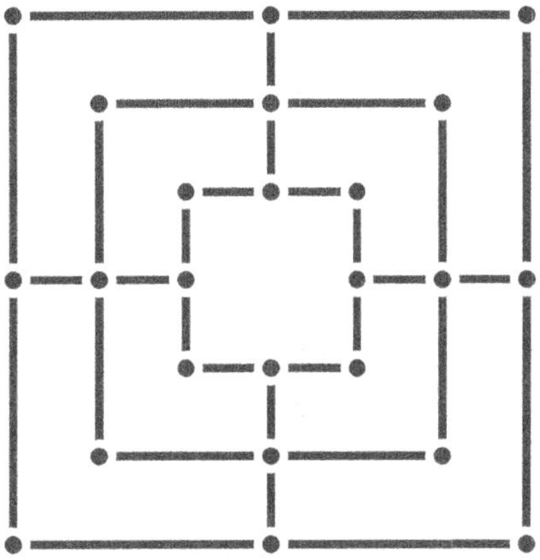

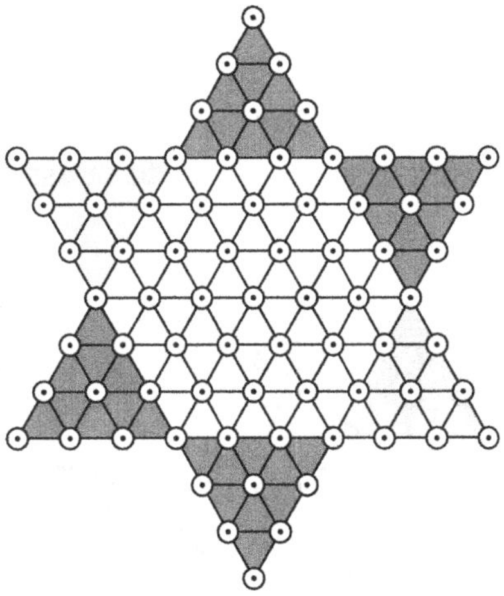

El uso de herramientas tecnológicas como computadores, teléfonos móviles y tabletas puede facilitar su aplicación. Y como los niños pueden jugar solos, tienen tiempo para concentrarse completamente en las estrategias que el juego requiere, sin sentirse presionado por otro jugador.

Calculadoras y computadoras en la enseñanza de las matemáticas
Este tópico lo veremos con más detalle en otro capítulo, pero a manera de introducción, podemos decir que la metodología de enseñar y aprender matemáticas en niños ha cambiado considerablemente en los últimos años.

Inicialmente, memorización y repetición es importante para obtener las habilidades y conceptos básicos requeridos para aprender buenos fundamentos y una rutina de estudio adecuada tanto para matemáticas como para otras asignaturas y habilidades.

Pero más recientemente, se ha hecho énfasis en ayudar a los niños a entender los conceptos y lógica detrás de las matemáticas, en vez de enfocarse en operaciones tediosas y sin mucho valor en la vida diaria, por ejemplo: largas divisiones o múltiples sumas consecutivas.

Los niños aun requieren saber cómo calcular, pero también necesitan entender el proceso lógico detrás de cada operación para así poder resolver problemas de la vida real con la ayuda de las matemáticas.

Al parecer, los niños aprenden mucho mejor al "hacer" y "producir" a través de actividades y juegos como vimos anteriormente. Y aunque generaciones anteriores aprendimos de una manera distinta, eso no significa que a través del juego ellos no aprenden matemáticas. A través del juego, el profesor o los padres, también puede orientar a los niños a descubrirlos conceptos y guiarlos a nuevas ideas y aplicaciones reales de las matemáticas.

Más adelante también analizaremos, y construiremos, **Ábacos**, los cuales fueros usados para contar y realizar otras operaciones aritméticas, mucho tiempo antes que existieran las computadores y calculadoras. Veremos múltiples versiones de Asia, Europa y nativas de América, así podremos evaluar los distintos sistemas numéricos, sus aplicaciones y valorar aún más los conceptos lógicos y matemáticos de nuestros antepasados.

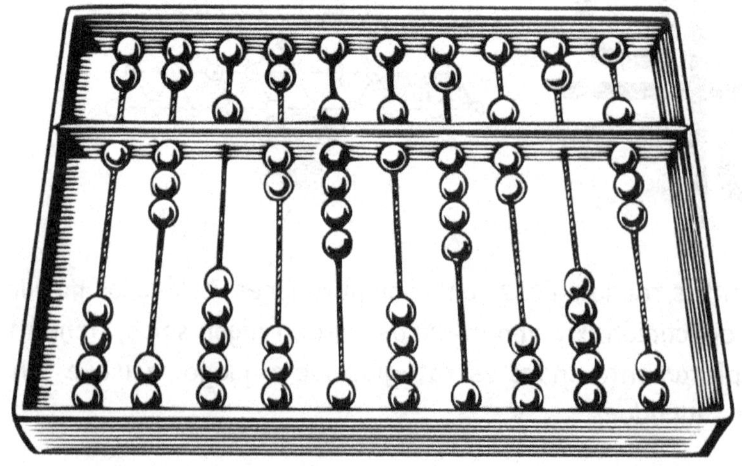

Capítulo 2: Magnitudes y Medidas

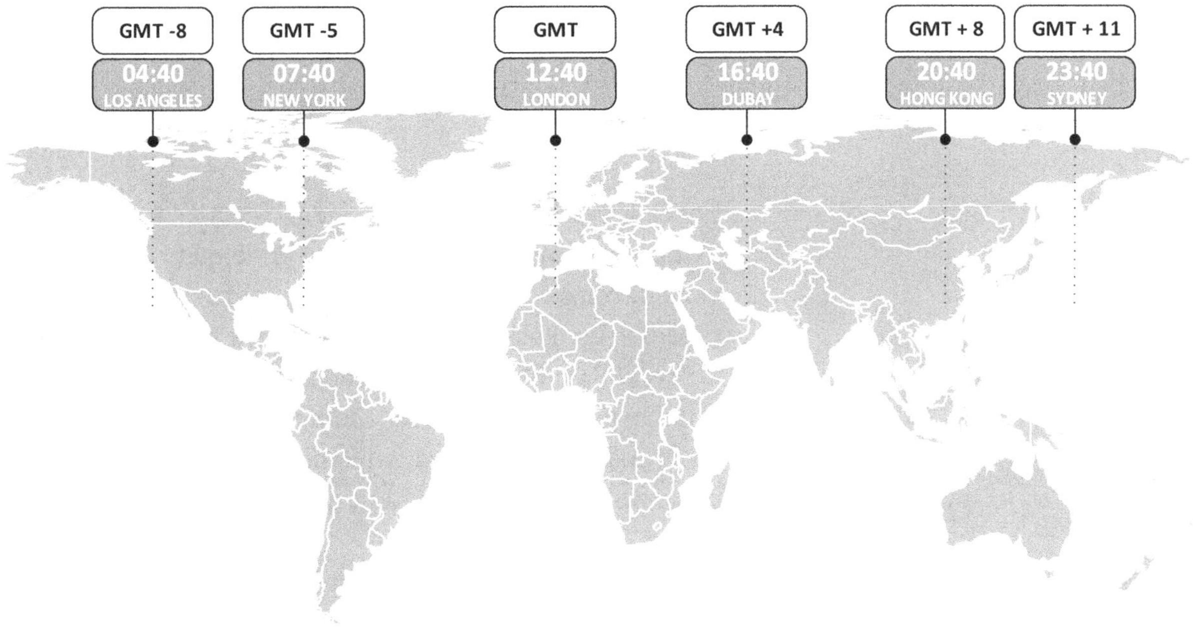

En nuestra historia yace una gran riqueza, de culturas milenarias, y gran sabiduría.

Capítulo 2: Magnitudes y Medidas

2.1. Midiendo Longitud y Distancia

Con la ayuda de los sistemas de medidas que veremos a continuación, podremos medir cuán largo las cosas son, o cuán alto o cuán lejos están. Estos son algunos ejemplos de medidas de longitud y distancia que son de gran ayuda en nuestro día a día.

A través del tiempo, la humanidad ha usado diferentes sistemas de medida para longitud y distancia. Una de las unidades más antiguas para la medida de la longitud usada en el mundo antiguo era el "cubito" que era la longitud de un segmento del brazo, medido desde la extremidad del dedo más largo al codo. Esto podría ser subdividido en unidades más cortas como el pie, mano (que a las 4 pulgadas todavía se utiliza hoy en día para expresar la altura de los caballos) o el dedo, o se suman para formar unidades más largas como la zancada. Pero como esta distancia entre el codo y el dedo más largo puede variar considerablemente entre una persona y otra, fue necesario establecer sistemas o estándares de medida. Veamos los sistemas de medida de longitud y distancia más comunes hoy en día.

2.1.1. Sistema Métrico para medir Longitud

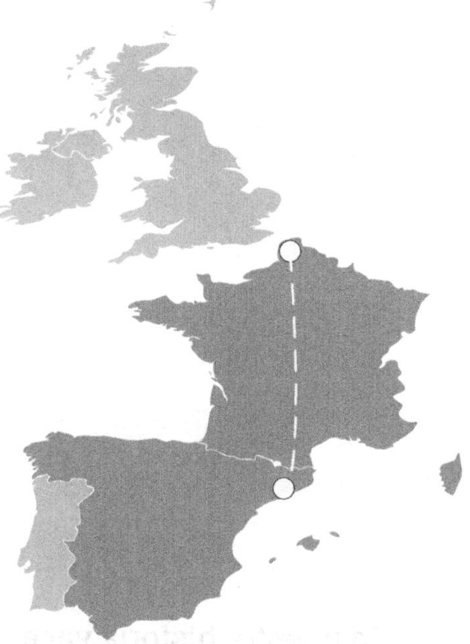

Entre los años 1791 y 1799, científicos franceses elaboraron una medición basada en lo que hoy consideramos como el **metro**. El cual fue definido como medidor es un diez-millonésima parte de la distancia entre el Polo Norte y el Ecuador. Los científicos franceses luego de medir esa distancia (entre Dunkirk, en Francia, y Barcelona, en España), hicieron una varilla de metal igual a la longitud del metro estándar.

Pero ya para los años ochenta (1780-1789), la barra de metal francesa ya no se consideró como la medida más precisa para el medir el metro. Para entonces, científicos de varias naciones y la Oficina Internacional de Pesos y Medidas (BIPM) establecieron un nuevo estándar para el metro.

Lo hicieron igual a 1/299,792,548 de la distancia que un haz o rayo de la luz viaja en un vacío en un segundo. Dado que la velocidad de la luz en el vacío nunca cambia, la distancia del metro no cambiaría, y de esta forma se obtendría siempre la misma medición para representar **1 metro**. Este es el sistema de medida más usado y adoptado en casi todo el mundo. Es nuestro estándar para longitud de medición en latino américa.

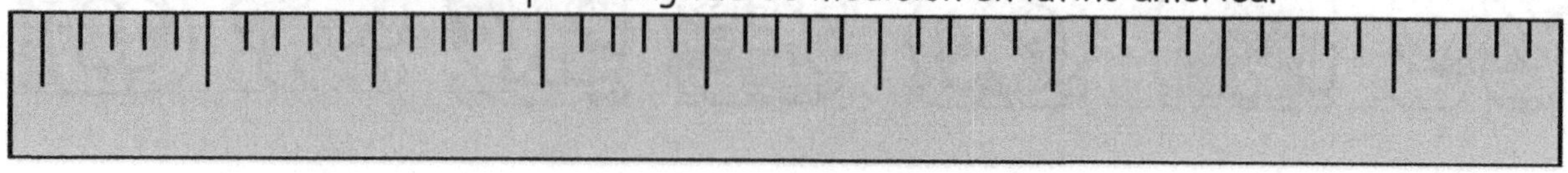

2.1.2. Sistema Ingles para medir Longitud

El Sistema usando en Estados Unidos es un tanto diferente, también es llamado **Sistema Inglés**. Este sistema es una combinación de un número de medidas antiguas como el pie, la pulgada, la yarda y otros. Junto con el sistema métrico, el sistema inglés es también muy usado y por eso veremos sus equivalencias al final de esta página.

Sistema Inglés	**Abreviación**	**Equivale a...**
Pulgada	in.	1/12 pie
Pie	ft.	12 pulgadas
Yarda	yd.	3 pies (36 pulgadas)
Barra	rd.	$5\frac{1}{2}$ yardas
Furio	fur.	40 barras (220 yardas)
Milla	mi.	1,760 yardas (5,280 pies)
Liga		3 millas (5,280 yardas)

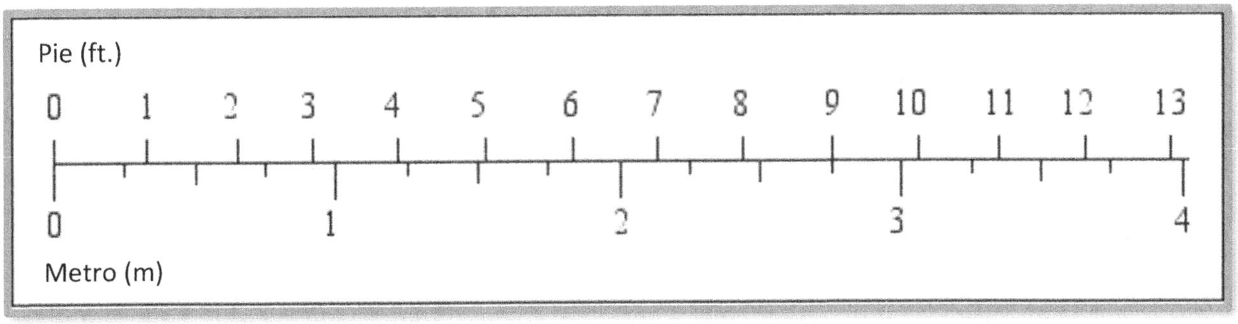

Cambiar las unidades más grandes a unidades más pequeñas es una operación muy sencilla que ya hemos visto anteriormente... multiplicando. Veamos unos ejemplos:
3 yardas = ? pulgadas
3 x 36 (36 pulgadas equivalen a una yarda) = 108 pulgadas

5 metros = ? cm
5 x 100 (100 centímetros equivalen a un metro) = 500 centímetros

¿Y para cambiar unidades más pequeñas a unidades más grandes? Utilizamos la división. Así:
24 pies =? yardas
24 ÷ 3 (3 pies equivalen a una yarda) = 8 yardas

73,500 metros = ? km
73,500 ÷ 1000 (1000 metros equivalen a un kilómetro) = 73.5 km (o 73 km y 500 m)

Conversión o equivalencias del sistema métrico al sistema ingles

Sistema Métrico	Abreviación*	Equivalencia en Sistema Métrico	Equivalencia en Sistema Ingles
milímetro	mm	0.1 centímetro	0.04 pulgadas
centímetro	cm	10 milímetros	0.3937 pulgadas
decímetro	dm	10 centímetros	3.937 pulgadas
metro	m	100 centímetros	39.37 pulgadas
decámetro	dcm	10 metros	32.81 pies (10.9 yardas)
hectómetro	hm	100 metros	109 yardas
kilometro	km	1000 metros	1,093 yardas (3,281 pies)

* Usualmente las abreviaturas en el sistema métrico no usan un punto al final.

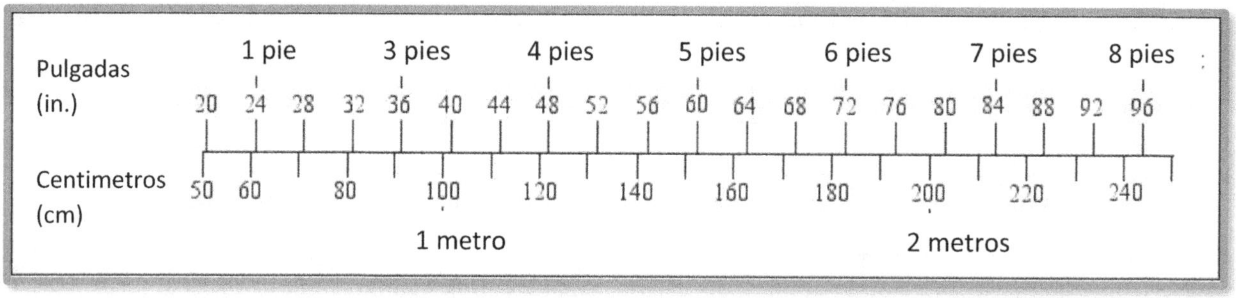

2.1.3. Medidas Náuticas

La medición de distancias en el mar es diferente de la medición en tierra. En lugar de usar kilómetros o millas, los marineros generalmente usan brazas y millas náuticas.

Medidas Náuticas		
Unidad	Medida	Equivalencia
Cable Náutico	Distancia	0.1 milla náutica
Grado Náutico	Distancia Circular	60 millas náuticas
Braza Náutica	Profundidad	1.83 metros (6 pies)
Nudo Náutico	Velocidad	1 milla náutica por hora
Milla Náutica	Distancia	1,857 metros (6,076 pies)
Liga Marina	Distancia	5.6 kilómetros (3.48 millas)
Línea Plimsoll	Profundidad	profundidad máxima a la que el buque puede sumergirse de forma segura cuando se encuentra ya con carga

2.1.4. Medidas de la era espacial

Medición en nuestro planeta Tierra

Los antiguos griegos elaboraron una forma de medir círculos y esferas. Dividieron el círculo en 360 partes, llamadas **grados**. Los 360 grados (360 °) también podrían usarse para dividir esferas. Y debido a que la tierra es aproximadamente una esfera, los griegos utilizaron grados (360 °) para medir distancias. Los griegos usaron líneas verticales llamadas **longitud** para marcar partes iguales de la superficie de la Tierra. Este sistema aun lo usamos actualmente.

La línea situada a 0° de longitud se llama el **meridiano principal**, o **primer meridiano**, y la distancia es medida al este y al oeste de esta línea. Las líneas de longitud al oeste del meridiano principal se numeran 1° a 179°. Las líneas de longitud al este del meridiano principal son también numeradas del -1° al -179°. La línea de 180°, a la cual podemos llegar por el este o por el oeste, se llama la **línea internacional de la fecha**.

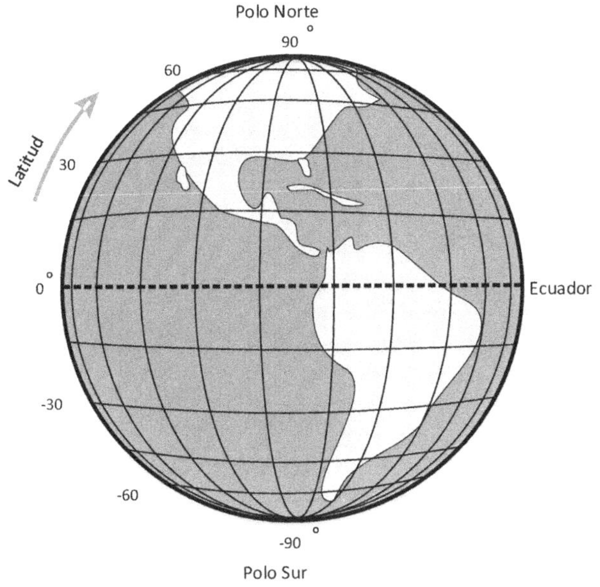

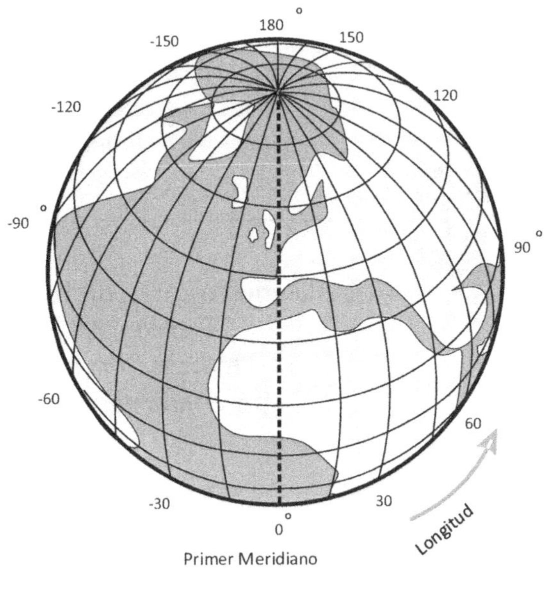

Los antiguos griegos también trazan líneas para dividir la tierra de norte a sur. Estas líneas se llaman **líneas de latitud**. La latitud se mide desde el ecuador, o 0°. Las líneas de latitudes se numeran desde el ecuador hasta el Polo Norte, desde 0° hasta 90°. Las líneas de latitud también están numeradas desde 0° a -90 ° desde el ecuador al Polo Sur.

Los grados de longitud y latitud se dividen en medidas llamadas segundos, de manera semejante a como dividimos una hora en 60 segundos.

Medición en el espacio (Años Luz)

Las distancias en el espacio son demasiado grandes para ser medidas simplemente en metros o millas, o incluso kilómetros. Es por ello que se ha establecido el concepto de **Año Luz**, el cual es la distancia que un haz de luz viaja durante un año. Y si consideramos que la velocidad de la luz en el espacio es de 299,792,458 m/s [m/s: metros por segundo] o 186,282,397 mi/s [mi/s: millas por segundo].

Por lo cual 1 año luz equivale aproximadamente a: $9{,}46 \times 10^{12}$ km (exactamente 9,460,730,472,580.8 km); o $5{,}8786 \times 10^{12}$ millas;

1 año luz también equivale a 63,241 UA o Unidad Astronómica (1UA = 149,597,870,700 metros; que equivale a la distancia media entre nuestro planeta Tierra y el Sol)

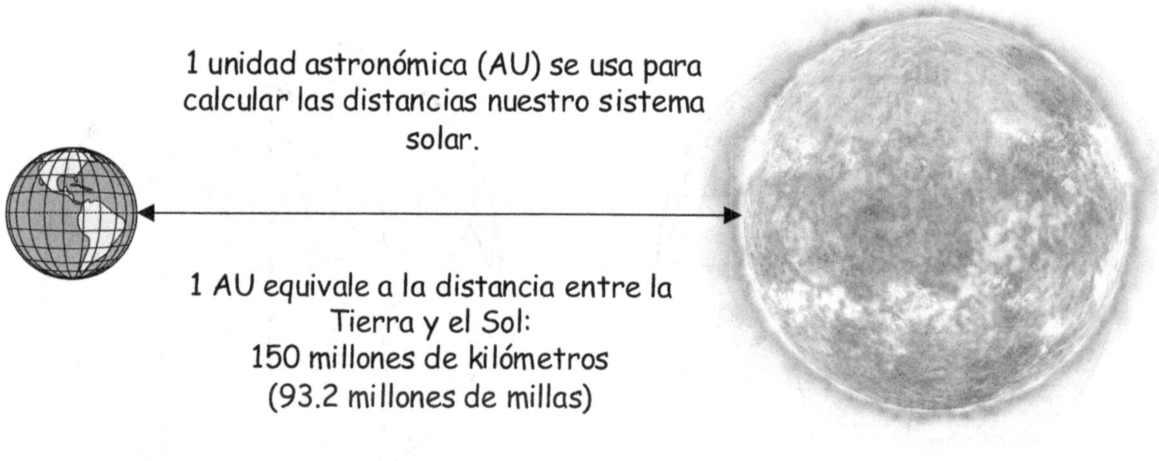

Láser como medida en el espacio

Los láseres se utilizan comúnmente hoy en día, desde máquinas de escaneo en los supermercados hasta en herramientas quirúrgicas. Pero también se utilizan para medir distancias en el espacio. Desde aproximadamente 1969, científicos usan espejos localizados en la luna para medir los cambios en la distancia entre la luna y la tierra. Esta técnica, llamada de láser de rango o LIDAR, también está ayudando a científicos a medir los movimientos de los continentes.

2.2. Peso

2.2.1. Sistema Métrico para Peso

En la década de 1790, científicos franceses definieron el sistema métrico. El sistema cubrió unidades de medición para la longitud, área, volumen y peso. La unidad básica de peso en el sistema métrico es el **gramo**.

Equivalencias de Peso (de sistema Métrico al Sistema Ingles)

Sistema Métrico	Abreviación	Equivalencia en Sistema Métrico	Equivalencia en Sistema Ingles
gramo	g	1,000 miligramos	0.0353 onzas
miligramo	mg	0.001 gramos	0.0154 granos
centigramo	cg	10 miligramos	0.154 granos
decigramo	dg	10 centigramos	1.5432 granos
decagramo	dkg	10 gramos	0.353 onzas
hectogramo	hg	100 gramos	3.53 onzas
kilogramo	kg	1,000 gramos	2.204 libras
tonelada métrica	mt	1,000 kilogramos	1.102 toneladas (22,046.6 libras)

2.2.2. Sistema Ingles para Peso

En los Estados Unidos, se usan tres escalas diferentes para medir el peso: Peso de Avoirdupois, peso de Troy, y medidas de los boticarios.

Peso Avoirdupois

El peso Avoirdupois se utiliza para medir todo, excepto los metales preciosos y piedras preciosas, y medicina. Así:

1 grano (gr.) = 0.002285 onzas

1 onza (oz.) = 437.5 granos

1 libra (lb.) = 16 onzas, o 7,000 granos

1 tonelada (ton) = 2,000 libras

Peso Troy

El Peso Troy se utiliza para medir metales preciosos y piedras preciosas.

1 grano (gr.) = 0.002083 onzas

1 quilate (c.) = 3.086 granos

1 centavo (dwt.) = 24 granos

1 onza troy (oz.t.) = 480 granos, o 20 centavos

1 libra troy (lb.t.) = 12 onzas troy, o 75,760 granos

Medida de los Boticarios

Las medidas de los boticarios se utilizan para medir los medicamentos. Son muy similares a los pesos troy, pero incluyen algunas medidas de líquido, así como pesos sólidos.

1 escrúpulo = 20 granos

1 drama = 3 escrúpulos, o 60 granos

1 onza boticaria = 8 dramas, o 480 granos

1 libra boticaria = 12 onzas boticarias

1 mínimo o gota = 1/60 drama liquida, o 1/8 onza liquida

2.3. Medidas de Capacidad (líquidos)

2.3.1. Sistema Métrico para Capacidad

Las medidas de capacidad se emplean para medir la **cantidad de contenido líquido** de un recipiente. La unidad básica en el sistema métrico es el **litro**.

En la siguiente tabla podemos observar los principales múltiplos (kl, hl, dal) y submúltiplos (dl, cl, ml) con respecto al litro.

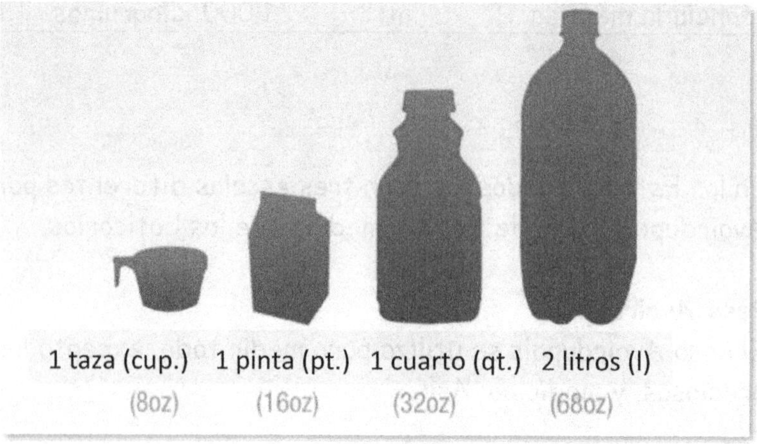

Equivalencias de Capacidad en el Sistema Métrico

Sistema Métrico	Abreviación	Equivalencia en Sistema Métrico
kilolitro	kl	1,000 litros
hectolitro	hl (o Hl)	100 litros
decalitro	dal (oDl)	10 litros
litro	l	1 litro
decilitro	dl	0.1 litro
centilitro	cl	0.01 litro
mililitro	ml	0.001 litro
milímetro cúbico	mm^3	0.001 cm^3
centímetro cúbico	cm^3	1,000 mm^3
decímetro cúbico	dm^3	1,000 cm^3 = 1,000,000 mm^3
metro cúbico	m^3	1,000 litros

2.3.2. Sistema Ingles para Capacidad

El sistema ingles tiene las siguientes características y equivalencias:

Equivalencias de Capacidad en el Sistema Ingles

Sistema Ingles	Abreviación	Equivalencia en Sistema Métrico
pulgada cúbica	$in.^3$	16.387 cm^3
pie cúbico	$ft.^3$	0.0283 m^3
galón liquido (US)	gal.	3.785 litros
1 cuarto de galón	qt.	0.95 litros
1 taza	cup.	0.24 litros
1 taza	cup.	250 ml
4 tazas	cup.	1 litro
1 cucharada	tbsp.	15 ml
1 cucharadita	tsp.	5 ml
Sistema Ingles	Abreviación	Equivalencia en Sistema Ingles
galón liquido (US)	gal.	4 qt. (cuartos de galón)
galón liquido (US)	gal.	8 pt. (pintas o medio litro)
galón liquido (US)	gal.	15.7725 cup (tazas)
galón liquido (US)	gal.	128 fl.oz. (onzas liquidas)
galón liquido (US)	gal.	256 tbsp. (cucharadas de mesa)
galón liquido (US)	gal.	768 tsp. (cucharilla de té)
1 cuarto de galón	qt.	2 pt. (pintas o medio litro)
1 pinta	pt.	1.97 cup. (tazas)
1 taza	cup.	8 fl. oz. (8.115 fl. oz.)
1 taza	cup.	8.12 fl.oz. (onzas fluidas)
1 onza fluida	fl.oz.	2 tbsp. (cucharadas)
1 cucharada	tbsp.	3 tsp. (cucharaditas)

Y existe otro sistema conocido como el **sistema imperial**. El cual fue desarrollado en Inglaterra y es similar al sistema inglés, pero con diferentes puntos de referencia y equivalencias. Este sistema imperial ha sido reemplazado por el sistema métrico en la mayoría de los países, incluyendo Inglaterra.

2.4. Área y Perímetros

Para medir espacios planos, como polígonos (véase Capítulo 3), calculamos el perímetro y área. El **perímetro** es la sume de los lados alrededor de un polígono o figura geométrica. El **área** es la medida de la superficie de una figura; es decir, la medida de su región interior y se mide en unidades cuadradas.

2.4.1. Cálculo del Perímetro

El perímetro se calcula de diferentes maneras, dependiendo de la forma de la superficie. El perímetro de una superficie esbozada por líneas rectas se calcula sumando las longitudes de sus lados.

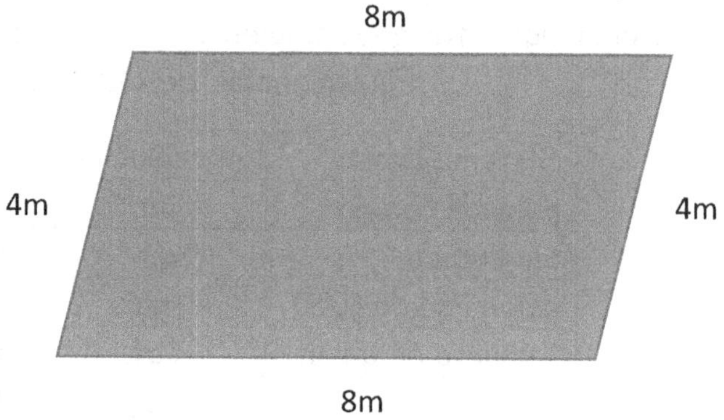

Perímetro
del terreno = 4m + 8m + 4m + 8m = 24m

El perímetro de un circulo es llamado **circunferencia**, y para calcular su perímetro, usamos la siguiente ecuación:

Circunferencia = $2 \times \pi \times r = \pi \times d$

Y se lee: "**circunferencia es igual a dos por pi por el radio**" o "**circunferencia es igual a pi por el diámetro**".

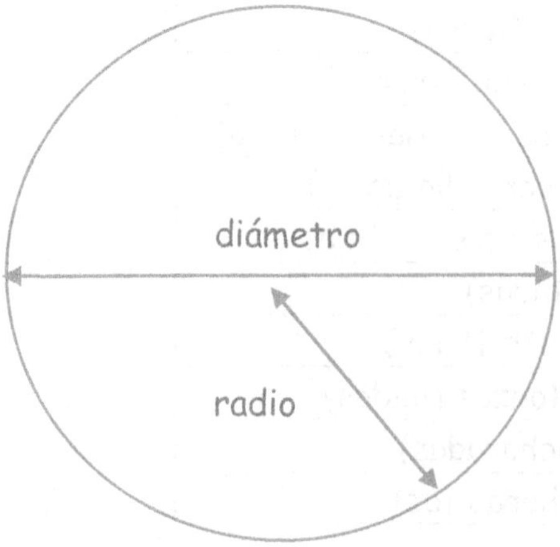

El **diámetro** es la distancia de una línea recta dibujada a través del círculo y que pasa a través de su centro. El **radio** es la mitad del diámetro, o una línea recta trazada desde el centro de un círculo hasta cualquier punto del perímetro del círculo.

Pi, es la decimosexta letra del alfabeto griego. En matemáticas, π tiene un significado muy especial: Representa un número que es aproximadamente igual a 3.141516 ó 23/7

π se utiliza en muchas ecuaciones. Por ejemplo:

perímetro de una circunferencia = 2 x pi x radio = pi x diámetro
área de un círculo = pi x radio cuadrado = $\pi \times r^2$
volumen de una esfera = (4/3) x pi x radio en cubo = (4/3) x π^3

Calculemos algunos perímetros...

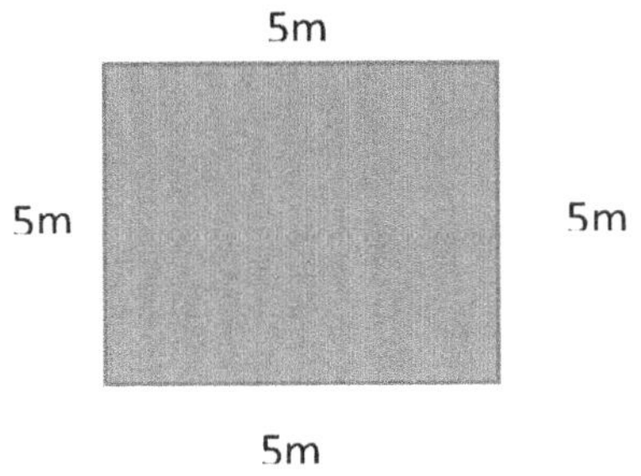

5 + 5 + 5 + 5 = 20 m o 4 x 5 = 20

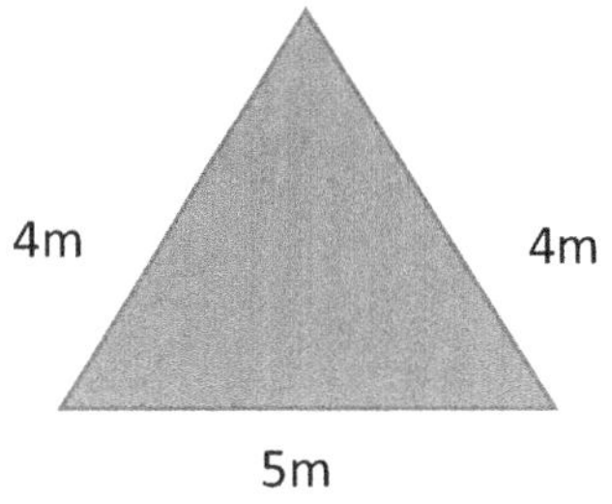

4 + 5 + 4 = 13 m

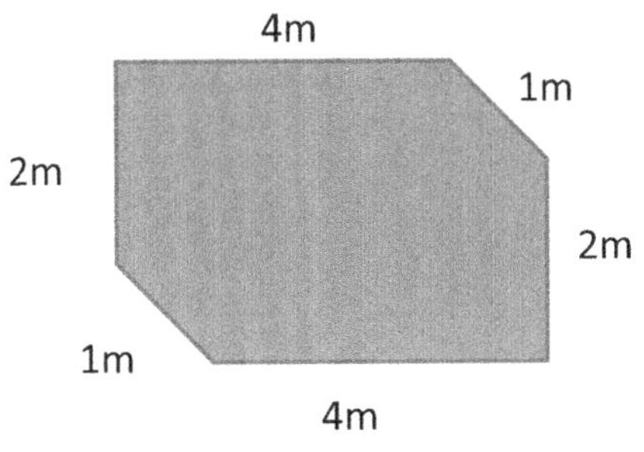

1 + 2 + 4 + 1 + 2 + 4 = 14 m

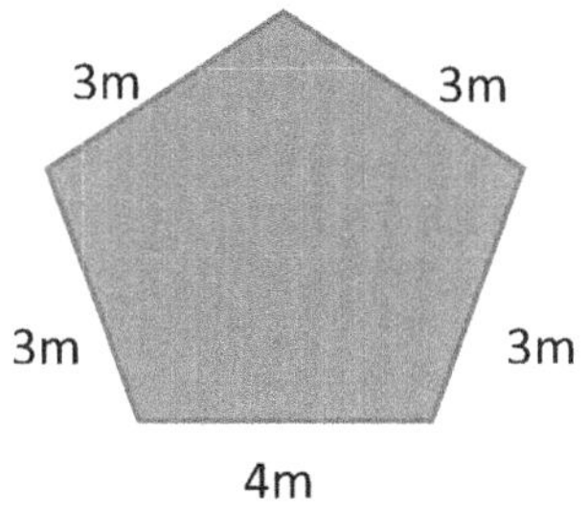

3 + 3 + 3 + 3 + 4 = 16 m

2.4.2. Cálculo de Área

Área, al igual que el perímetro, se calcula de diferentes maneras, dependiendo de la forma de la superficie. Sus unidades estarán en metro cuadrado (m^2), pie cuadrado ($ft.^2$), etc. Por ejemplo, un área con un perímetro formado por líneas rectas, o polígonos, se calcula de diferentes maneras para diferentes formas:

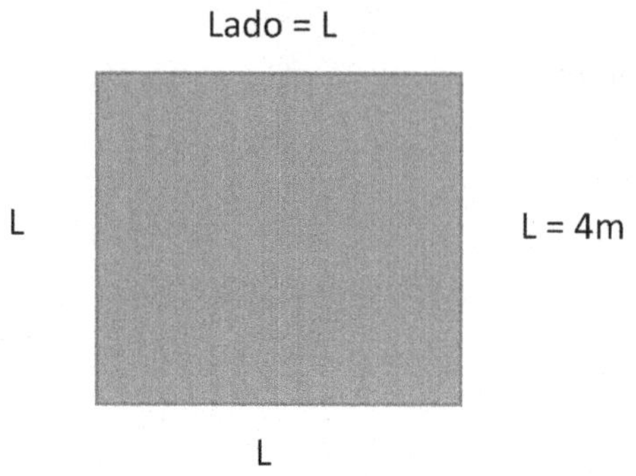

Área de un Cuadrado = Lado x Lado = L^2
(Se lee "área igual al lado al cuadrado")
$A = 4m \times 4m = 16\ m^2$

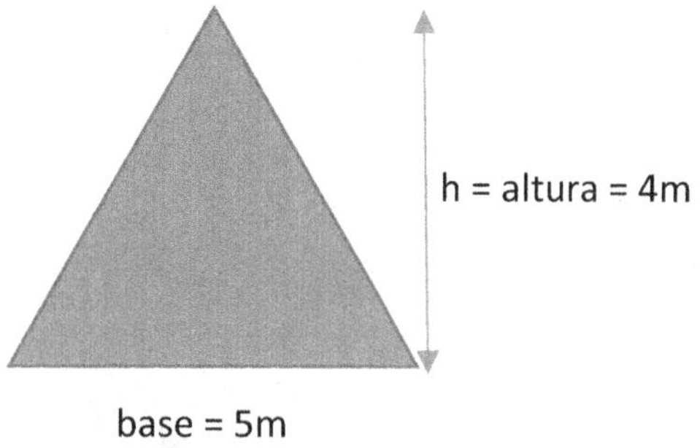

Área de un Triángulo = (base x altura) / 2
$A = (5m \times 4m) / 2 = (20\ m^2) / 2 = 10\ m^2$

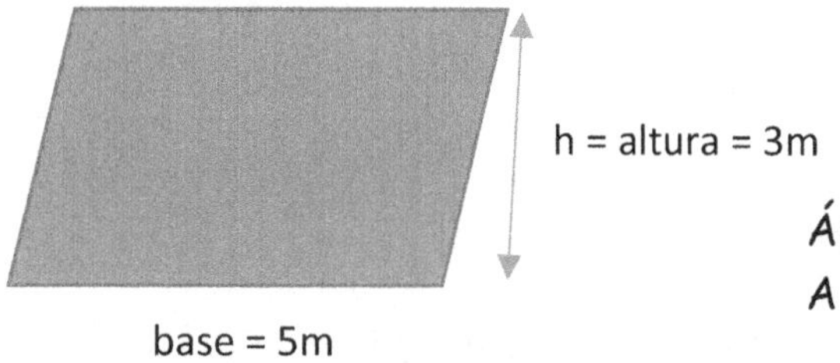

Área de un Paralelogramo = (base x altura)
$A = (5m \times 3m) = 15\ m^2$

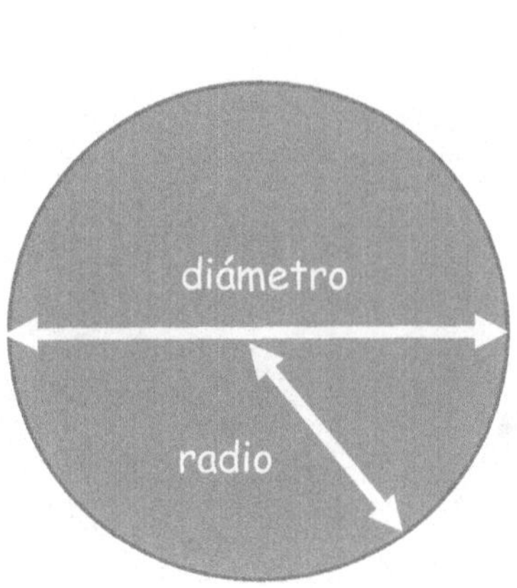

El área de un círculo tiene un cálculo especial, usando nuevamente el concepto de Pi (π):

$A = \pi \times r^2$
(se lee "área igual a pi por el radio cuadrado")

2.4.3. Cálculo de Volumen

Como vimos anteriormente, perímetro y área son mediciones de sólo dos dimensiones, por lo general longitud y anchura (o largo y ancho). Pero en este caso, **Volumen** es la cantidad de espacio contenido en una forma tridimensional, generalmente considerando largo, ancho y altura. Sus unidades estarán en forma cubica, o elevadas a la tres (e.g. m^3, $ft.^3$, etc).

Líquidos y los gases sólo se pueden medir en volumen, y tienen sus medidas propias en unidades métricas y unidades inglesas (véase Sección 2.3. Medidas de Capacidad (líquidos)).

Veamos algunos ejemplos a continuación:

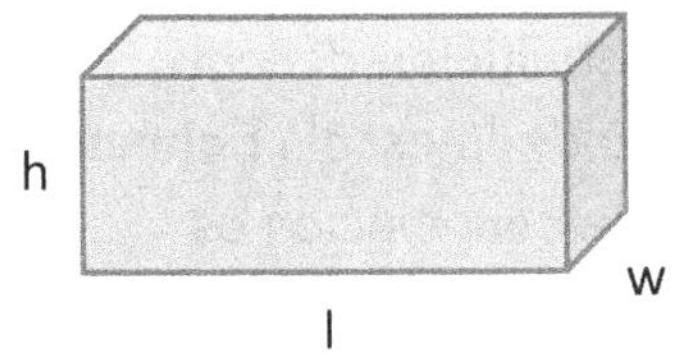	Prisma Rectangular	Volumen = Largo x Ancho x Altura $V = l \times w \times h$
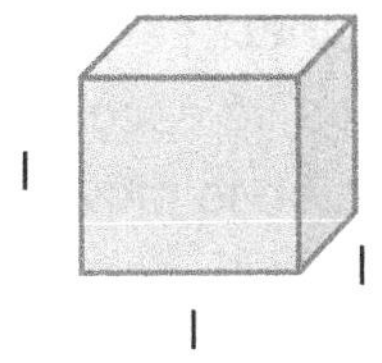	Cubo (con todos sus lados iguales)	Volumen = Largo x Ancho x Altura $V = l \times l \times l = l^3$ (se lee "volumen igual al lado al cubo")
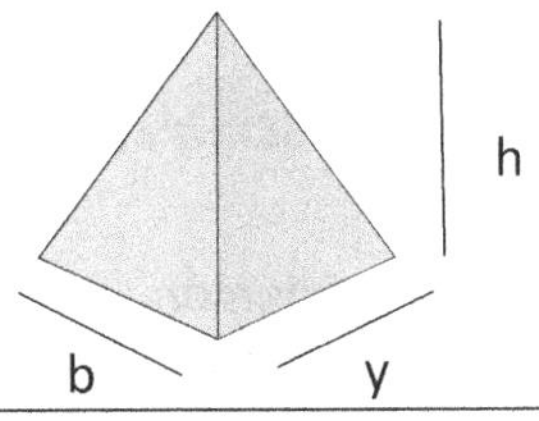	Pirámide	Volumen = (Área de la Base x Altura) / 3 Base = $B = b \times y$ $V = (B \times h) / 3$
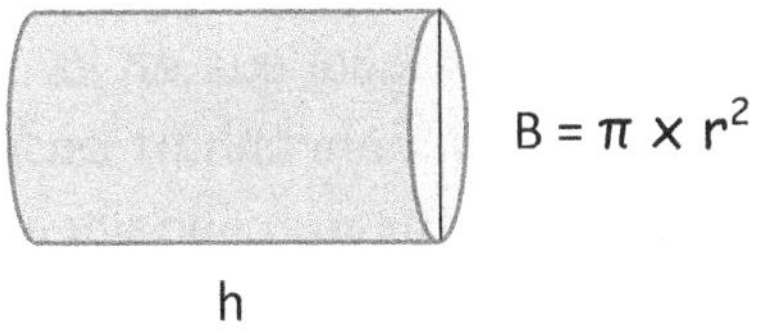	Cilindro	Volumen = Área de la Base x Altura $V = B \times h = (\pi \times r^2) \times h$
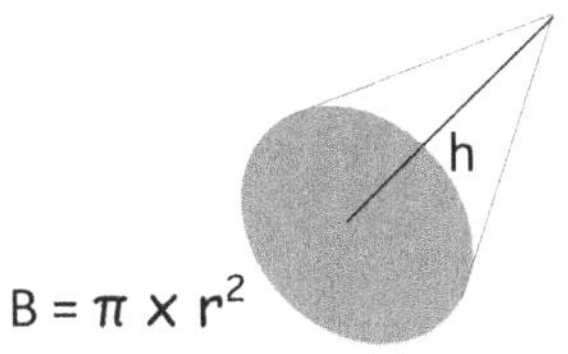	Cono	Volumen = (Área de la Base x Altura) / 3 $V = (B \times h) / 3$ $V = ((\pi \times r^2) \times h) / 3$
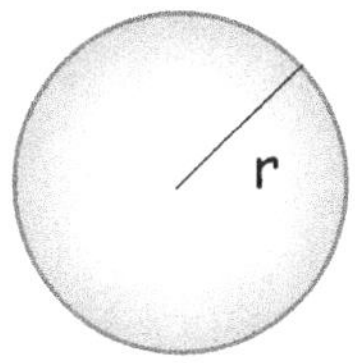	Esfera	$V = (4 \times \pi \times r^3) / 3$

2.5. Medidas para Temperatura

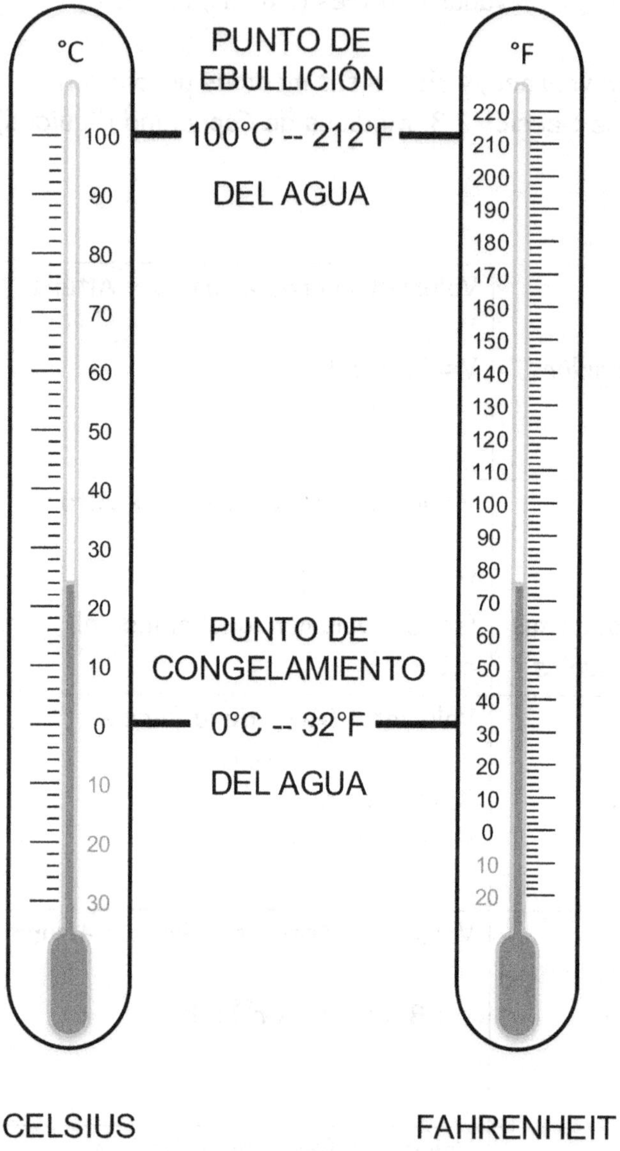

2.5.1. La Escala en Grados Centígrados (°C)

En 1742, el astrónomo sueco Anders Celsius (1701-1744) inventó una de las más importantes escalas para medir el calor. Su escala se denomina escala centígrada o de **Celsius**. Dicha escala se basa en la congelación y punto de ebullición del agua. Pero a diferencia de la escala **Fahrenheit**, el punto de congelación es considerado como 0 °C. y el punto de ebullición es considerado 100 °C. Si bien la escala Fahrenheit se utiliza en los Estados Unidos, la escala centígrada se utiliza en la mayoría de los países mundo. Es la escala preferida por los científicos.

2.5.2. La Escala de Grados Fahrenheit (°F)

En 1724, el físico alemán Gabriel Daniel Fahrenheit (1686-1736) ya había inventado otra escala para medir el calor. Al igual que en la escala de Celsius, Fahrenheit basa su escala en los puntos de congelación y ebullición del agua. Sobre su escala, el agua se congela a 32 °F y hierve a 212 °F.

2.5.3. Equivalencias entre Grados Celsius (°C) y Grados Fahrenheit (°F)

Para convertir **grados Centígrados a grados Fahrenheit**,

Temperatura en **(°F) = ((°C) x (9/5)) + 32**

Para convertir **grados Fahrenheit a grados Centígrados**,

Temperatura en (°C) = **(5/9) x ((°F) - 32)**

Equivalencias,

Celsius a Fahrenheit

(°C)	(°F)
-50	-58
0	32
10	50
20	68
30	86
40	104
50	122
100	212

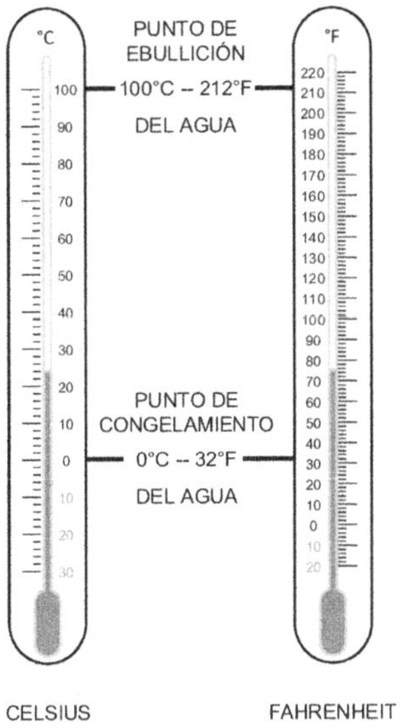

Fahrenheit a Celsius

(°F)	(°C)
0	-17.8
10	-12.2
20	-6.67
32	0
40	4.44
50	10
100	37.78
212	100

Estas escalas se usan a menudo para medir la temperatura corporal. Una temperatura corporal saludable es alrededor de 37 °C o 98.6 ° F.

2.5.4. Cero Absoluto

El cero absoluto es la temperatura más baja posible, pero solo desde el punto teórico. El cero absoluto sirve de punto de partida tanto para la **escala de Kelvin** como para la **escala de Rankin**. La marca de cero grados en la escala de Kelvin es igual a -273 °C o a -459 °F. Pero en la vida real -en la Tierra-, solo se han alcanzado a medir temperaturas cercanas a - 80 °C o -112 °F.

Conversión entre grados Kevin y Rankin:

Temperatura en **(°R) = (°K) x (9/5)**

Temperatura en **(°K) = (°R) x (5/9)**

Equivalencias,

Celsius a Kelvin

(°C)	(°K)
-273.15	0
-200	73.15
-100	173.15
-50	223.15
0	273.15

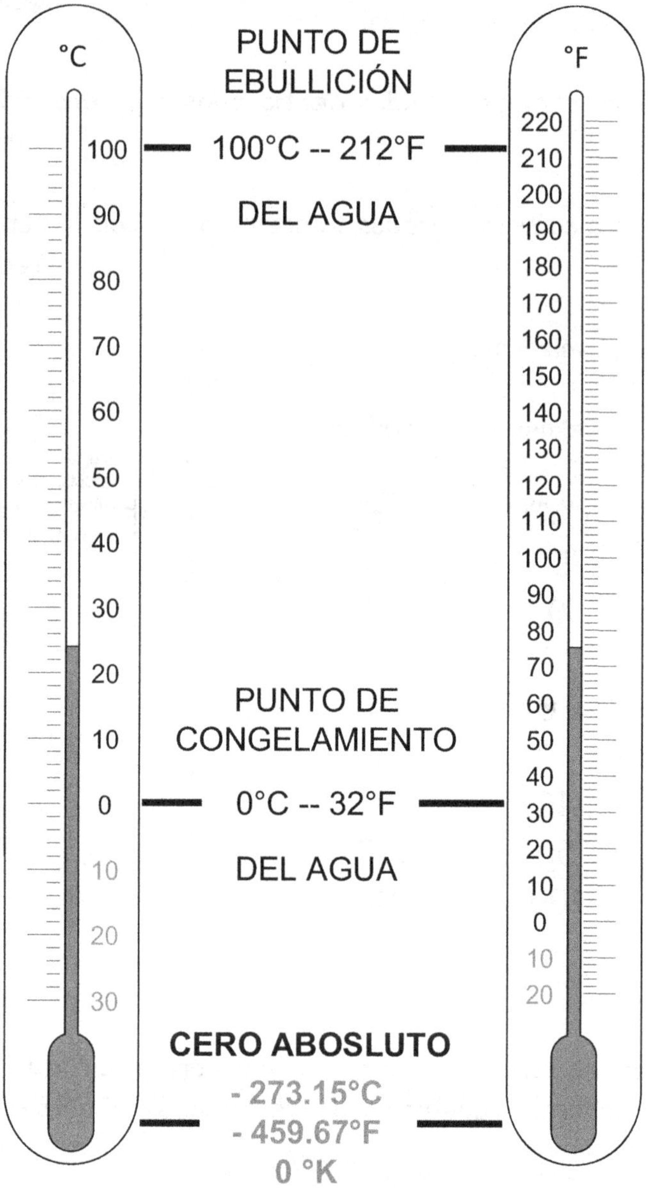

Celsius a Rankin

(°C)	(°R)
-273.15	0
-200	131.67
-100	311.67
-50	401.67
0	491.67

Fahrenheit a Kelvin

(°F)	(°K)
-459.67	0
-400	33.15
-300	88.71
-200	144.26
-100	199.82
-50	227.59
0	255.37

Fahrenheit a Rankin

(°F)	(°R)
-459.67	0
-400	59.67
-300	159.67
-200	259.67
-100	359.67
-50	409.67
0	459.67

2.6. Medidas para el Tiempo

Para medir periodos de tiempo reducidos, no mayores que un día, la unidad más utilizada es la **hora**, así:

Un día tiene 24 horas.
Una hora se divide en 60 minutos.
Un minuto se divide en 60 segundos.

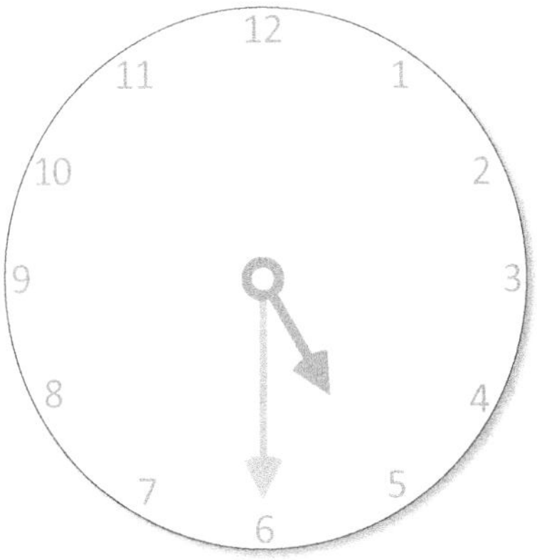

Otras unidades de tiempo que también se utilizan son:

Media hora = la mitad de un hora (30 minutos)
Cuarto de hora = la cuarta parte de un hora (15 minutos)

Por lo tanto:

1 hora = 2 medias hora
1 hora = 4 cuartos de hora

Para medir periodos de tiempo mayores se utilizan otras unidades:

1 día = 24 horas
1 semana = 7 días
1 mes = varía entre 28 y 31 días (dependiendo del calendario)

2018

Enero

D	L	M	M	J	V	S
	1	2	3	4	5	6
7	8	9	10	11	12	13
14	15	16	17	18	19	20
21	22	23	24	25	26	27
28	29	30	31			

Febrero

D	L	M	M	J	V	S
				1	2	3
4	5	6	7	8	9	10
11	12	13	14	15	16	17
18	19	20	21	22	23	24
25	26	27	28			

Marzo

D	L	M	M	J	V	S
				1	2	3
4	5	6	7	8	9	10
11	12	13	14	15	16	17
18	19	20	21	22	23	24
25	26	27	28	29	30	31

Abril

D	L	M	M	J	V	S
1	2	3	4	5	6	7
8	9	10	11	12	13	14
15	16	17	18	19	20	21
22	23	24	25	26	27	28
29	30					

Mayo

D	L	M	M	J	V	S
		1	2	3	4	5
6	7	8	9	10	11	12
13	14	15	16	17	18	19
20	21	22	23	24	25	26
27	28	29	30	31		

Junio

D	L	M	M	J	V	S
					1	2
3	4	5	6	7	8	9
10	11	12	13	14	15	16
17	18	19	20	21	22	23
24	25	26	27	28	29	30

Julio

D	L	M	M	J	V	S
1	2	3	4	5	6	7
8	9	10	11	12	13	14
15	16	17	18	19	20	21
22	23	24	25	26	27	28
29	30	31				

Agosto

D	L	M	M	J	V	S
			1	2	3	4
5	6	7	8	9	10	11
12	13	14	15	16	17	18
19	20	21	22	23	24	25
26	27	28	29	30	31	

Septiembre						
D	L	M	M	J	V	S
						1
2	3	4	5	6	7	8
9	10	11	12	13	14	15
16	17	18	19	20	21	22
23	24	25	26	27	28	29
30						

Octubre						
D	L	M	M	J	V	S
	1	2	3	4	5	6
7	8	9	10	11	12	13
14	15	16	17	18	19	20
21	22	23	24	25	26	27
28	29	30	31			

Noviembre						
D	L	M	M	J	V	S
				1	2	3
4	5	6	7	8	9	10
11	12	13	14	15	16	17
18	19	20	21	22	23	24
25	26	27	28	29	30	

Diciembre						
D	L	M	M	J	V	S
						1
2	3	4	5	6	7	8
9	10	11	12	13	14	15
16	17	18	19	20	21	22
23	24	25	26	27	28	29
30	31					

Un **día** es el tiempo que tarda la tierra en girar alrededor de su propio eje. (el eje del globo terráqueo es una línea imaginaria entre el polo norte y el polo sur).

Un **mes** es aproximadamente el tiempo que tarda la Luna en girar alrededor de la Tierra. Un mes lunar en realidad toma 29 días, 12 horas, 4 minutos y 3 segundos.

Un **año** es el tiempo que tarda la Tierra en girar alrededor del Sol, o 365 días, 5 horas, 48 minutos, y 46 segundos.

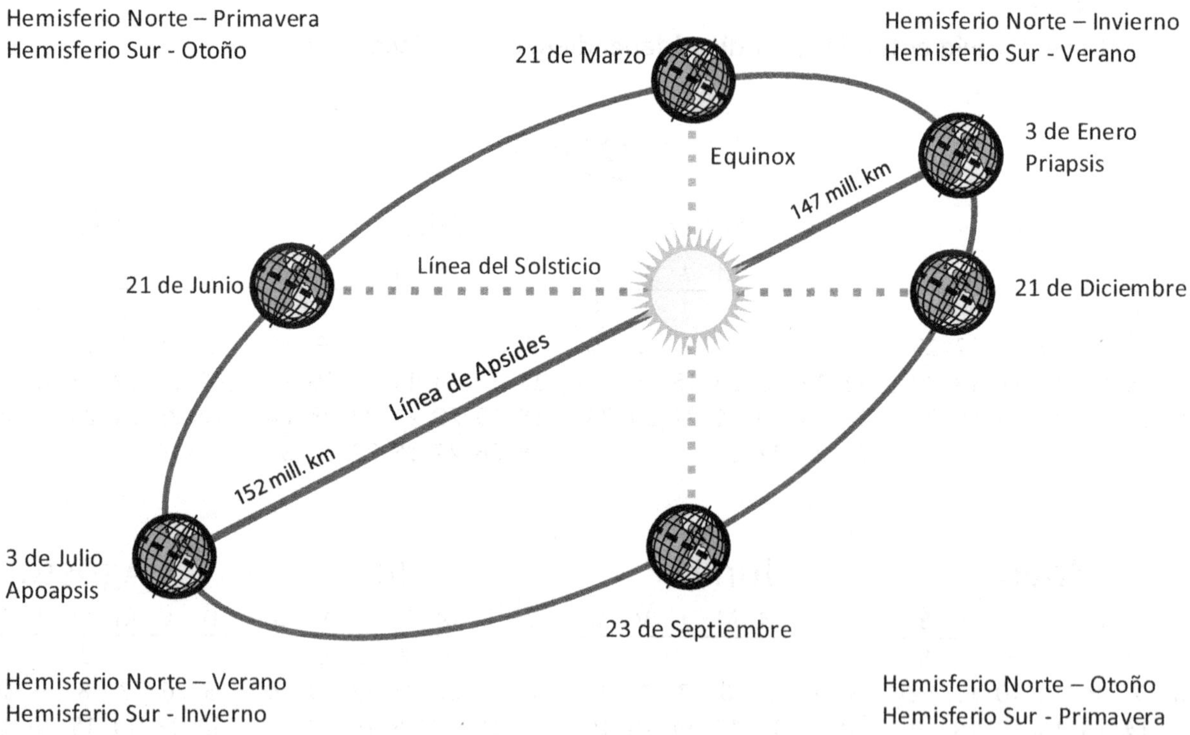

Veamos a continuación algo de historia alrededor de los calendarios y como su evolución nos ha llevado a lo que hoy consideramos un año calendario (el calendario gregoriano). Hay muchas enseñanzas en la historia, y no solo a nivel de los números, sino de la evolución de la sociedad y como nuevos avances tecnológicos, sociales o culturales alimentan nuestro saber.

2.6.1. Calendarios Antiguos y Modernos

Los calendarios son herramientas que nos ayudan a agrupar días en semanas, meses y años. El calendario utilizado en todo el mundo hoy en día se llama el **calendario gregoriano**. Pero varios otros calendarios también están en uso, entre ellos están el hebreo, el cristiano, calendarios ortodoxos orientales, musulmanes e hindúes. Estos calendarios empiezan en diferentes días, y dividir el año según diferentes estaciones y meses. La mayoría de la gente usa hoy uno o dos calendarios -el calendario gregoriano y un calendario religioso.

Calendario Babilónico

Este calendario, usado en la antigua Babilonia, dividió el año en 354 días. Los días se agruparon en doce "meses" de veintinueve días o ciclos de la luna. Y luego se añadían once días adicionales al final de cada año para llevar este calendario, basado en ciclos de luna, en línea con el ciclo de 365 días del calendario solar.

Calendario Egipcio

Los antiguos egipcios usaban un calendario que dividía el año en doce meses de treinta días cada uno. Y luego se añadían cinco días al final de cada año para completar el calendario a 365 días.

Calendario Chino

El calendario chino divide el año en 365 días. Pero también agrupa años en ciclos de doce años cada uno. Cada año dentro del ciclo lleva el nombre de un animal (Rata, Toro, Tigre, Liebre, Dragón, Serpiente, Caballo, Oveja, Mono, Gallo, Perro y Cerdo). Su complexidad radica en que este calendario es de tipo **lunisolar**, los meses son lunares, es decir que el primer día es el de la luna nueva y el día 15, el de luna llena. Y si consideramos que en un año solar hay doce meses lunares, más 12 de días, se intercalan siete meses añadidos a lo largo de diecinueve años, para acordarlo con el calendario solar. Fascinante, ¿cierto?

Calendario Hebreo

El calendario hebreo, o judío, es un calendario lunar. El cual se divide en doce meses de veintinueve a treinta días. Un mes extra es añadido cada diecinueve años para traer el calendario lunar al calendario solar.

Calendarios Cristianos

El calendario de la Iglesia Cristiana se divide en estaciones basadas en la vida antes y después de Cristo. Pero, además, hace más de 1.000 años, la Iglesia se dividió en secciones orientales y occidentales, que celebran ciertas fiestas distintos días del año.

Calendario Hindú

El calendario hindú está basado en "días" lunares. Hay treinta días en cada mes. Así que cada día hindú es 1/30 del ciclo de la luna. No es lo mismo que el día solar.

Calendario Musulmán

El calendario musulmán es un calendario lunar de doce meses de duración, y con treinta días cada uno. No hay tiempo añadido para traer el calendario lunar al solar. Los días festivos en el calendario musulmán "flotan" a través de las estaciones al pasar de los años.

Calendario Romano

Los antiguos romanos comenzaron su año el 1 de marzo, el primer día de la temporada de agricultura. El calendario dividió el año en diez meses y 304 días. Los antiguos romanos, a diferencia de los babilonios y los egipcios, no añadió días al final del año. Pero después de varios "años romanos", el 1 de marzo cayó a finales del verano, y el calendario se consideró incorrecto. Este calendario fue corregido en el año 46 B.C. (46 años antes del nacimiento de Cristo) por el emperador Julius César (véase el Calendario Juliano, más adelante).

Calendario Juliano

Julio César pidió ayuda del astrónomo Sosigenes para crear un calendario para el Imperio Romano. El calendario se basó en el año solar de 365 días. El año se dividió en doce meses. Cada mes duró treinta o treinta y un días, con la excepción de febrero, que duró veintiocho o veintinueve días. El calendario juliano es la base del Calendario Gregoriano que usamos actualmente. Los nombres utilizados para los meses en el calendario romano se utilizaron en el calendario juliano y aún siguen vigentes hoy en día, así:

Romano	Gregoriano	Romano	Gregoriano
Januarius	Enero	Quintilis	Julio
Februarius	Febrero	Sextilis	Agosto
Martius	Marzo	September	Septiembre
Aprilis	Abril	October	Octubre
Maius	Mayo	November	Noviembre
Junius	Junio	December	Diciembre

Calendario Gregoriano

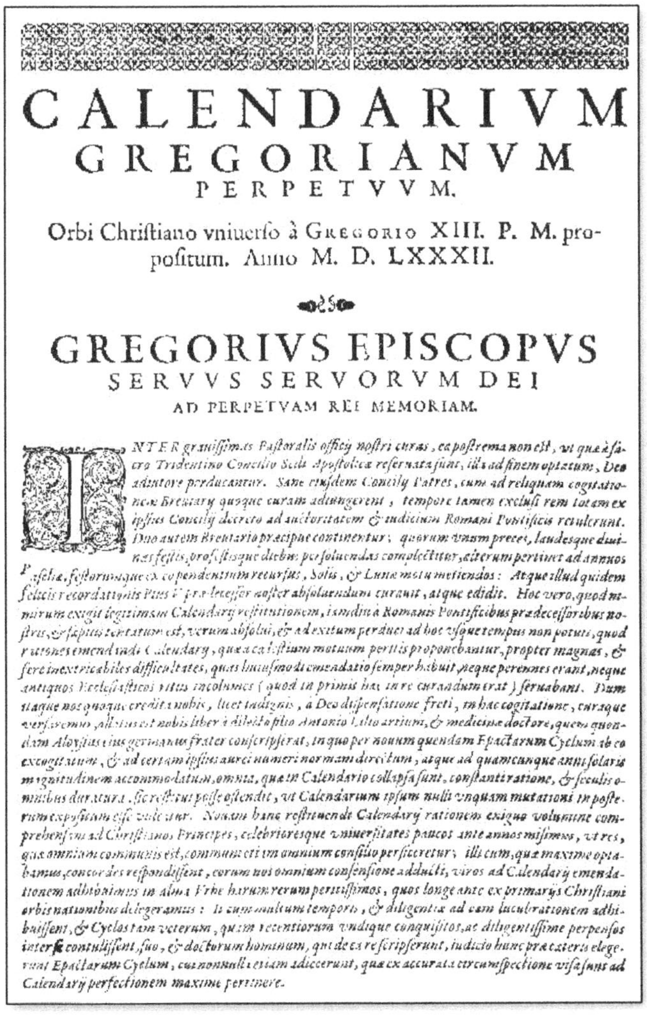

CALENDARIVM
GREGORIANVM
PERPETVVM.

Orbi Christiano vniuerso à GREGORIO XIII. P. M. propositum. Anno M. D. LXXXII.

GREGORIVS EPISCOPVS
SERVVS SERVORVM DEI
AD PERPETVAM REI MEMORIAM.

INTER grauissimas Pastoralis officij nostri curas, ea postrema non est, vt quæ à sacro Tridentino Concilio Sedi Apostolicæ reseruata sunt, illa ad finem optatum, Deo adiutore perducantur. Sane eiusdem Concilij Patres, cum ad reliquam cogitationem Breuiarij quoque curam adiungerent, tempore tamen exclusi rem totam ex ipsius Concilij decreto ad auctoritatem & iudicium Romani Pontificis retulerunt. Duo autem Breuiario præcipue continentur; quorum vnum preces, laudesque diuinas festis, profestisque diebus persoluendas complectitur, alterum pertinet ad annuos Paschæ, festorumque ex eo pendentium recursus, Solis, & Lunæ motu metiendos: Atque illud quidem felicis recordationis Pius V. prædecessor noster absoluendum curauit, atque edidit. Hoc vero, quod nimirum exigit legitimam Calendarij restitutionem, iamdiu à Romanis Pontificibus prædecessoribus nostris, & sæpius tentatum est, verum absolui, & ad exitum perduci ad hoc vsque tempus non potuit, quod rationes emendandi Calendarij, quæ a cælestium motuum peritis proponebantur, propter magnas, & fere inextricabiles difficultates, quas huiusmodi emendatio semper habuit, neque perennes erant, neque antiquos Ecclesiasticos ritus incolumes (quod in primis hac in re curandum erat) seruabant. Dum itaque nos quoque credita nobis, licet indignis, a Deo dispensatione freti, in hac cogitatione, curaque versaremur, allatus est nobis liber à dilecto filio Antonio Lilio artium, & medicinæ doctore, quem quondam Aloysius eius germanus frater conscripserat, in quo per nouum quendam Epactarum Cyclum ab eo excogitatum, & ad certam ipsius aurei numeri normam directum, atque ad quamcunque anni solaris magnitudinem accommodatum, omnia, quæ in Calendario collapsa sunt, constanti ratione, & seculis omnibus duratura, sic restitui posse ostendit, vt Calendarium ipsum nulli vnquam mutationi in posterum expositum esse videatur. Nouam hanc restituendi Calendarij rationem exiguo volumine comprehensam ad Christianos Principes, celebrioresque vniuersitates paucos ante annos misimus, vt res, quæ omnium communis est, communi etiam omnium consilio perficeretur; illi cum, quæ maxime optabamus, concordes respondissent, eorum nos omnium consensione adducti, viros ad Calendarij emendationem adhibuimus in alma Vrbe harum rerum peritissimos, quos longe ante ex primarijs Christiani orbis nationibus delegeramus: Ii cum multum temporis, & diligentiæ ad eam lucubrationem adhibuissent, & Cyclos tam veterum, quam recentiorum vndique conquisitos, ac diligentissime perpensos inter se contulissent, suo, & doctorum hominum, qui de ea re scripserunt, iudicio hunc præ cæteris elegerunt Epactarum Cyclum, cui nonnulla etiam adiecerunt, quæ ex accurata circumspectione visa sunt ad Calendarij perfectionem maxime pertinere.

Desafortunadamente, Sosigenes cometió un error en la Calendario Juliano, pero nadie se percató de dicho error por cientos de años. Sosigenes hizo cada cuarto año un **año bisiesto**, pero estos años bisiestos hicieron que el calendario fuese demasiado largo para medir el ciclo del sol. Para los años 1500's, el Calendario Juliano ya estaba casi dos semanas adelantado con respecto al año solar real.

El Papa Gregorio VIII corrigió el error en 1582. Él añadió los años bisiesto cada cuatro años excepto en aquellos años en los que empieza un nuevo siglo (1900, 2000, etc...), a menos que número del nuevo siglo no pueda ser dividido uniformemente por 400. Esto es más bien un ajuste matemático, pero trabaja muy bien.

Por ejemplo, para la fecha del siglo 1900, No fue un año bisiesto (1900 / 400 = 4.75), pero el año 2000 Si fue un año bisiesto (2000 / 400 = 5).

Pero para aquellas fechas de 1582, las noticias no viajaban tan rápidamente como lo hacen hoy día, y no fue sino hasta 1752 cuando Benjamín Franklin logro implementar dichos cambios en el continente americano.

Pero hacerlo, Franklin decidió "saltarse" 11 días en septiembre, y así traer el calendario gregoriano al nuevo mundo.

JULIANO 1752 | Septiembre | GREGORIANO 1752

D	L	M	M	J	V	S
		1	2	3	4	15
16	17	18	19	20	21	22
23	24	25	26	27	28	29
30	31					

Cabe anotar que este ajuste del Papa Gregorio VIII tiene una precisión de aproximadamente dieciséis segundos por año. Esta es la razón por la que **aún lo usamos hoy en día**.

2.6.2. Calendarios de Culturas Indígenas Latinoamericanas

Calendario Inca

Talvez el más parecido al calendario gregoriano, pues representa el año, de 365 días, a través de 12 "lunas" de aproximadamente 30 días cada una, los cuales a su vez eran divididos en "semanas" de 10 días. El calendario fue determinado observando el sol y la luna desde 12 torres o pilares construidos al Este de Cusco.

Pero el avance de esta cultura indígena no terminaba allí, además lograron construir un instrumento para medir las horas del día, el **Reloj Inca** o ***Intihuatanas***, con los cuales lograron distinguir el año usando el ciclo solar, mientras que seguían los meses según las fases de la luna.

Debido a que el año solar no coincidía con exactitud con los 12 meses lunares, los Incas debían resolver este fenómeno distribuyendo los días extras entre los diferentes meses. Lamentablemente aún no se sabe con exactitud como hacían estos cálculos, pero lo cierto es que su calendario lograba medir los 365 días como actualmente lo hace el calendario Gregoriano.

¿Sabes cuantos días tiene un año lunar (o sideral-lunar)? R/ 328 días.
Los cuales, comparados con los 365 días de un año solar, son 37 días menos. O exactamente los días que el cúmulo estelar *"Las Pléyades"* no es observable desde Cuzco. ¿Casualidad? Muy probablemente no. Los Aztecas y Mayas también basaron sus calendarios en dicho grupo de estrellas ubicadas en la constelación de Tauro.

Calendario Azteca

Uno de los calendarios indígenas más reconocidos alrededor del mundo. No solo por su alta precisión sino también por el enorme monolítico, también conocido como **Piedra del Sol**, hallado y preservado en ciudad de México. Dicho artefacto mide unos 3.6 metros de diámetro, 122 centímetros de grosor y pesa más de 24 toneladas.

Este calendario se compone de 18 meses, de 20 días cada uno y 5 días de ocio (y posiblemente de celebración) llamados *nemontemi*. En total, suman 365 días. Algunos indicios en el segundo circulo de la Piedra del Sol parecen indicar que los meses estaban divididos en semanas de 5 días. Hay también ocho ángulos que dividen la piedra en ocho partes iguales. Estos representan los rayos solares colocados en dirección a los puntos cardinales, y al parecer indican el seguimiento de las estaciones y ciclos de agricultura.

El año civil azteca, o ***Xiuhpohualli***, inicia el 2 de febrero y los nemontemi son los últimos días de enero y el primero de febrero. Cada cuatro años, se agrega un día nemontemi, que equivale al año bisiesto, y cada 130 años se suprime un día nemontemi. De esta forma se obtiene una aproximación al año solar más exacto que la que proporciona el calendario gregoriano.

Calendario Maya

Talvez el más completos de todos los calendarios conocidos por la humanidad. Debido a su complejidad y seguimiento de diversos ciclos (ej., solar, lunar, venus, y más), su grado de precisión, su carácter cíclico en base 20 y el uso del cero, es simplemente muy avanzado. Más adelante, en el Capítulo 6, veremos el uso del sistema en base 20 y como tú puedes construir tu propia **calculadora maya**. Por el momento, continuemos con la descripción del calendario maya:

Los dos sistemas principales son el ***Tzolkin*** y el ***Habb***. El sistema ***Tzolkin*** cuenta esencialmente los días. Incluye ciclos de 13 meses de 20 días cada uno, para un total de 260 días. El ciclo ***Habb**, por el contrario,* mide el año solar maya de 365 días. Usa ciclos de 18 meses de 20 días cada uno, y añade 5 dial al final llamados ***uayeb***, considerados días nefastos o de ocio y excluidos de registros cronológicos. El cero se usaba como el primer día del mes en el sistema habb.

Tzolkin

Habb

El Tzolkin y el Habb se sincronizaban cada 52 años, o "siglo maya". Este evento lo podían visualizar los mayas al usar otro componente de su calendario, **la rueda calendárica**. En donde 53 vueltas de habb equivalen a 73 vueltas del tzolkin.

Aquí distinguimos ya su sistema numérico, tal cual como lo vimos en el Capítulo 1.

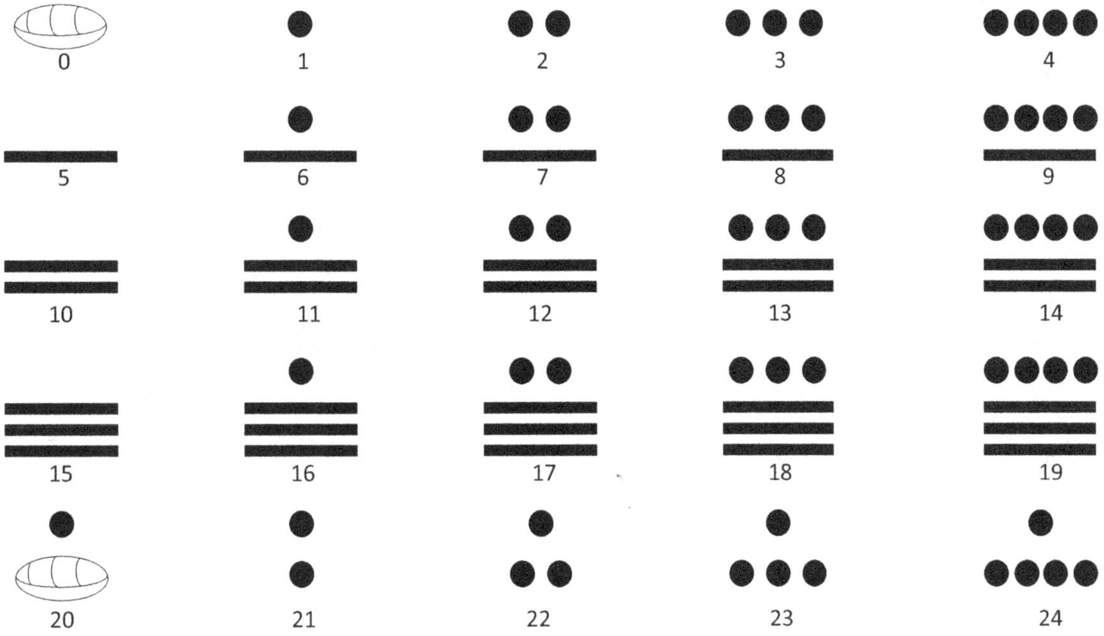

Otro elemento importante de este calendario es la **cuenta larga** o **serie inicial**. Este se usaba para contabilizar periodos largos de tiempo, como decenas, centenas y miles de años. Las fechas se notaban de manera especial usando puntos para separar días, años, etc. Lo cual facilitaba su manipulación matemática de manera sencilla y estandarizada.

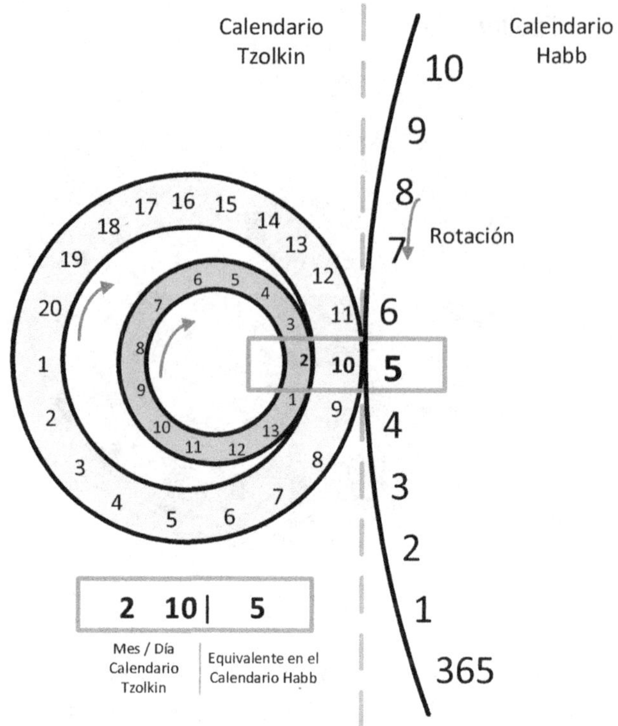

Por ejemplo, para representar la fecha de Mayo 2 de 1976 (del calendario Gregoriano), la cuenta larga de los Maya lo representaba como 12.18.2.14.18 o 12 **baktunes**, 18 **katunes**, 2 **tunes**, 14 **uinales** y 18 **kines**.

T = (12 x 144,000) + (18 x 7,200) + (2 x 360)
+ (14 x 20) + (18 x 1)

T = (1,728,000) + (129,600) + (720) + (280) + (18), o

T = 1,858,618 días, contados a partir del origen del calendario Maya (Primer Día del Baktun o agosto 11, 3114 BC)

Fecha	Calendario Gregoriano	Numero Arábico	Tzolkin	Habb
Primer Día del Baktun	Ago 11, 3114 BC	0.0.0.0.0	4 Ahau	8 Cumkú
Ultimo Día del Baktun	Dic 20, 2012	12.19.19.17.19	3 Cauac	2 Kankin
Primer Día del Nuevo Baktun	Dic 21, 2012	13.0.0.0.0	4 Ahau	3 Kankin

Baktun
20 Katunes
144,000 Días

Katun
20 Tunes
7,200 Días

Tun
18 Uninales
360 Días

Uninal
20 Kines
20 Días

Kin
1 Día

2.6.3. Relojes

¿Sabes por qué los están divididos en 24 horas? ¿Sabes por qué las horas están divididas en 60 minutos? ¿Y los minutos en 60 segundos?

Regresemos nuevamente a ver algo de historia:

Los antiguos babilonios usaron un método de base 60 para contar, a diferencia de nuestro base 10 o sistema decimal. Es sistema en base 60 se utilizó para dividir el mundo en seis grupos de 60 minutos cada uno, y dividir las horas en 60 partes iguales.

Los astrónomos romanos adoptaron más tarde este sistema de división de horas, y llamaron cada división a ***par minuta*** o **"pequeña parte de una hora"**. Del nombre latino viene nuestra palabra, **minuto**. Estos primeros astrónomos también dividieron minutos en 60 a partes iguales. Llamaron a cada división ***par seconda*** o **segundo**.

Tiempo Estándar

Tiempo estándar significa la medición del día en dos bloques de 12 horas cada uno. Las doce horas de la medianoche al mediodía son **a.m. horas** (del latín **ante meridiem**) horas, y las doce horas a partir del mediodía hasta la media noche son las **p.m. horas** (del latín **post meridiem**).

Relojes Mecánicos

Los relojes mecánicos fueron inventados alrededor del año 1670. El primer mecanismo los relojes no tenían manecillas para la hora o los minutos, y simplemente identificaban la llegada de la hora con campanas o campanillas.

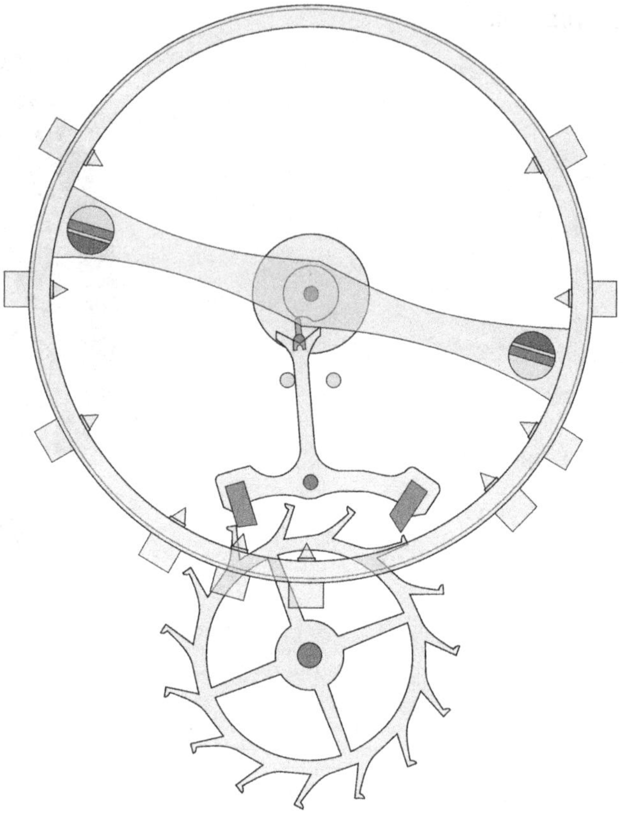

El astrónomo e inventor italiano Galileo Galilei (1564-1642) descubrió que un péndulo oscilante podría mantener el tiempo uniformemente. Pero no fue sino hasta 1657 cuando se inventó el primer reloj de péndulo. Fue hecho por el **matemático** holandés Christiaan Huygens (1629 - 1695).

El reloj de Huygens usaba péndulos oscilantes controlados por engranajes, que a su vez movían las manecillas del reloj. Más tarde, científicos descubrieron que un péndulo de un metro de largo toma un segundo para completar un arco completo hacia atrás y hacia adelante, y así fueron construidos los primeros relojes de péndulo.

Relojes de Cuarzo

Hoy en día muchos relojes utilizan las vibraciones de un cristal de cuarzo para contabilizar el tiempo. Dicha vibración natural es de 100,000 veces por segundo, y relojes modernos pueden mostrar el tiempo tanto en forma digital, como de forma análoga.

Relojes Atómicos

Los "relojes atómicos", son los relojes aún más exactos que los de cuarzo. Tan precisos como dentro de un segundo en 1,7 millones de años. Estos relojes usan la vibración de átomos de Hidrógeno para contabilizar el tiempo. Dicha vibración es de 9.200 millones de veces en un segundo. Sorprendente, ¿cierto?

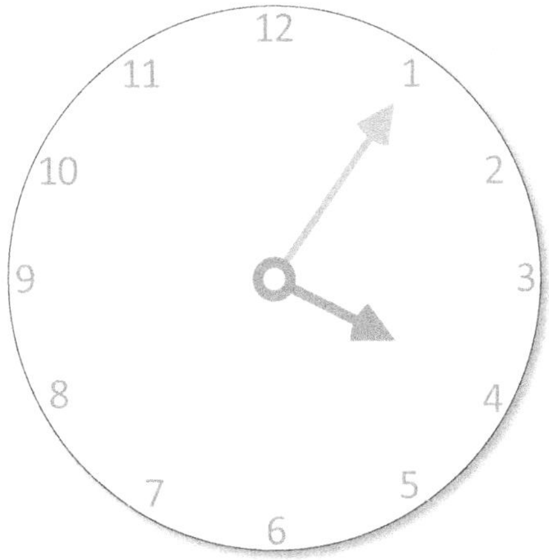

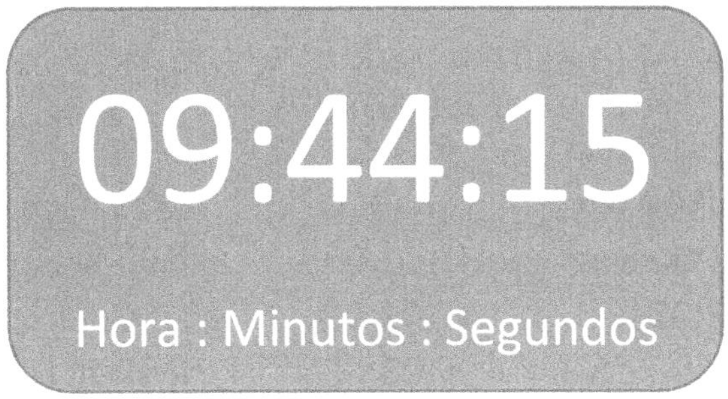

Reloj Análogo | **Reloj Digital**

Equivalencias,

1 minuto	= 60 Segundos
1 hora	= 3,600 Segundos
1 día	= 86,400 Segundos

1 año	= 220,752,000 Segundos
5 años	= 1,103,760.00 segundos
10 años	= 2,207,520,00 segundos

Horario de Verano (daylight saving time)
Durante la Primera Guerra Mundial, los relojes en los Estados Unidos e Inglaterra se fijaron una hora adelantada. Al hacer esto durante el verano, el trabajo en tiempos de guerra día tenía una hora más de luz al día, lo cual significaba un ahorro de energía eléctrica y en dinero. Al finalizar el verano, ya en otoño, los relojes fueron retrocedidos nuevamente.

El ajuste de los relojes también significó más horas de luz del día para el juego y actividades de ocio para los niños, y cuando terminó la guerra, la gente todavía quería disfrutar de las horas extra de luz del día que el verano brinda en países como Estados Unidos. Usualmente los relojes son adelantados una hora de ventaja el primer domingo de abril y se regresan una hora el último domingo de octubre.

Hora Militar
La hora estándar puede ser un poco confusa si la usamos en ciclos de 12 horas (a.m. y p.m.). Por ejemplo, las ocho pueden significar ocho de la mañana u ocho de la noche, ¿cierto? Para evitar este tipo de confusiones, los científicos crearon un reloj con un ciclo de 24 horas. Las horas están numeradas del 1 al 24, comenzando a la medianoche. Esta forma de contar las horas en un día se llama tiempo militar, y usualmente se leen de manera especial, por ejemplo, las 10:00 a.m. no se lee "once empunto ", sino las "diez mil horas "; las 4:00

p.m. no se lee "cuatro de la tarde", sino las "mil seiscientas horas" (4 p.m. as 4 horas pasadas las 12 del mediodía, entonces 4 + 12 = 16, o las 16:00 horas), y así sucesivamente.

Hora Estándar	Ciclo de 24-Horas	Hora Militar	Hora Estándar	Ciclo de 24-Horas	Hora Militar
12:00 a.m.	00:00	0000 horas	12:00 p.m.	12:00	1200 horas
1:00 a.m.	01:00	0100 horas	1:00 p.m.	13:00	1300 horas
2:00 a.m.	02:00	0200 horas	2:00 p.m.	14:00	1400 horas
3:00 a.m.	03:00	0300 horas	3:00 p.m.	15:00	1500 horas
4:00 a.m.	04:00	0400 horas	4:00 p.m.	16:00	1600 horas
5:00 a.m.	05:00	0500 horas	5:00 p.m.	17:00	1700 horas
6:00 a.m.	06:00	0600 horas	6:00 p.m.	18:00	1800 horas
7:00 a.m.	07:00	0700 horas	7:00 p.m.	19:00	1900 horas
8:00 a.m.	08:00	0800 horas	8:00 p.m.	20:00	2000 horas
9:00 a.m.	09:00	0900 horas	9:00 p.m.	21:00	2100 horas
10:00 a.m.	10:00	1000 horas	10:00 p.m.	22:00	2200 horas
11:00 a.m.	11:00	1100 horas	11:00 p.m.	23:00	2300 horas
			12:00 a.m.	24:00	2400 horas

Zonas Horarias y el Meridiano de Greenwich
El sol alcanza su punto más alto en el cielo a diferentes tiempos en diferentes lugares del mundo. Es por ello que la tierra se divide en veinticuatro zonas horarias una por cada hora del día. Estas "zonas" horarias siguen vagamente líneas de longitud del globo terráqueo. Las zonas horarias comienzan en el primer meridiano o meridiano de Greenwich, Inglaterra. Y concluye con la **Línea Internacional del Cambio de Fecha** como se ilustra a continuación.

Si usted viaja hacia el este por la línea internacional de fechas de la línea internacional del cambio de fecha, usted comenzara el día nuevamente. Si usted viaja al oeste sobre la línea usted salta hacia adelante un día.

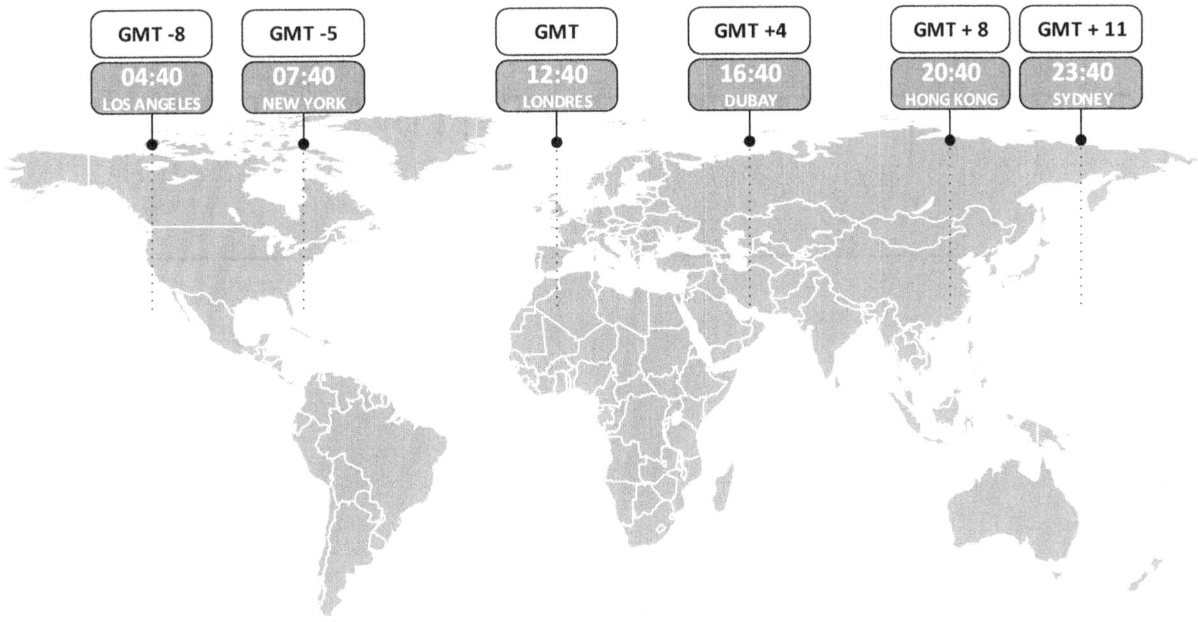

Greenwich (Londres)	Hora del Este (New York)	Hora Centro	Hora de las Montañas	Hora del Pacifico (Los Angeles)
Media Noche	7 p.m. (de ayer)	6 p.m. (de ayer)	5 p.m. (de ayer)	4 p.m. (de ayer)
1 a.m.	8 p.m. (de ayer)	7 p.m. (de ayer)	6 p.m. (de ayer)	5 p.m. (de ayer)
2 a.m.	9 p.m. (de ayer)	8 p.m. (de ayer)	7 p.m. (de ayer)	6 p.m. (de ayer)
3 a.m.	10 p.m. (de ayer)	9 p.m. (de ayer)	8 p.m. (de ayer)	7 p.m. (de ayer)
4 a.m.	11 p.m. (de ayer)	10 p.m. (de ayer)	9 p.m. (de ayer)	8 p.m. (de ayer)
5 a.m.	Media Noche	11 p.m. (de ayer)	10 p.m. (de ayer)	9 p.m. (de ayer)
6 a.m.	1 a.m.	Media Noche	11 p.m. (de ayer)	10 p.m. (de ayer)
7 a.m.	2 a.m.	1 a.m.	Media Noche	11 p.m. (de ayer)
8 a.m.	3 a.m.	2 a.m.	1 a.m.	Media Noche
9 a.m.	4 a.m.	3 a.m.	2 a.m.	1 a.m.
10 a.m.	5 a.m.	4 a.m.	3 a.m.	2 a.m.
11 a.m.	6 a.m.	5 a.m.	4 a.m.	3 a.m.
Medio Día	7 a.m.	6 a.m.	5 a.m.	4 a.m.
1 p.m.	8 a.m.	7 a.m.	6 a.m.	5 a.m.
2 p.m.	9 a.m.	8 a.m.	7 a.m.	6 a.m.
3 p.m.	10 a.m.	9 a.m.	8 a.m.	7 a.m.
4 p.m.	11 a.m.	10 a.m.	9 a.m.	8 a.m.
5 p.m.	Medio Día	11 a.m.	10 a.m.	9 a.m.
6 p.m.	1 p.m.	Medio Día	11 a.m.	10 a.m.
7 p.m.	2 p.m.	1 p.m.	Medio Día	11 a.m.
8 p.m.	3 p.m.	2 p.m.	1 p.m.	Medio Día
9 p.m.	4 p.m.	3 p.m.	2 p.m.	1 p.m.
10 p.m.	5 p.m.	4 p.m.	3 p.m.	2 p.m.
11 p.m.	6 p.m.	5 p.m.	4 p.m.	3 p.m.

Capítulo 3: Geometría

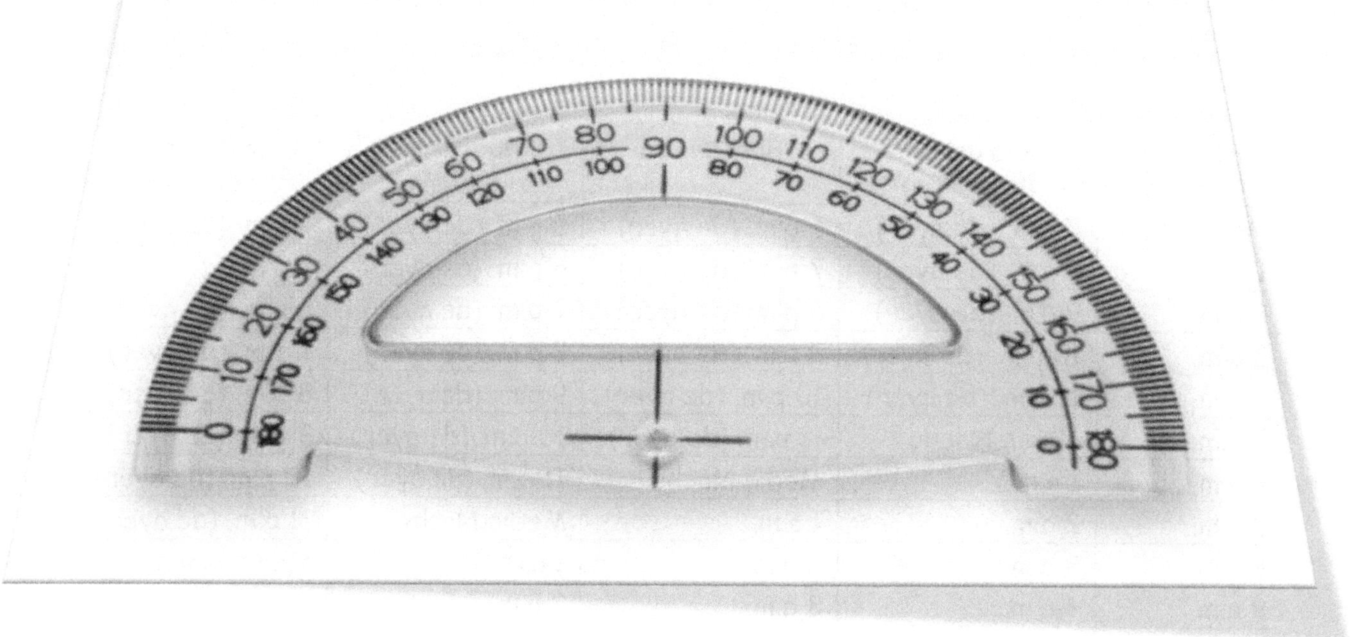

Ciencia, Tecnología, Ingeniería y Matemáticas, pilares para un mejor futuro

Capítulo 3: Geometría

3.1. Formas Geométricas

La **Geometría** es la rama de la matemática que explica la relación que existe entre puntos, planos, líneas y demás formas.

3.1.1. Puntos

Los puntos no tienen tamaño ni dimensiones, es decir, sin ancho, longitud o altura. Se utilizan para decir la posición de las líneas y otros objetos. Puntos suelen ser nombrados con mayúsculas, tal como A, B, C, D...

Puntos pueden ser usados para especificar donde comienzan y terminan cosas, también pueden ser usados para medir distancias o definir el perímetro de otras forma y objetos

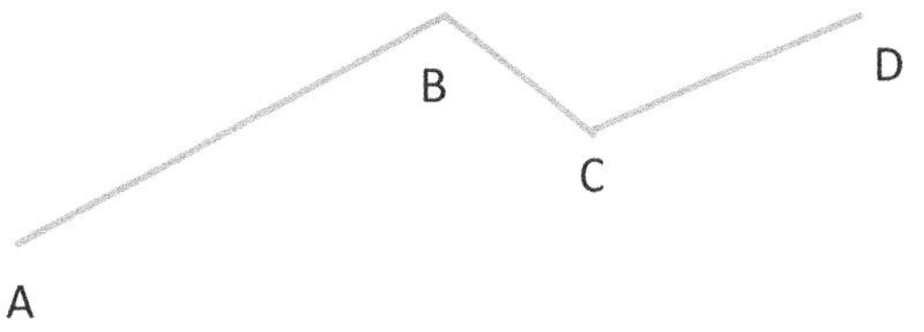

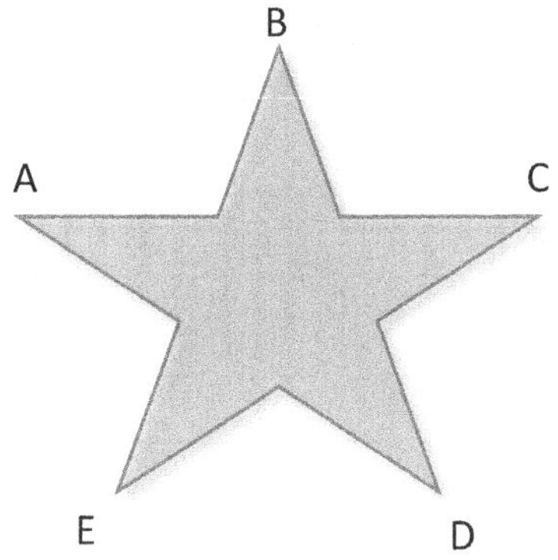

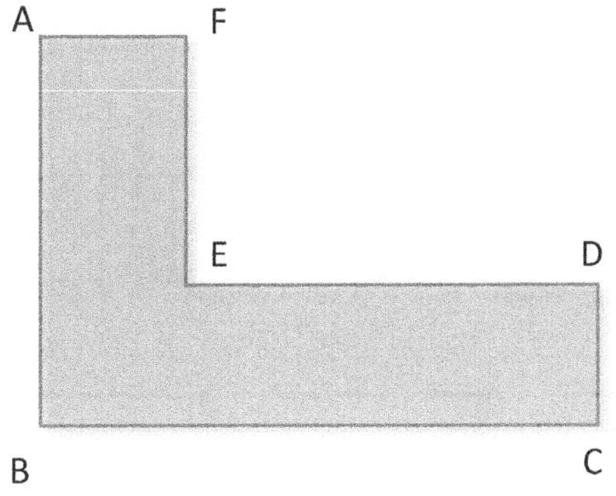

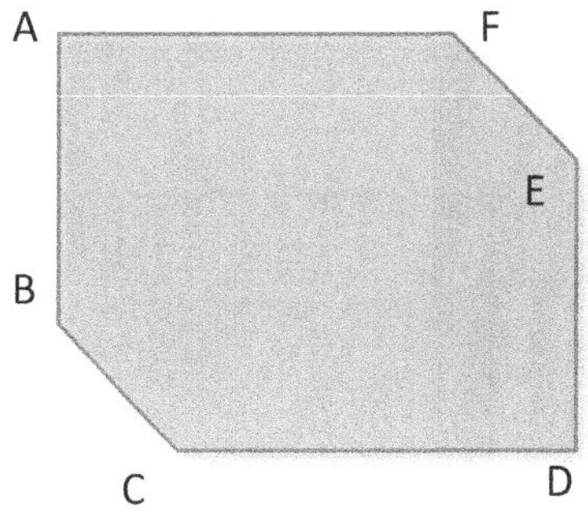

3.1.2. Líneas

Las líneas se extienden sin fin alguno de una dirección a otra. Se simboliza con una línea con flechas direccionales escrito arriba de dos puntos incluidos en la línea, por ejemplo:

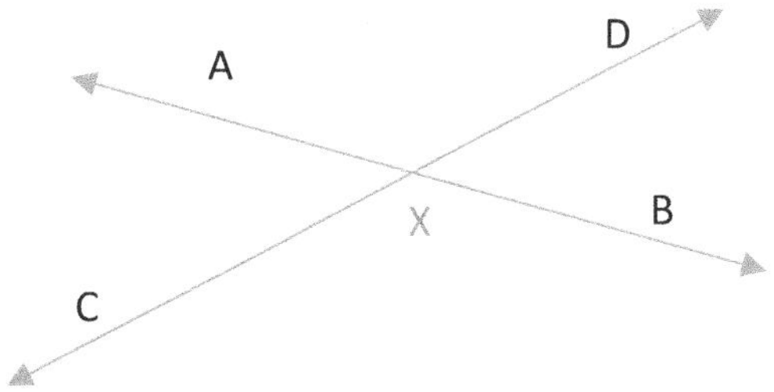

$\overleftrightarrow{AB}$ o $\overleftrightarrow{BA}$

La intersección de dos líneas es un punto.

Por ejemplo, las líneas $\overleftrightarrow{AB}$ y $\overleftrightarrow{CD}$ se intersectan en el punto X

3.1.3. Segmentos de línea

Los segmentos de línea son las partes de una línea definida por dos puntos, o extremos, a lo largo de la línea. Tienen longitud y se simbolizan con una línea, en este caso sin flechas direccionales, escrito arriba de dos puntos incluidos en la línea, por ejemplo:

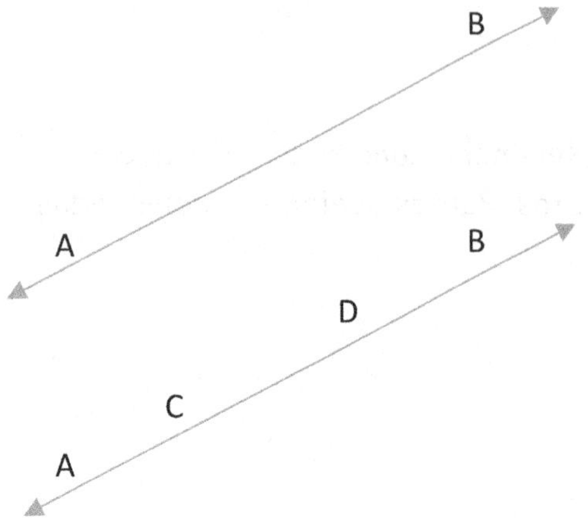

$\overline{AB}$ o $\overline{BA}$

A lo largo de una línea se pueden encontrar un número infinito de segmentos de línea.

$\overline{AC}$, $\overline{AD}$, $\overline{AB}$, $\overline{CD}$, $\overline{CB}$...

Los segmentos de línea de igual longitud en una línea, se llaman segmentos de línea congruentes. Por ejemplo, los segmentos usados en una regla para medir distancias.

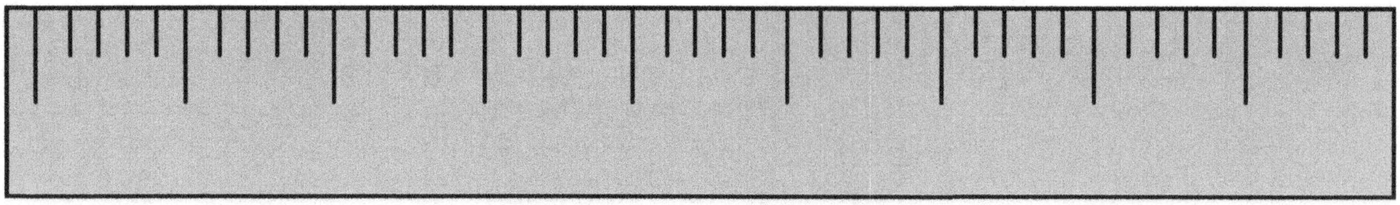

3.1.4. Rayos

Los rayos son partes de líneas que se extienden desde un punto hasta el infinito, en una dirección especifica. No tienen longitud y se simbolizan con una línea, en este caso con una sola flecha direccional, escrito arriba de dos puntos incluidos en la línea, así: $\overrightarrow{AB}$

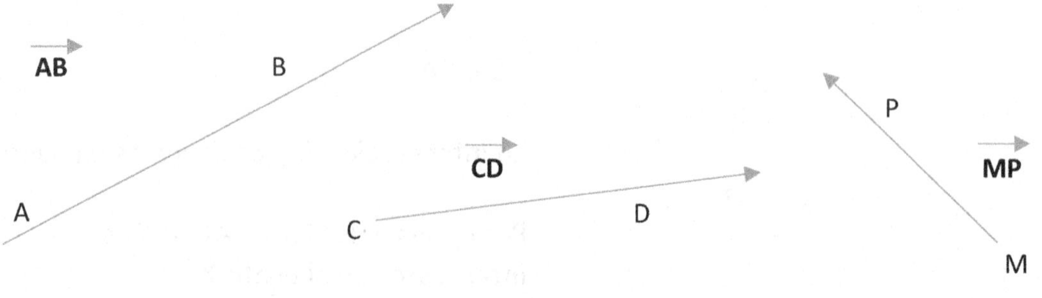

3.1.5. Líneas Paralelas

Las líneas paralelas son líneas que están en un mismo plano. Siempre están a la misma distancia entre sí y continúan hasta el infinito sin intersectarse o tocarse, como las líneas férreas por donde transitan los trenes.

En este caso, se dice que las líneas $\overleftrightarrow{AB}$ y $\overleftrightarrow{CD}$ son paralelas, o $\overleftrightarrow{AB}$ // $\overleftrightarrow{CD}$

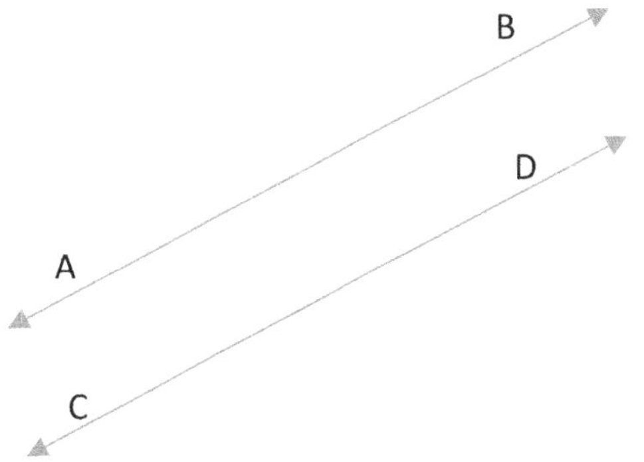

3.1.6. Líneas Secantes o Intersectadas

Las líneas de intersección son líneas en el mismo plano y que se unen y se atraviesan una a otra en un punto, por ejemplo, las calles y carreras de nuestra ciudad, ellas se intersectan en lo que consideramos la esquina de la calle.

En este caso, se dice que las líneas $\overleftrightarrow{AB}$ y $\overleftrightarrow{CD}$ se intersectan en el punto X.

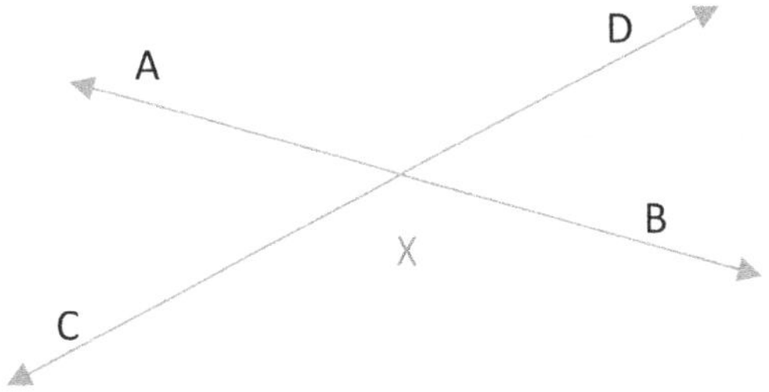

3.1.7. Líneas Perpendiculares

Son aquellas líneas, cuya intersección forma ángulos rectos. Se simboliza como una "T" invertida ⊥ , Y se lee "es perpendicular a".
AB ⊥ CD

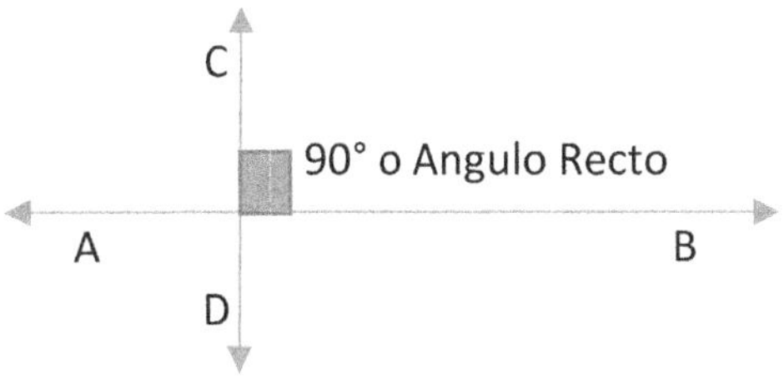

3.1.8. Planos

Los planos son un conjunto infinito de puntos sobre una superficie plana. Los planos se extienden en todas las direcciones hacia el infinito.

Su nomenclatura es muy sencilla, simplemente usamos la palabra "plano" seguida de cuatro puntos incluidos en dicho plano.

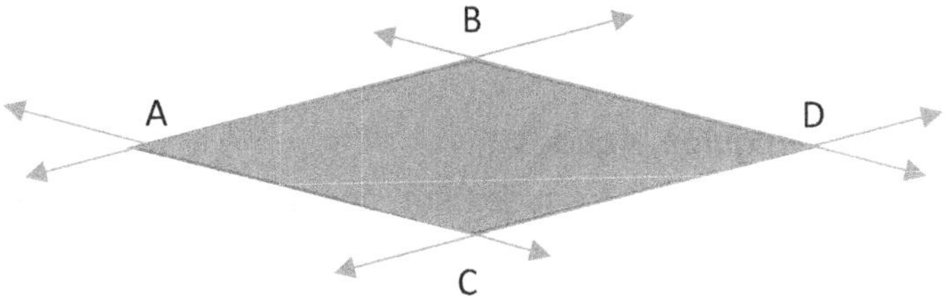

Plano ABCD

3.2. Ángulos

Los ángulos están formados por dos rayos con un punto de inicio común llamado vértice.

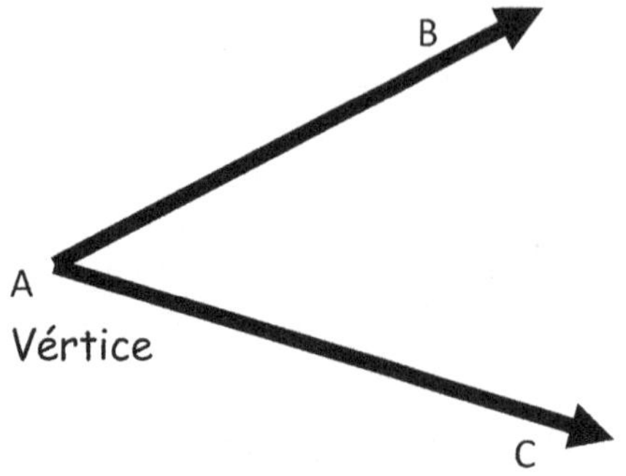

Los ángulos se nombran escribiendo el símbolo de ángulo seguido por los nombres de tres puntos en el conjunto de líneas, o nombrando sólo el punto medio después del ángulo símbolo. El punto medio siempre nombra el vértice.

$\angle BAC$ o $\angle CAB$ o $\angle A$

Los ángulos vienen en diferentes formas y tamaños. Algunos son estrechos, otros son amplios. Pero todos los ángulos se pueden medir como parte de un círculo. Para hacer los cálculos un poco más fáciles, científicos han desarrollado el **transportador,** una especie de regla para los ángulos. Los ángulos se miden en grados de 0 ° a 180 ° (se lee de "cero grados a 180 grados").

$\angle BAC = 45°$

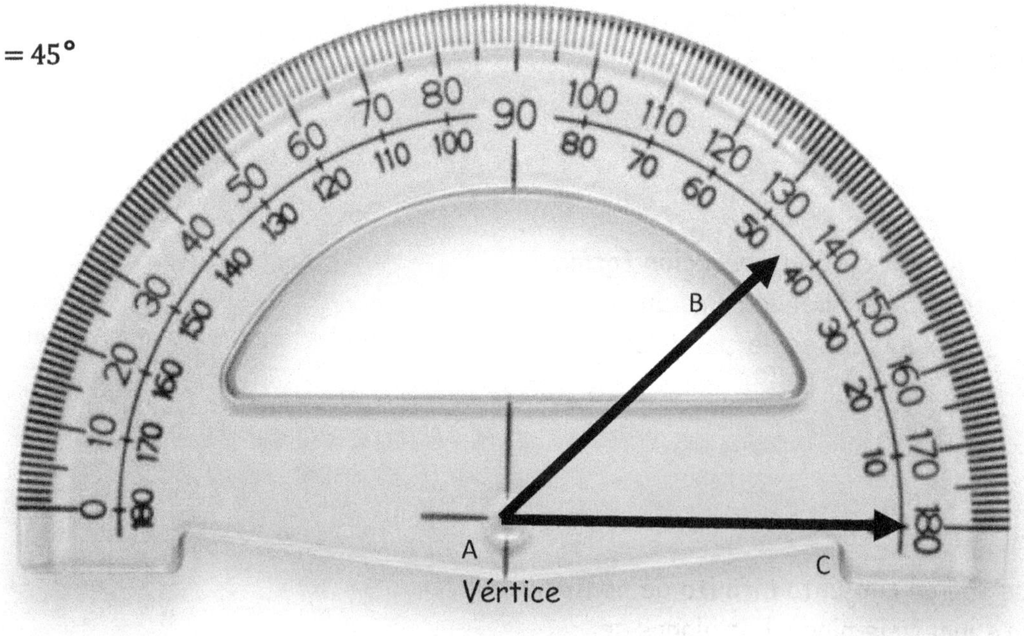

Ángulos Agudos

Los ángulos agudos son ángulos que miden menos de 90 °

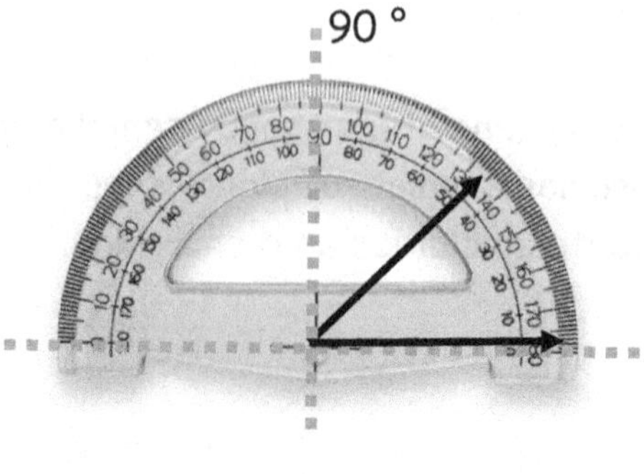

Ángulos Obtusos
Son aquellos ángulos que miden más de 90 ° y menos de 180 °

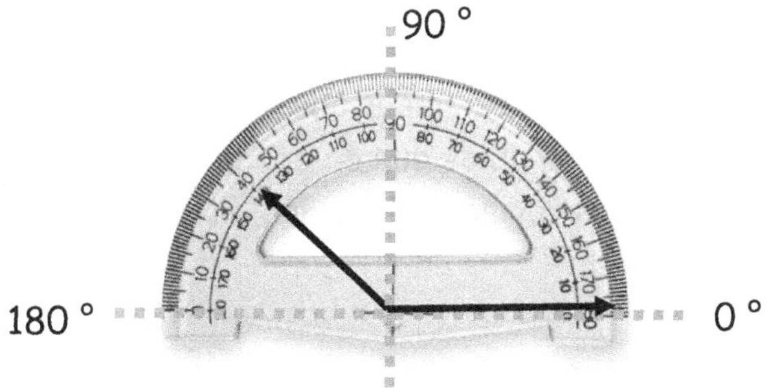

Ángulos Rectos
Son aquellos ángulos que exactamente 90 °

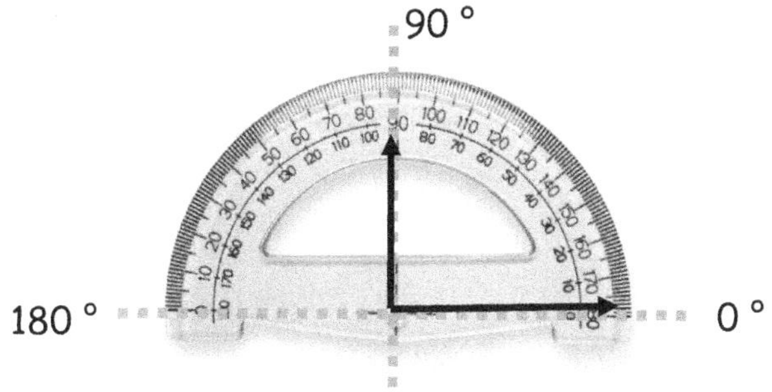

Ángulos Complementarios
Son aquellos ángulos que, al sumarse forman exactamente 90 °

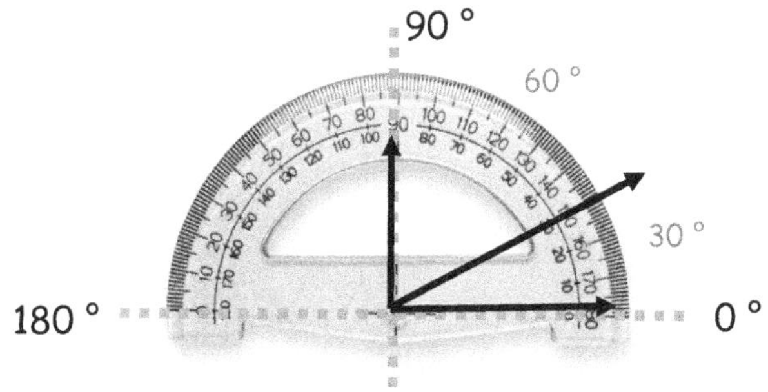

Ángulos Suplementarios
Son aquellos ángulos que, al sumarse forman exactamente 180 °

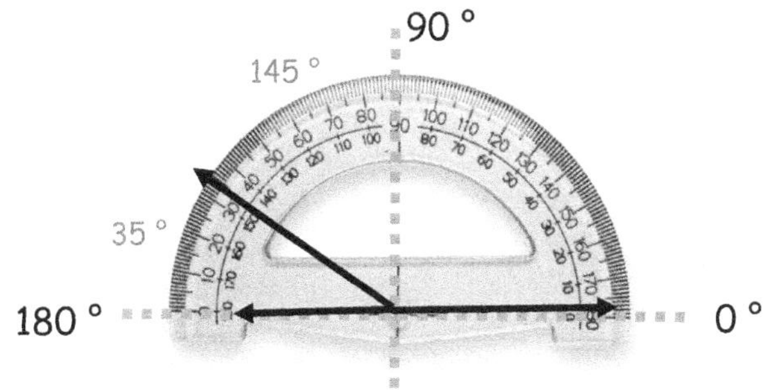

Ángulos Cóncavos
Son aquellos ángulos que miden más de 180 ° y menos de 360 °

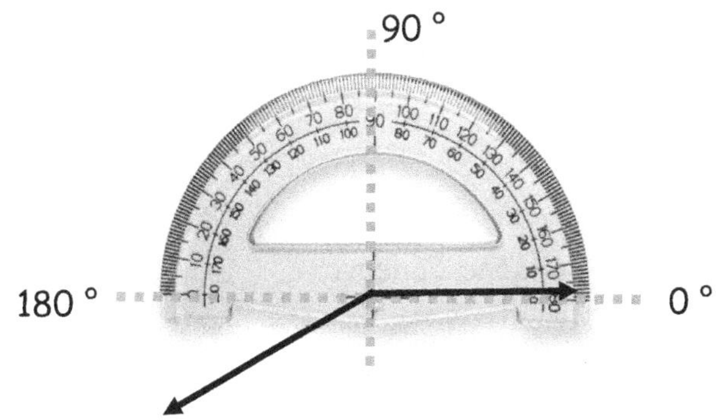

3.3. Polígonos

Los polígonos son bidimensionales, formas planas, formadas a partir de tres o más segmentos de líneas que se encuentran dentro de un mismo plano. Los segmentos de línea forman ángulos que se encuentran en puntos llamados vértices. Los polígonos vienen en muchas formas y tamaños, incluyendo:

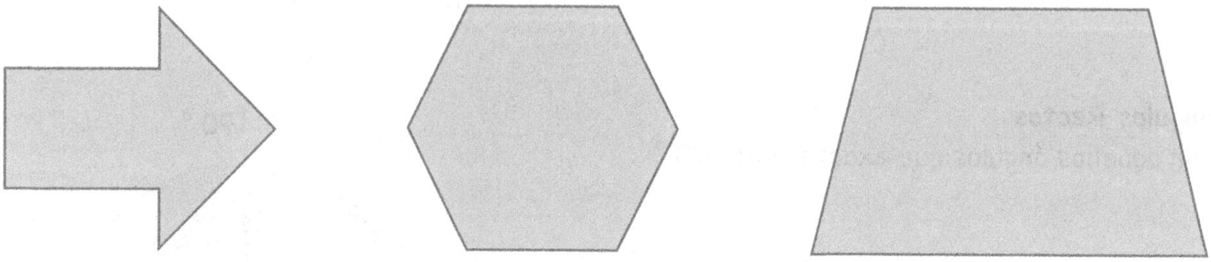

Generalmente son de dos tipos: **Polígonos Irregulares**, que se componen de lados desiguales y ángulos desiguales y; los **Polígonos Regulares** que tienen sus lados de igual longitud y ángulos de igual tamaño.

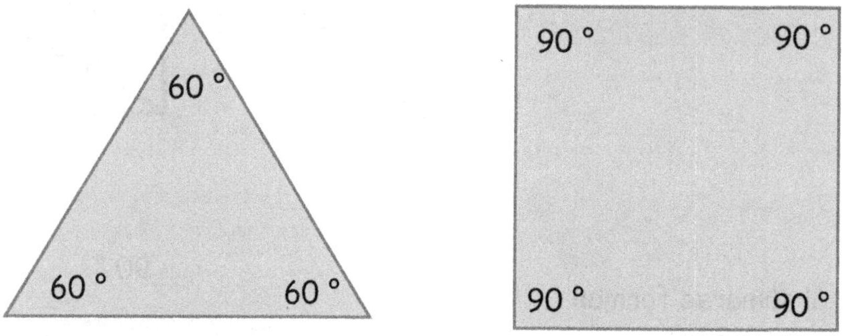

Polígonos Regulares

Polígono Cóncavo

Polígono Convexo

3.4. Triángulos

Triángulos son polígonos que tienen tres lados y tres vértices.

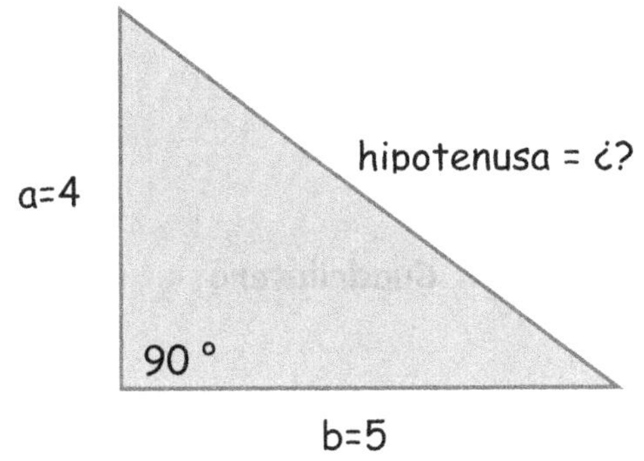

Triángulos Rectos

Los triángulos rectos se forman cuando dos de los segmentos de línea se reúnen encuentran formando un ángulo de 90 °.

En un triángulo recto, el lado más largo tiene un nombre especial: **la hipotenusa**.

¿Cómo calculamos la longitud de la hipotenusa?

Para ellos nos basamos en una teoría del matemático y filósofo griego, **Pitágoras de Samos** (se estima que vivió entre 570BC y 495BC). El teorema de Pitágoras es una regla muy simple sobre la proporción de los lados de **triángulos rectos**, y estima que: el cuadrado de la hipotenusa de un triángulo rectángulo es igual a la suma del cuadrado de los otros dos lados.

$\mathbf{a^2 + b^2 = h^2}$ **Teorema de Pitágoras**

que aplicado a nuestro triangulo anterior,

$(4)^2 + (5)^2 = h^2$

$14 + 25 = h^2$

$39 = h^2$

$h = \sqrt{39}$ (se lee 'raíz cuadrada de" 39)

$h = 6.25$

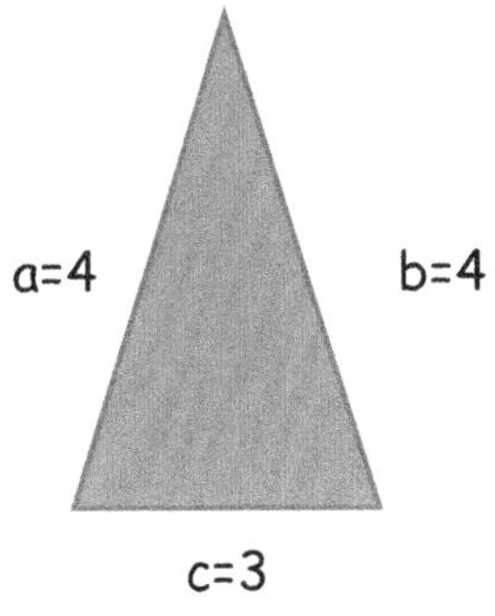

Triángulos de Isósceles
Poseen dos lados de igual longitud.

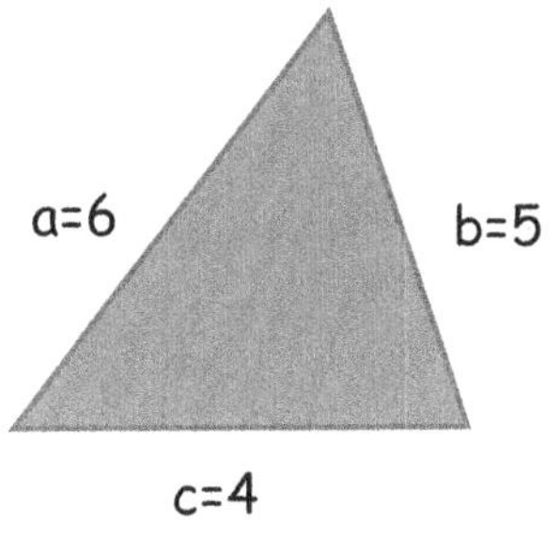

Triángulos Escaleno
Todos sus lados son de diferente longitud.

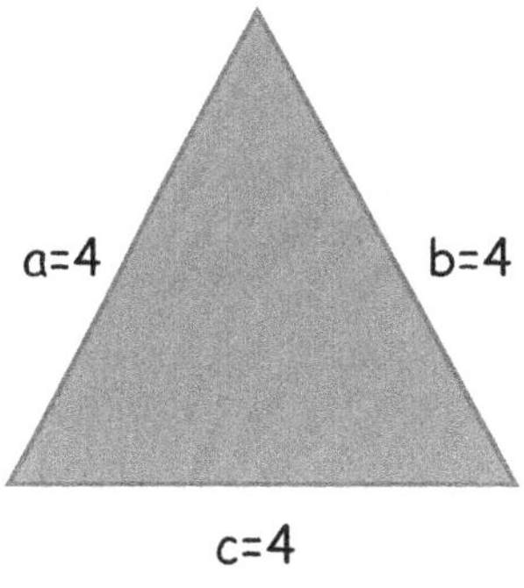

Triángulos Equilátero
Sus tres lados son de igual longitud.

3.5. Cuadriláteros

Son polígonos que tienen cuatro lados y cuatro vértices.

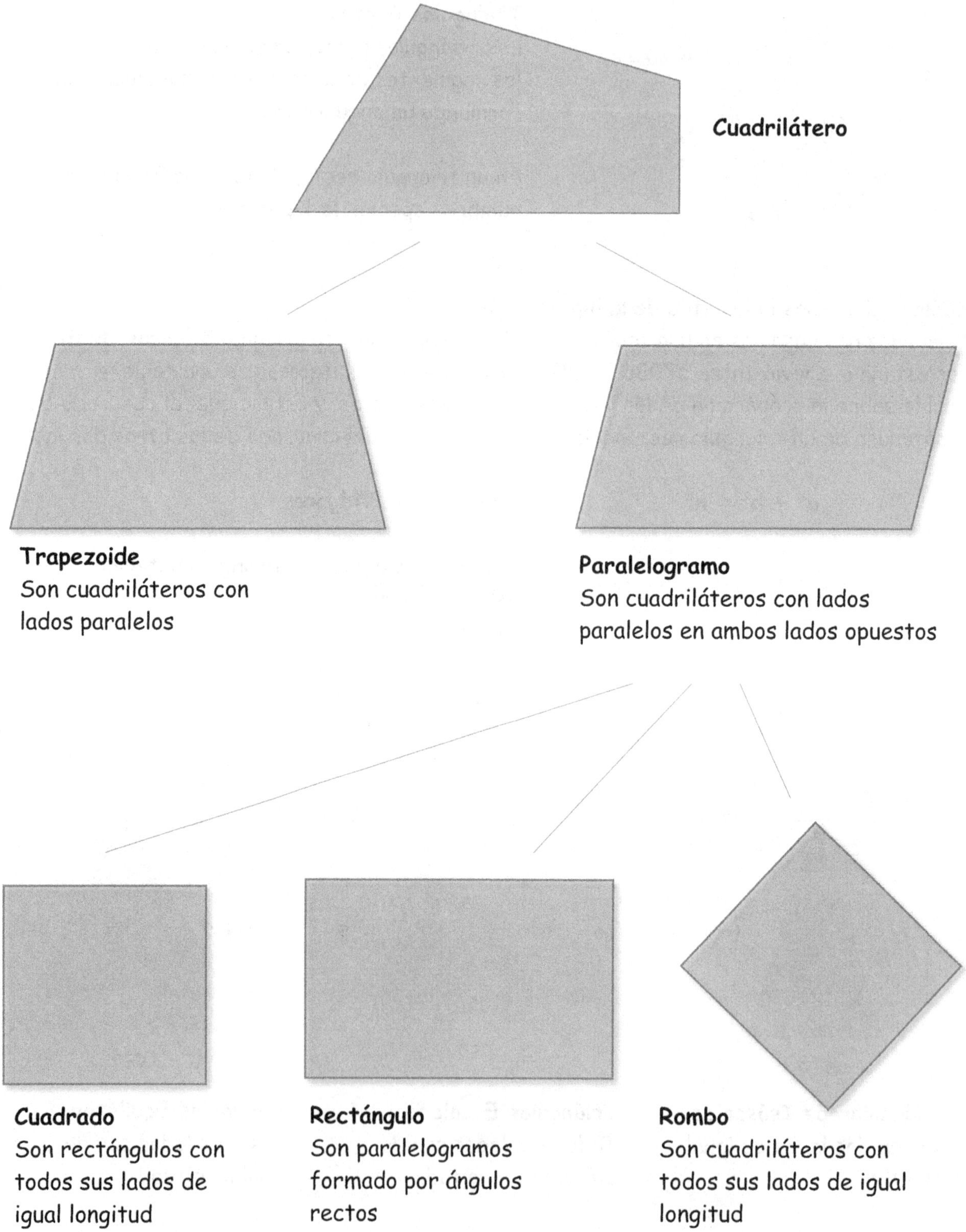

3.6. Otros Polígonos

Nombre	Numero de Lados y Numero de Vértices
Triangulo	3
Cuadrilátero	4
Cuadrado	4 iguales y perpendiculares
Rectángulo	4 perpendiculares
Rombo	4 iguales, opuestos y paralelos
Paralelogramo	4 paralelos opuestos
Pentágono	5
Hexágono	6
Heptágono	7
Octágono	8
Nonágono	9
Decágono	10
Undecágono	11
Dodecágono	12
Icosígono	20

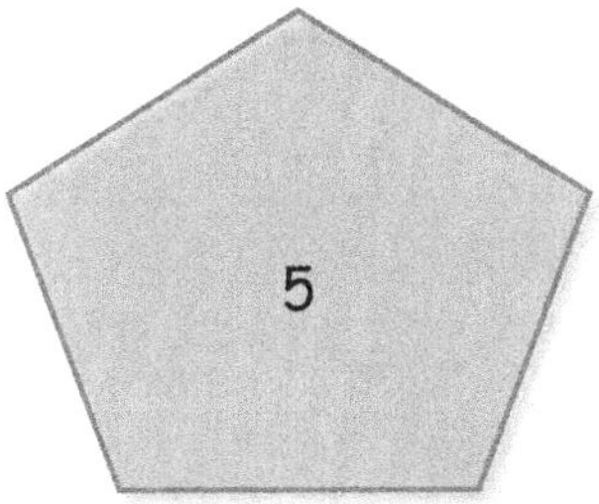

Pentágono

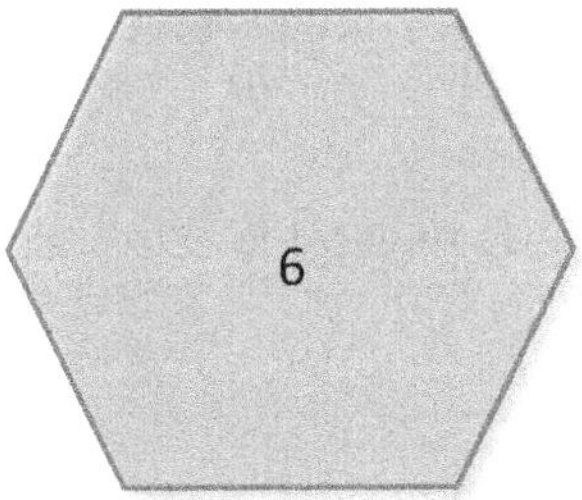

Hexágono

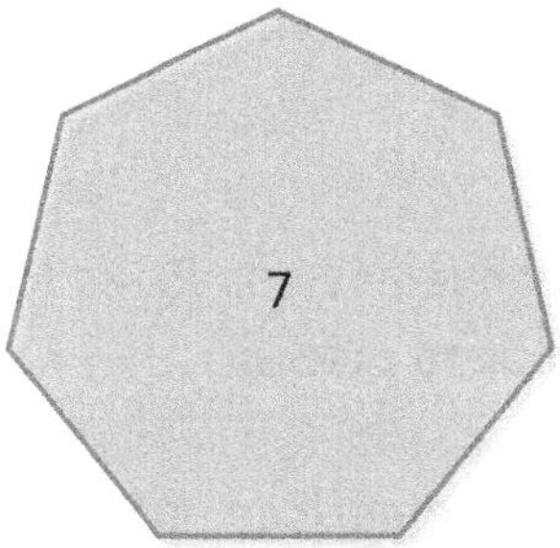

Heptágono

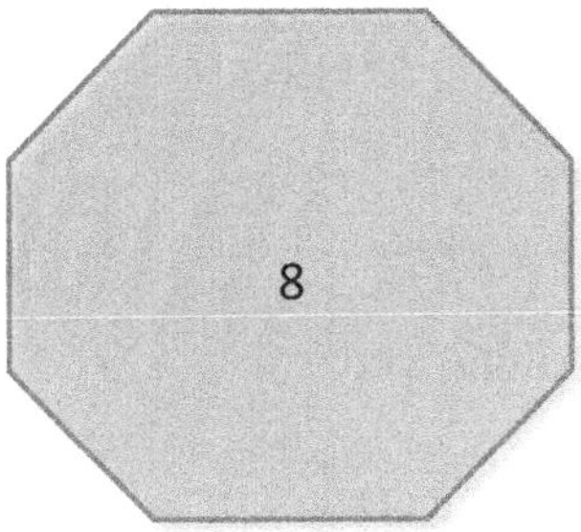

Octágono

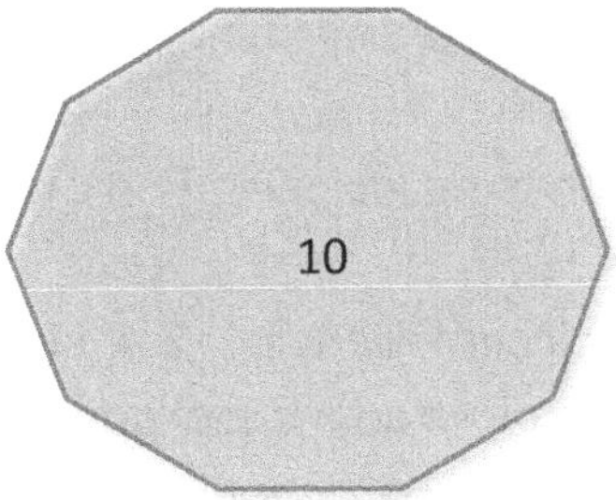

Decágono

3.7. Círculos

Un **círculo** es un conjunto de puntos dentro de un plano, en el cual cada punto del círculo está a la misma distancia del centro (o punto común dentro del círculo).

El **diámetro** es la distancia de una línea recta dibujada a través del círculo y que pasa a través de su centro.

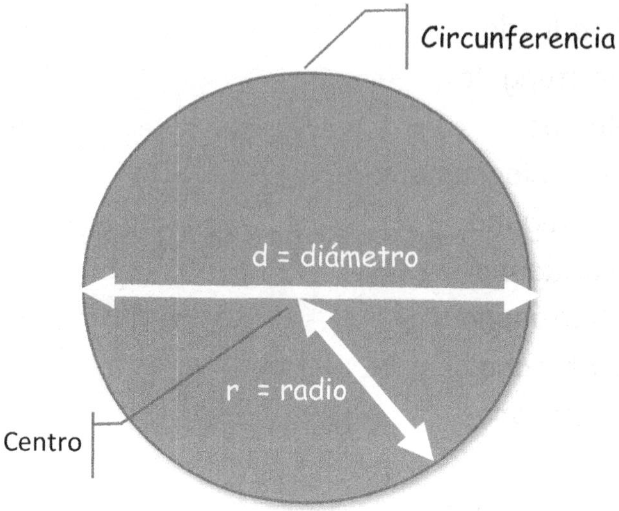

d = diámetro

El **radio** es la mitad del diámetro, o una línea recta trazada desde el centro de un círculo hasta cualquier punto del perímetro del círculo.

r = radio
2r = d

La distancia alrededor del círculo se llama la **circunferencia**.

Circunferencia = $2 \times \pi \times r = 2\pi r$

Circunferencia = $2 \times d = 2d$

Recordemos que **Pi**, es la decimosexta letra del alfabeto griego.

En matemáticas, π tiene un significado muy especial:
Representa un número que es aproximadamente igual a

3.14 ó 23/7

π se utiliza en muchas ecuaciones. Por ejemplo:

perímetro de una circunferencia = 2 x pi x radio = 2 x diámetro
área de un círculo = pi x radio cuadrado = $\pi \times r^2$
volumen de una esfera = (4/3) x pi x radio en cubo = $(4/3) \times \pi^3$

3.8. Simetría, Congruencia, y Similitud

Simetría

La simetría es la coincidencia exacta de formas o figuras en lados opuestos de líneas divisorias o alrededor de un punto central. La línea divisoria se denomina eje de simetría o línea de simetría. Ciertas formas, particularmente polígonos y círculos, tienen muchas líneas de simetría.

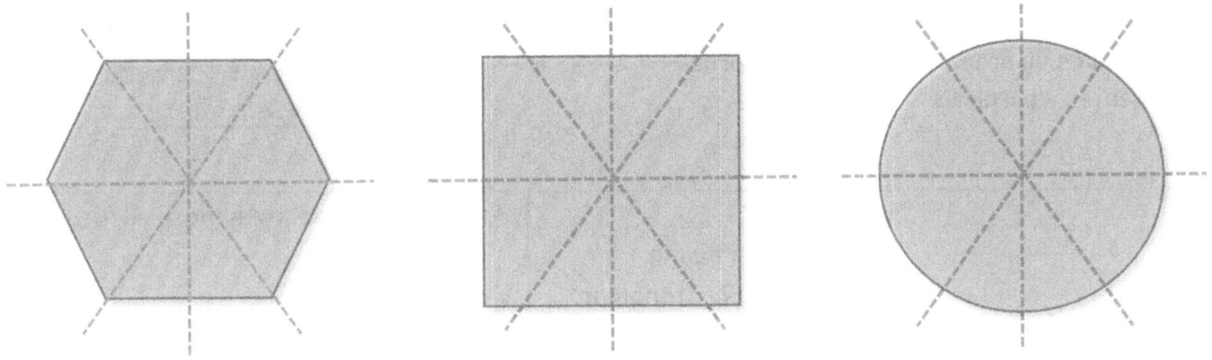

Hexágono   Cuadrado   Circulo

$\cong$

Congruencia se refiere a dos formas o figuras exactamente del mismo tamaño y forma. Se simboliza como " $\cong$ " y se lee "es congruente a...",

Por ejemplo $A \cong B$ (se lee "A es congruente a B")

Las formas simétricas formadas dibujando líneas de simetría a menudo crear formas congruentes. Pero simétrico las cifras no son necesariamente congruentes.

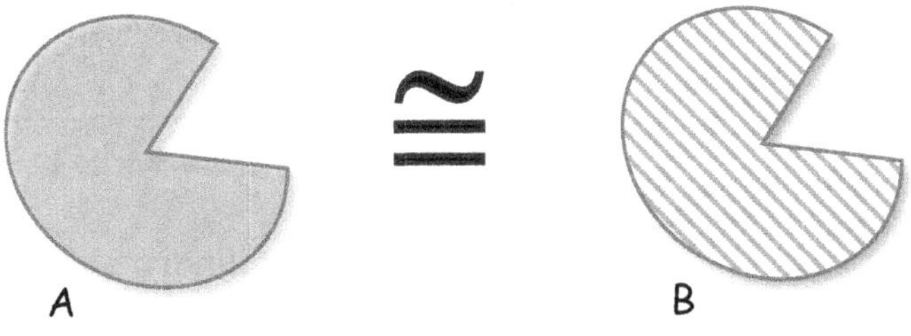

Similitud significa que los objetos tienen la misma forma, pero no necesariamente idénticos en tamaño. Por lo que todas las formas congruentes son similares.

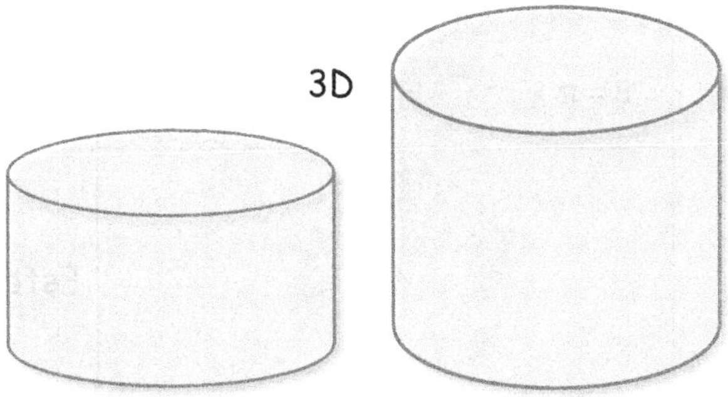

3.9. Objetos en Tres Dimensiones (3D) o Primas

Los polígonos y círculos son planos, en 2 dimensiones (2D) O bidimensionales. Solo tienen longitud y ancho (o anchura). Pero otras formas, como los cubos, prismas, pirámides y esferas, son sólidos; y tienen tres dimensiones (3D): Longitud, Ancho y Altura.

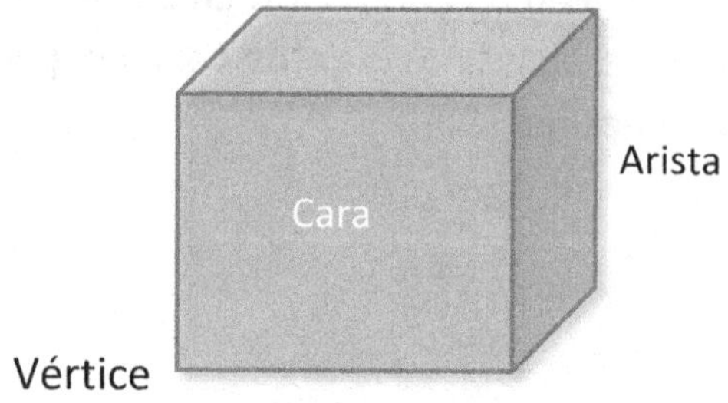

Sus lados son llamados **Caras**
Los bordes son considerados **Aristas**

Un **Prisma** es un objeto sólido con dos caras congruentes y paralelas

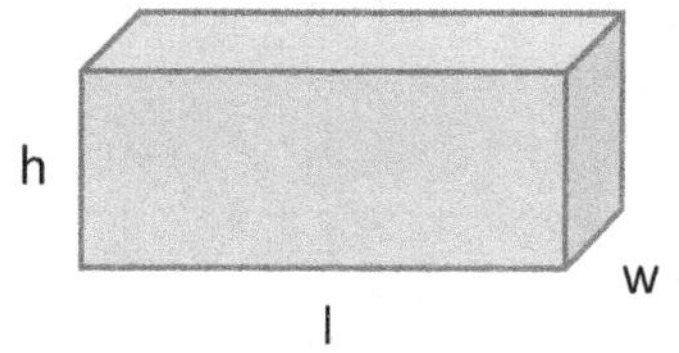	Prisma Rectangular	Volumen = Largo x Ancho x Altura $V = l \times w \times h$
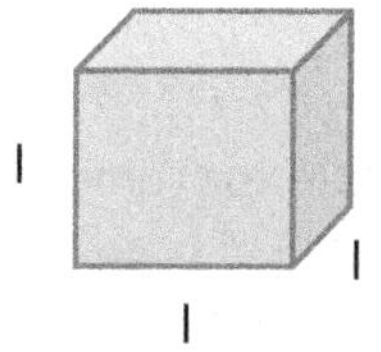	Cubo (con todos sus lados iguales)	Volumen = Largo x Ancho x Altura $V = l \times l \times l = l^3$ (se lee "volumen igual al lado al cubo")
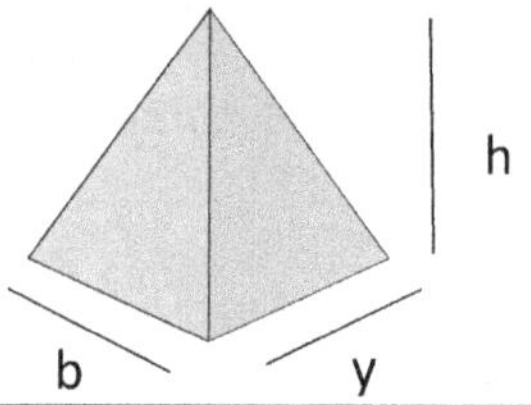	Pirámide	Volumen = (Área de la Base x Altura) / 3 Base = $B = b \times y$ $V = (B \times h) / 3$
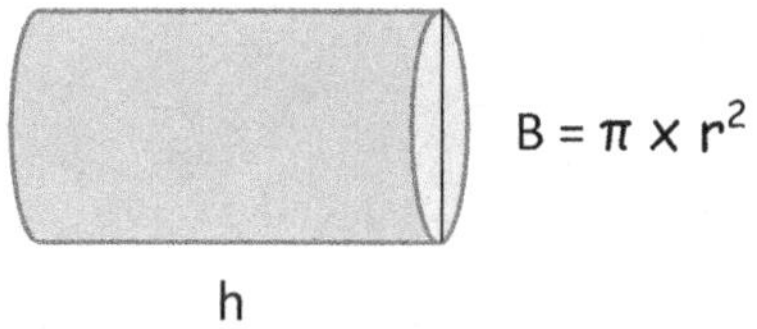	Cilindro	Volumen = Área de la Base x Altura $V = B \times h = (\pi \times r^2) \times h$
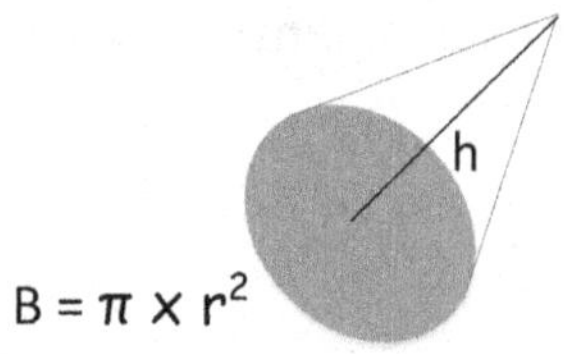	Cono	Volumen = (Área de la Base x Altura) / 3 $V = (B \times h) / 3$ $V = ((\pi \times r^2) \times h) / 3$
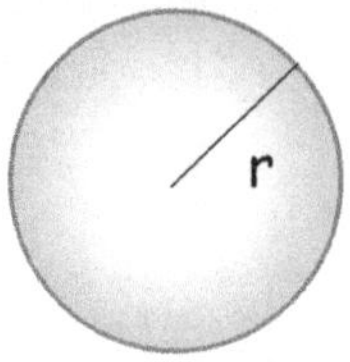	Esfera	$V = (4 \times \pi \times r^3) / 3$

3.10. Áreas y Mapas del Mundo

Es importante resaltar la importancia de los conceptos de área en dos y tres dimensiones, especialmente cuando proyectamos elementos que están en 3D, como el globo terráqueo, a planos en 2D, como los mapas que usamos habitualmente. Por ejemplo, veamos algunas de las diferencias entre el mapamundi común (o mapamundi político) y una proyección más precisa usando el área de la superficie de cada país (o Mapa de Gall-Peters):

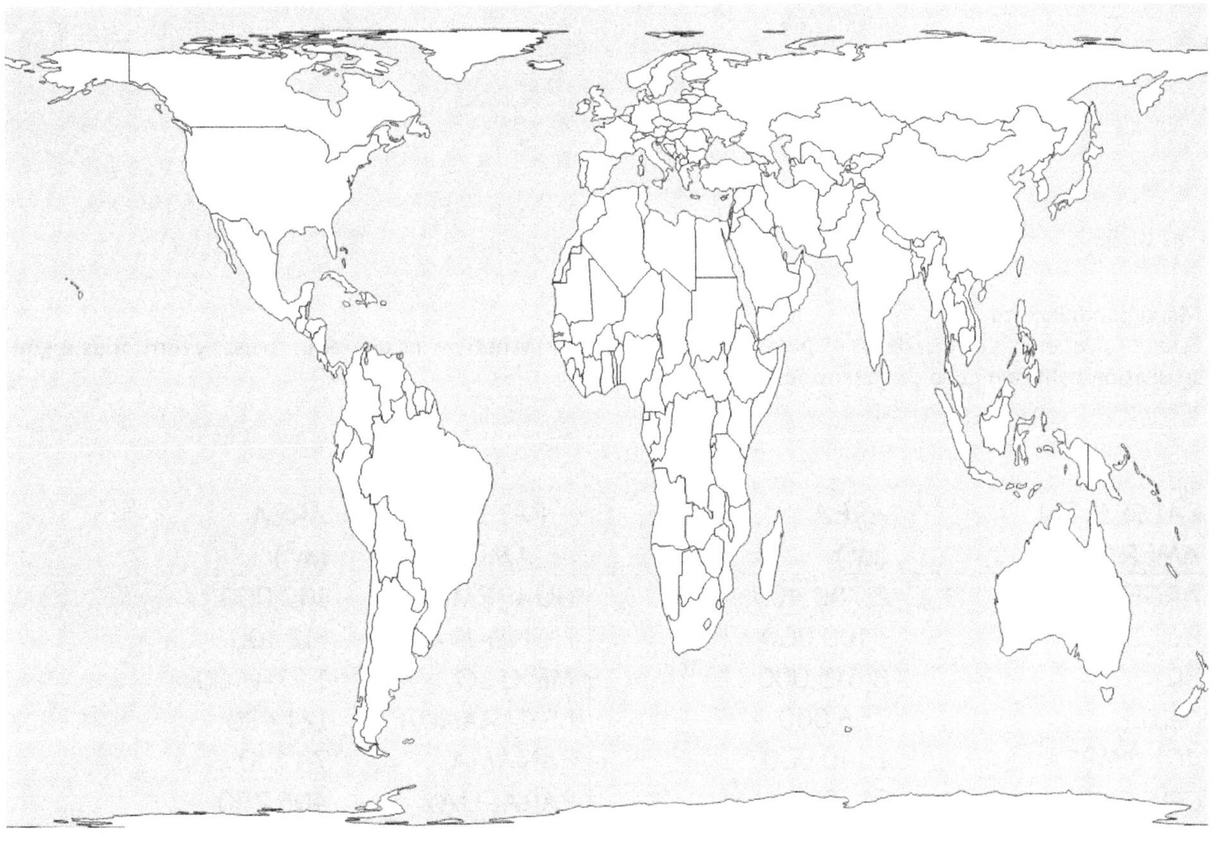

Mapa Gall-Peters

Este es un mapa usando el área (superficie) de cada país como representación de su tamaño actual.
Es una proyección más exacta del Mapa Global.

¿Logras observar algunas diferencias?

Para empezar, se logra notar los países un tanto más alargados verticalmente, y un tanto "distorsionados" con respecto al mapamundi político.

Algunos países alejados del eje ecuatorial suelen representarse un tanto más grandes en el mapamundi político, pero en realidad, te sorprenderá saber que algunos de esos países son mucho más pequeños de lo que creíamos inicialmente.

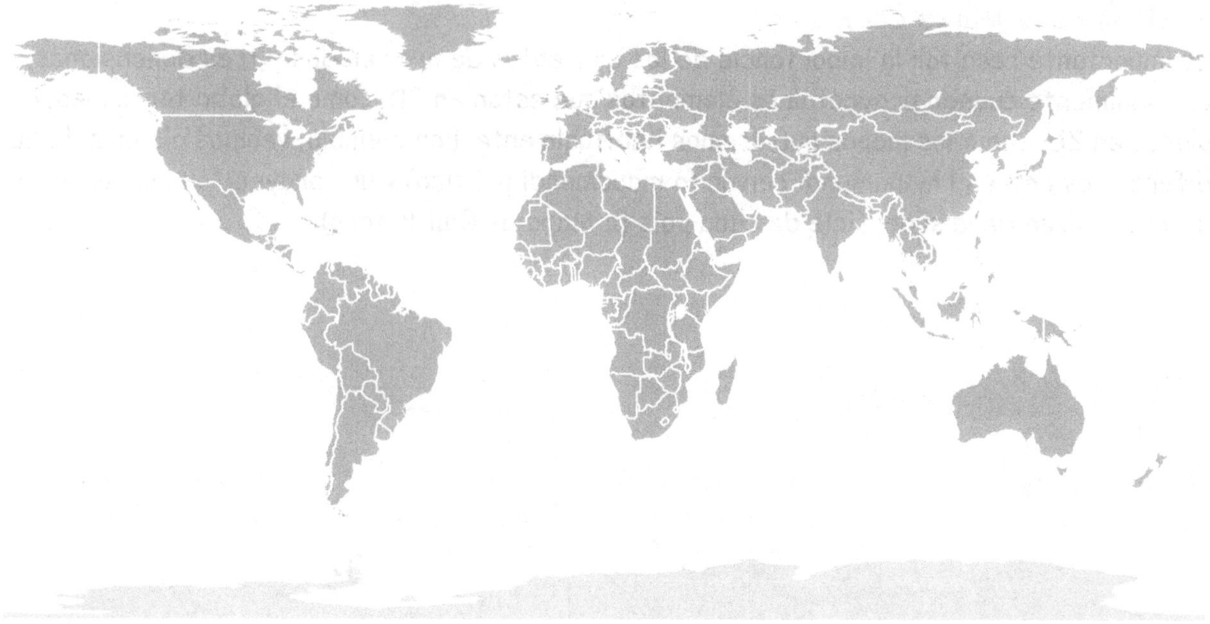

Mapamundi Político
Este es talvez el más común de los mapas globales. Nos ayuda a **identificar los diferentes países y territorios según su división política** mas no de su tamaño actual.

PAISES EN AMERICA	AREA (m^2)	PAISES DE AMERICA	AREA (m^2)
ARGENTINA	2,780,400	GUATEMALA	109,000
BOLIVIA	1,100,000	HONDURAS	112,100
BRASIL	8,515,000	MEXICO	1,970,000
CHILE	756,000	NICARAGUA	121,430
COLOMBIA	1,140,000	PANAMA	74,180
COSTA RICA	51,100	PARAGUAY	406,750
CUBA	110,000	PERU	1,285,000
ECUADOR	285,000	URUGUAY	175,000
EL SALVADOR	21,040	VENEZUELA	915,000
ESTADOS UNIDOS	9,160,000	CANADA	9,970,000

OTROS PAISES IMPORTANTES	AREA (m^2)	OTROS PAISES IMPORTANTE	AREA (m^2)
ALEMANIA	357,376	**INDIA**	3,287,263
ARABIA SAUDITA	2,149,690	**INGLATERRA**	130,395
CHINA	9,596,960	**ISRAEL**	22,145
FRANCIA	643,801	**ITALIA**	301,340
HOLANDA	41,540	**JAPON**	377,915

Capítulo 4: Estadística y Probabilidad

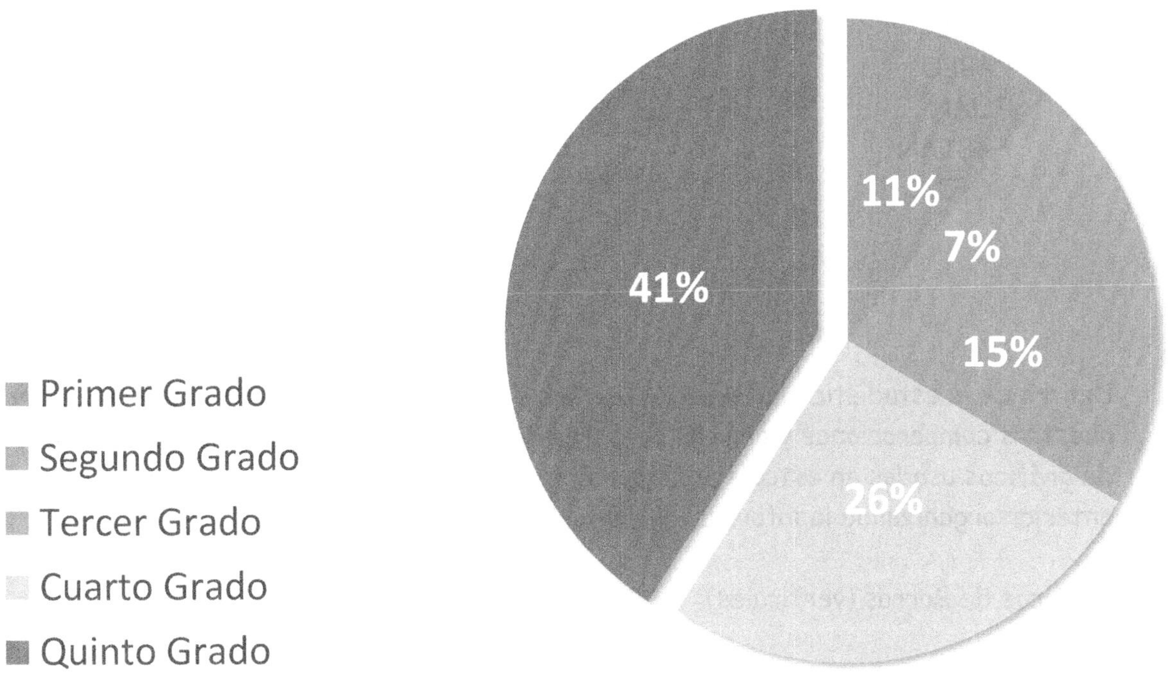

Analizar datos nos ayuda a visualizar oportunidades futuras

Capítulo 4: Estadística y Probabilidad

4.1. ¿Qué es la Estadística?

Estadística es una rama de las matemáticas en la que se comparan grupos de números. La estadística incluye recolectar, organizar e interpretar datos, con el fin de llegar a conclusiones a partir de los datos numéricos extraídos. Por ejemplo, en nuestro equipo de futbol, podríamos usar la estadística para identificar ciertos patrones dentro de nuestro equipo, y como es el rendimiento de algún jugador en particular, veamos:

	FALTAS RECIBIDAS	TIROS A PUERTA	ASISTENCIAS	GOLES
JOSE	2	2	1	1
PABLO	4	3	2	0
JUAN	7	5	4	1
FABIAN	1	2	1	0
SOFIA	1	4	3	2
			TOTAL	**4**

Dentro de la estadística usualmente usamos diferentes tipos de gráficos para hacer nuestras comparaciones y análisis de datos. Más adelante veremos más acerca de los tipos de gráficas usados en estadísticas, por el momento, continuemos con nuestro ejemplo anterior organizando la información en varios tipos de graficas:

Gráficos de Barras (verticales)

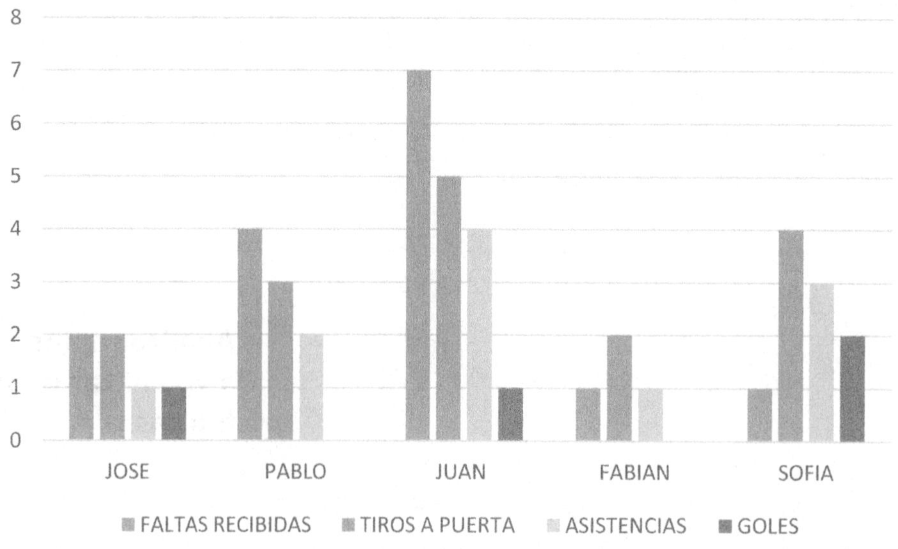

Gráficos de Barras (horizontales)

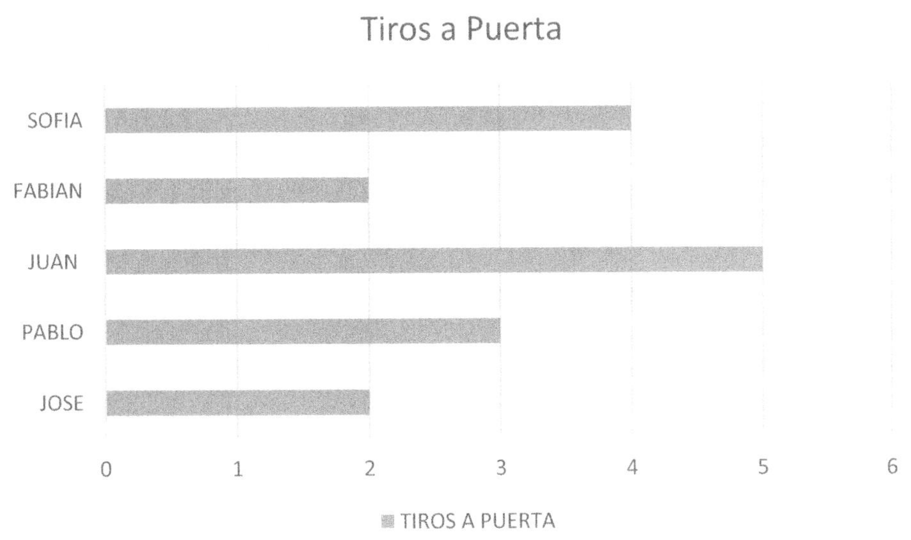

Gráficos en 3D (tres dimensiones) o de Radar

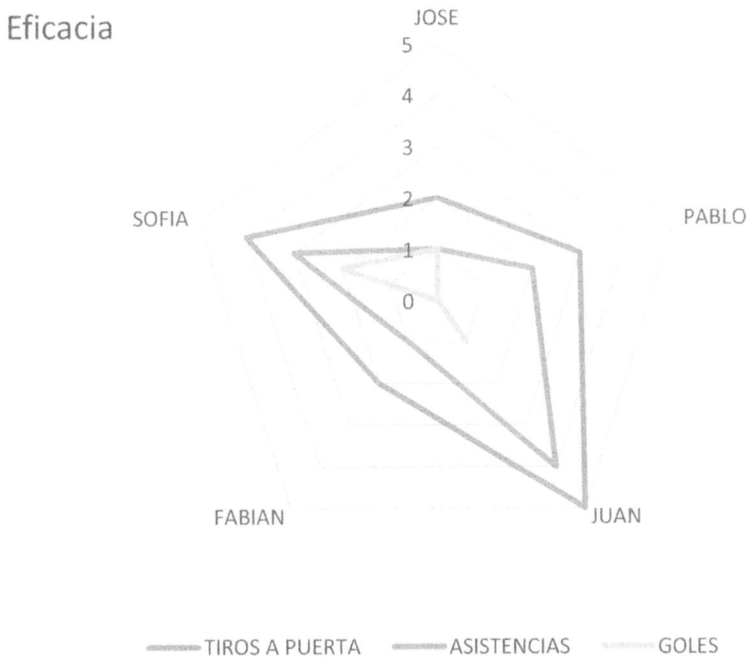

Gráficos de "pastel" o circulares

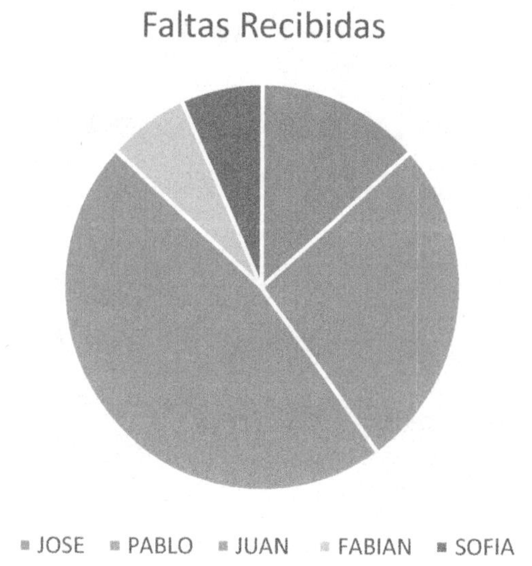

Gráficos de Líneas

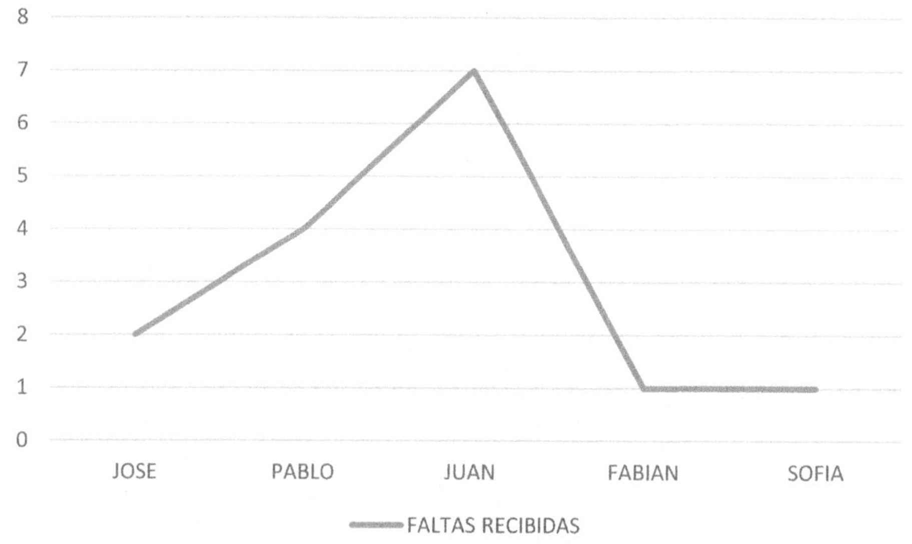

¿Qué les parece?

En cierta forma es hasta divertido jugar con los diferentes tipos de graficas hasta encontrar la que mejor representa la información deseada, o parte de la información que hemos decidido analizar. Por ejemplo, estas dos últimos gráficos, lineal y circular, están representando la misma información. ¿Pero cuál será la más adecuada?...

Compartamos nuestras ideas en clase y veamos que ambas podrían ser usadas, dependiendo de qué tipo de información deseamos presentar, y teniendo en cuenta a quien se la vamos a presentar (o audiencia).

4.1.1. El Lenguaje de las Estadísticas

El rango, la mediana, el modo y la media son las herramientas básicas de la estadística.

Rango es la diferencia entre el mayor y el menor número en un conjunto de datos.

	FALTAS RECIBIDAS	TIROS A PUERTA	ASISTENCIAS	GOLES
JOSE	2	2	1	1
PABLO	4	3	2	0
JUAN	7	5	4	1
FABIAN	1	2	1	0
SOFIA	1	4	3	2
			TOTAL	**4**

Por ejemplo, el rango de "tiros a puerta" de 2 a 5.

La **mediana** es el número medio de un conjunto de datos. Para encontrar la mediana, los números deben estar ordenados de menor a mayor. El número en el medio es la mediana.

	FALTAS RECIBIDAS	TIROS A PUERTA	ASISTENCIAS	GOLES
JOSE	2	2	1	1
FABIAN	1	2	1	0
PABLO	4	3	2	0
SOFIA	1	4	3	2
JUAN	7	5	4	1
			TOTAL	**4**

En este caso, hemos ordenado los datos basados en la columna de "tiros a puerta", y así la mediana será igual a 3.

En otros casos en donde el conjunto de datos es un numero par, la mediana se expresa normalmente como números intermedios. A veces la mediana se expresa como el promedio de los dos números medios.

Modo es el número que aparece más a menudo en un conjunto de datos. Algunos conjuntos de datos no tienen modo, mientras otros conjuntos tienen dos o más modos.

	FALTAS RECIBIDAS	TIROS A PUERTA	ASISTENCIAS	GOLES
JOSE	2	2	1	1
PABLO	4	3	2	0
JUAN	7	5	4	1
FABIAN	1	2	1	0
SOFIA	1	4	3	2
Modo:	1	2	1	1

La **media** es el número promedio en un conjunto de datos. Dicho promedio debemos calcularlo como lo vimos anteriormente (véase Sección 1.17 Aproximaciones y Redondeo).

	FALTAS RECIBIDAS	TIROS A PUERTA	ASISTENCIAS	GOLES
JOSE	2	2	1	1
PABLO	4	3	2	0
JUAN	7	5	4	1
FABIAN	1	2	1	0
SOFIA	1	4	3	2
Suma:	15	16	11	4
Jugadores:	5 (división)	5	5	5
Media:	3	3.2	2.2	0.8

4.2. ¿Qué es Probabilidad?

La Probabilidad es una de las ramas de la matemática que estudia ciertos experimentos regidos por el azar, llamados aleatorios, en los que se conocen todos los resultados posibles, pero no es posible tener certeza de cuál será el resultado en particular del experimento.

Probabilidad significa el chance de que algo suceda. En matemáticas, la probabilidad es un número que se utiliza para describir esa probabilidad. El número siempre será un valor entre cero y uno. Cero significa cero probabilidades de que se de ese resultado, y Uno significa que es seguro que sucederá. Cuanto más cerca la probabilidad es a 1, mayor es la probabilidad de que algo suceda.

Pero si se trata de lanzar una moneda al aire, una de dos cosas resultará: cara o sello. Tanto un resultado de cara como un resultado de sello son posibles, por lo que la probabilidad es mayor que cero. Pero al mismo tiempo, no tendremos certeza de obtener cara en cada intento, por lo que la probabilidad ha de ser menor que uno. De hecho, la probabilidad de que salga cara es una oportunidad entre dos posibles resultados, es decir 1:2 (1/2) o 50%.

4.2.1. El lenguaje de la Probabilidad

La probabilidad se expresa de dos maneras: en proporciones o porcentajes. (véase Sección 1.16. Porcentajes y Proporciones)

1:2, (1/2) o 50%

"es una oportunidad entre dos posibles resultados"

1:7, (1/7) o 14.3%

"es una oportunidad entre siete posibles resultados"

1:12, (1/12) o 8.3%

"es una oportunidad entre doce posibles resultados"

4.2.2. Diferencia entre Probabilidad y las Estadísticas

Como mencionamos anteriormente, si lanzamos una moneda al aire, la probabilidad de que salga cara es 1:2. En los términos de apostadores, es una apuesta 50/50. (El término 50/50 significa 50% probabilidad). Se tienen las mismas posibilidades de obtener caras o sellos en cada lanzamiento de la moneda.

Apostar y Perder

Digamos que has apostado a caras en cincuenta lanzamientos de monedas, pero cada vez que la moneda es lanzada, obtenemos sellos. ¿Cuál es la probabilidad de que obtengas caras en el lanzamiento numero 51? La probabilidad no cambia, no importa cuántas veces lanzas la moneda. Cada lanzamiento de monedas tiene una probabilidad de 1:2 tanto para caras como para sellos.

¿Por qué el dilema en las apuestas?

Muchas personas creen que su posibilidad de lanzar caras mejora después de una larga cadena de sellos. De hecho, la probabilidad de que la moneda caiga de cara o sello no son mayores que en el primer lanzamiento, 1:2, o 50%. Pero esta creencia ilustra la diferencia entre la probabilidad y estadísticas.

Las estadísticas a veces se confunden con la probabilidad, creando este dilema de los apostadores. Hagamos un ejercicio en clase o en nuestras casas:

1. Tire una moneda al aire cincuenta veces.
2. Anote cada resultado.
3. Luego examine sus datos:
4. Compare el número de veces que recibió caras con la mediana de 50 (mediana = 25)
5. Compare el número de veces que recibió caras con la media de 50 (media = 25)
6. Tanto la media como la mediana sugieren que las caras deberían salir 25 veces, ¿cierto?

Regresemos a nuestro apostador-perdedor: Los 50 lanzamientos de monedas no han producido un resultado de caras, incluso cuando las estadísticas sugieren que deberían haber salido unas 25 veces. Recuerde, lo importante es saber que la probabilidad de obtener caras (o sellos) en cualquier lance de la moneda sigue siendo 1 en 2.

4.3. Gráficas (y su uso en Estadísticas)

4.3.1. Diagramando la Información

Un gráfico es una especie de dibujo o diagrama que muestra datos, o información, usualmente usando números. Para hacer un gráfico, primero debemos obtener los datos.

Las funciones básicas de los gráficos son:

Hacer visibles los datos que representa
Mostrar los posibles cambios de esos datos en el tiempo y en el espacio
Evidenciar las relaciones que pueden existir en los datos que representa
Sistematizar y sintetizar los datos
Aclarar y complementar las tablas y las exposiciones teóricas o cuantitativas

Cuadrícula para Gráficos

Muchos gráficos muestran información sobre una malla cuadriculada. Dicha malla se compone de líneas que se intersectan para crear un patrón de cuadricula. La línea inferior de la malla también se denomina eje horizontal (o eje x) y la línea vertical a la izquierda o a la derecha se denomina eje vertical (o eje y).

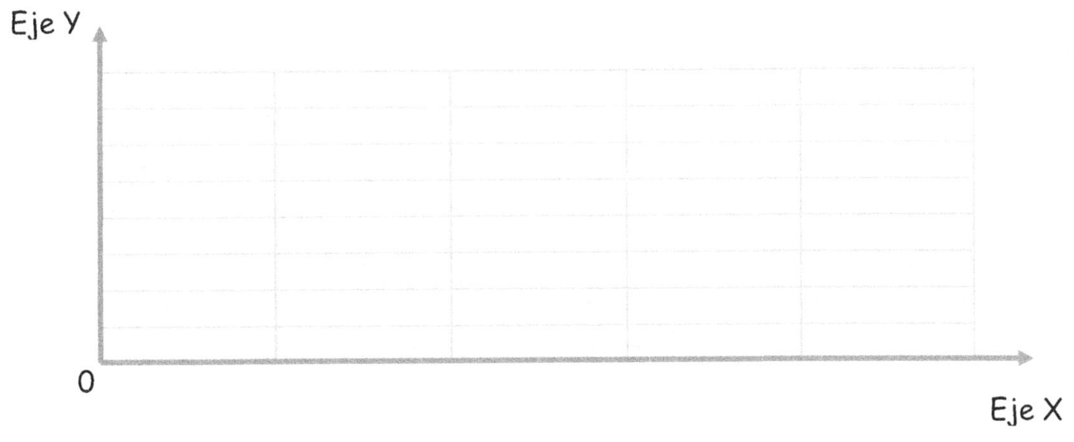

Como localizar y dibujar información en la cuadrícula

Un punto en una cuadrícula se localiza usando un **par ordenado**. Un par ordenado enumera tanto la posición en el eje horizontal, como en el eje vertical. Los pares ordenados son siempre escritos en paréntesis (x,y). Por ejemplo, el siguiente par ordenado describe el punto J como el punto en coordenadas (4,3).

Para trazar o localizar puntos en una cuadrícula, primero, en el eje horizontal, localice el punto de acuerdo a su distancia desde cero, 0, el cuales 4 espacios en el ejemplo anterior. Luego mueva el punto verticalmente hasta identificar el número apropiado de unidades en el eje vertical, o 3 unidades en el ejemplo (4,3).

Los puntos situados en la misma rejilla se denominan puntos de coordenadas o **coordenadas**.

4.3.2. Tipos de Gráficas

4.3.2.1. Gráficas de Barras

Los gráficos de barras se utilizan para comparar datos. Pueden ser simples o complejas. Un simple gráfico de barras puede hacerse complejo añadiendo datos. Veamos algunos ejemplos,

El consejo estudiantil de la escuela realizó un concurso de ciencia y tecnología, y decidió representar el número de proyectos de la siguiente manera:

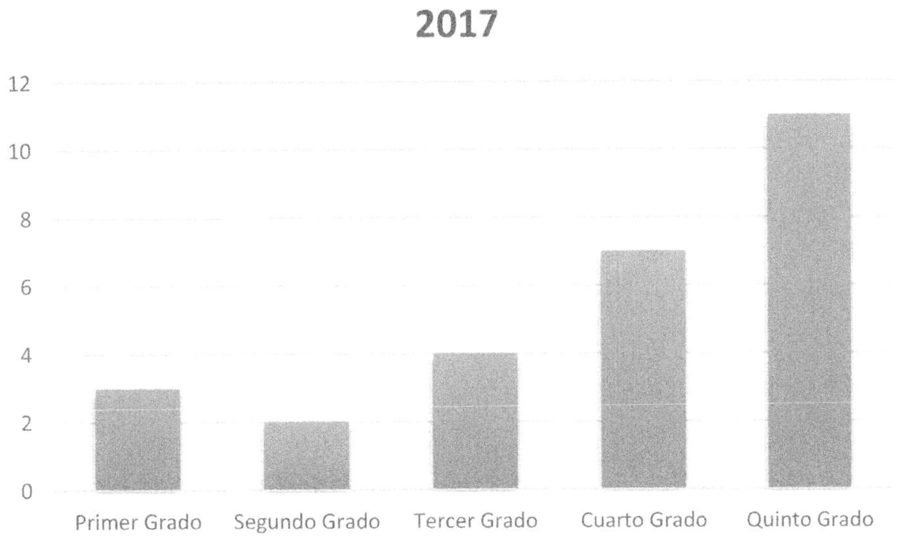

Pero si añadimos los datos de varios años consecutivos...

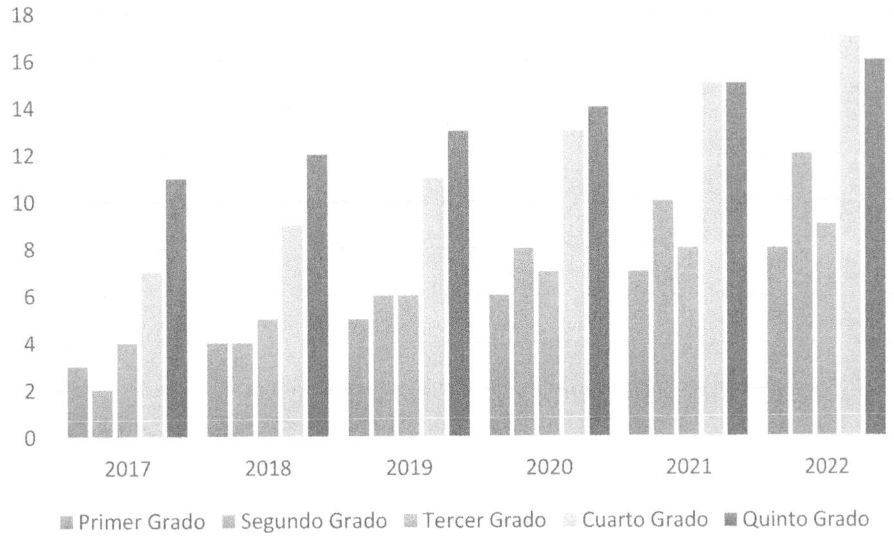

nuestra gráfica se va complicando cada vez más.

4.3.2.2. Pictogramas (o uso de Imágenes Gráficas)

Los pictogramas son gráficos que utilizan imágenes o iconos para mostrar los datos. Usualmente se utilizan para mostrar datos en un espacio pequeño. Pictografías, al igual que las gráficas de barras, se pueden usar para comparar datos.

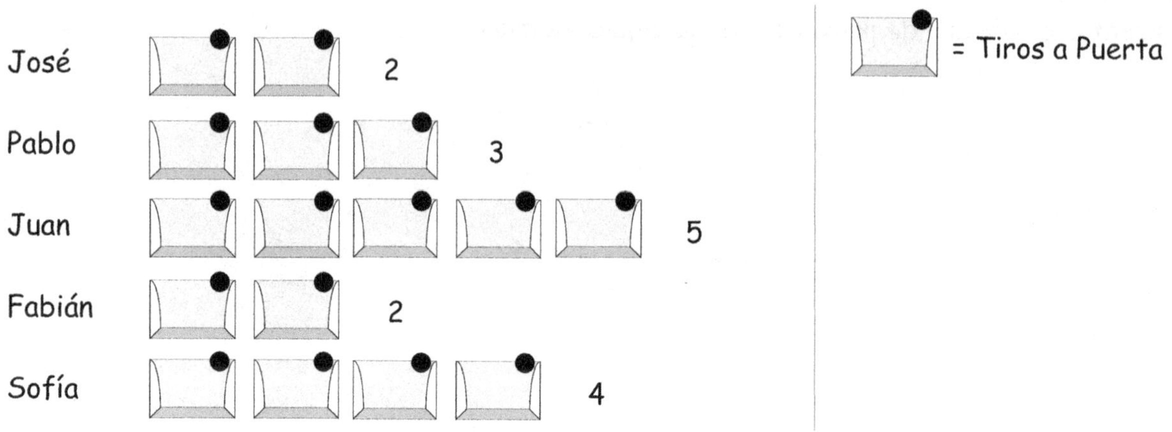

Dado que los pictogramas utilizan iconos, también deben incluir las definiciones de dichos iconos. Estos iconos también pueden describir cantidades diferentes a 1, por ejemplo:

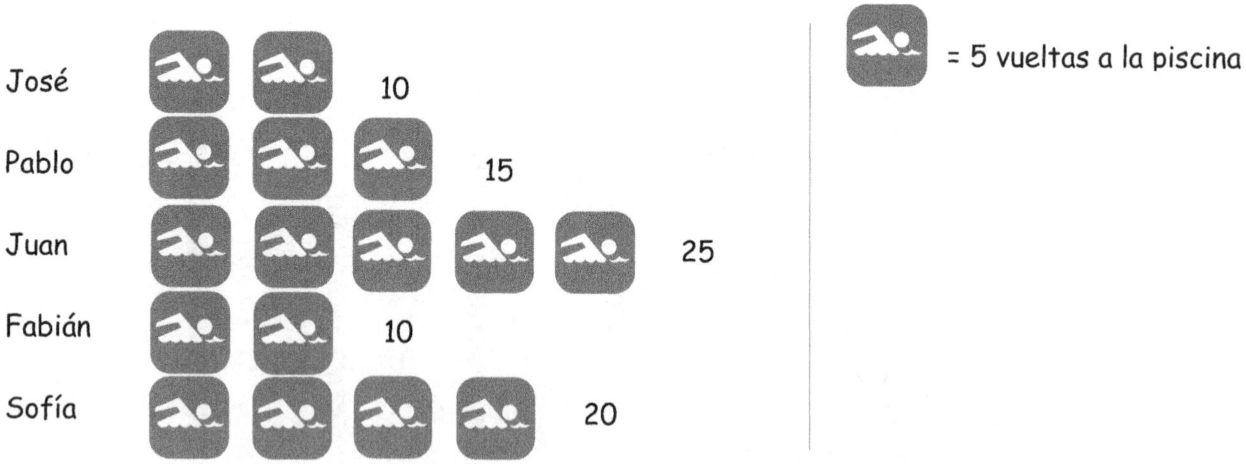

4.3.2.3. Gráficas de Líneas

Los gráficos de líneas, a diferencia de los gráficos de barras y las pictográficos, muestran cambios graduales en los datos, usualmente cambios en intervalos de tiempo.

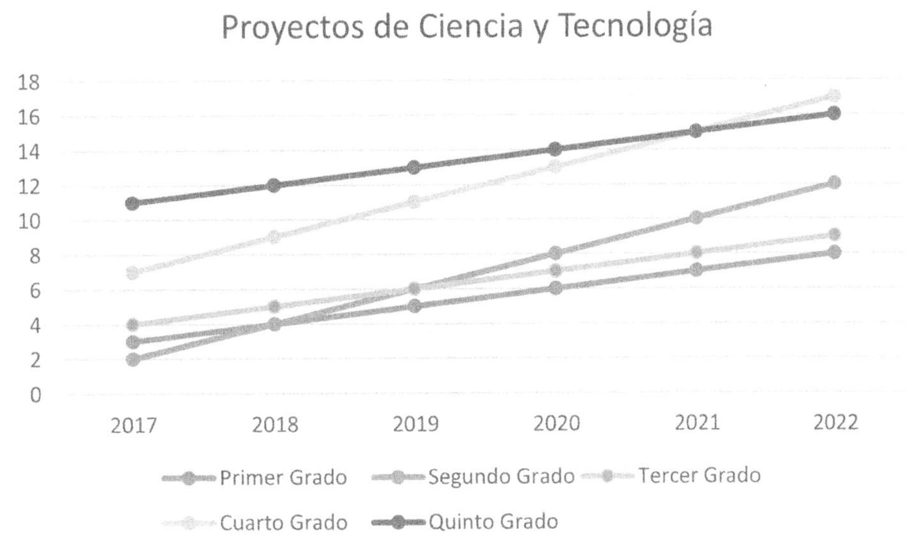

O, la misma información (datos) en otra forma lineal.

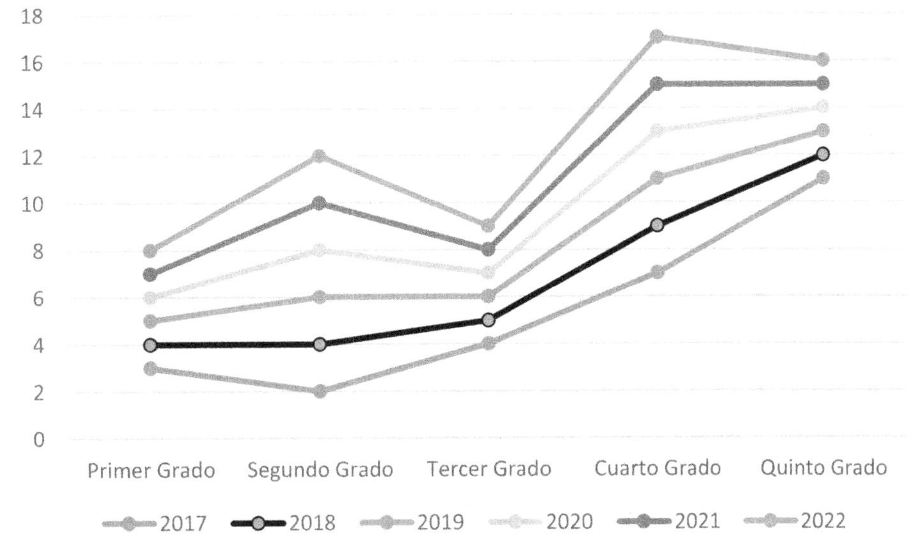

En ambas graficas se logra apreciar el aumento que han tenido el número de proyectos por año, dentro de cada uno de los cursos o grados académicos.

4.3.2.4. Gráficas Circulares (de Circunferencias, o de "pastel")

Los gráficos circulares son también conocidos como gráficos de "pastel" o gráficos circulares. Los gráficos circulares consisten de un círculo dividido en partes, en donde dichas partes representan las diferentes proporciones, cantidades, tamaños, o números de los diversos datos. Por ejemplo:

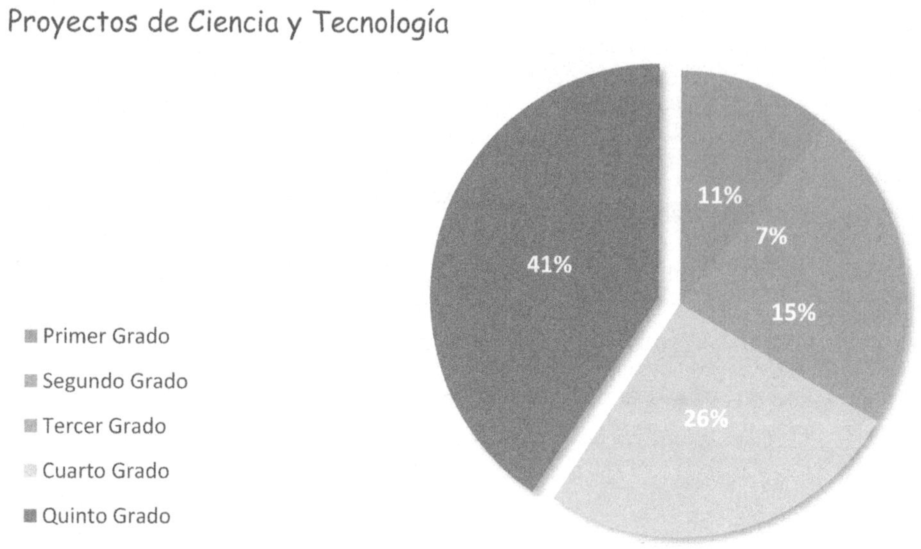

Y pueden ser en 2D (dos dimensiones) o 3D...

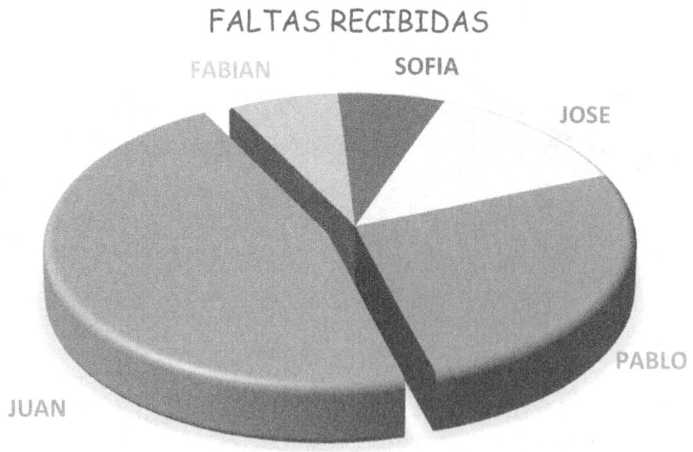

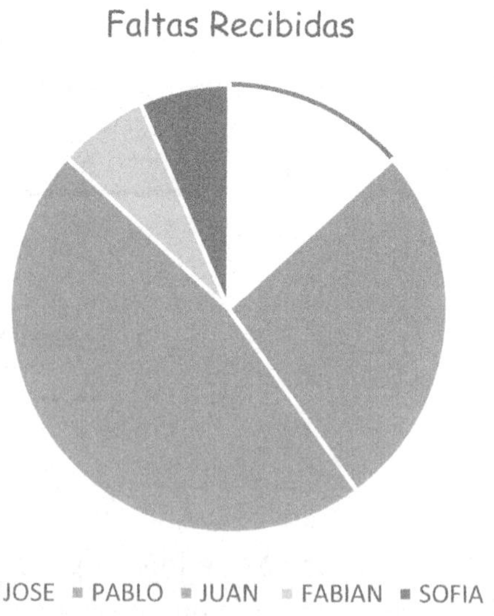

Capítulo 5: Dinero y Sistemas Monetarios

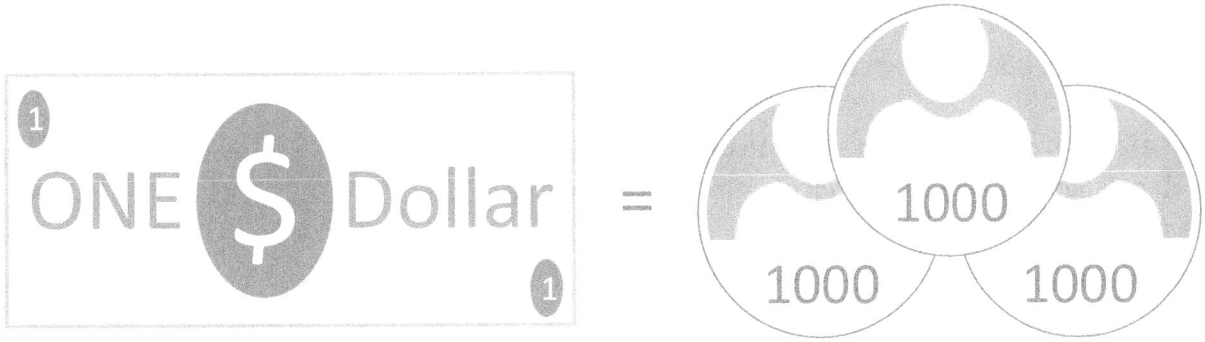

Aquello que realmente nos enriquece como seres humanos, no tiene un valor material. Se Feliz.

Capítulo 5: Dinero y Sistemas Monetarios

5.1. Dinero y Moneda

El **dinero** es todo lo que se puede cambiar por otra cosa. Si usted negocia una mano de pescado por saco de papa y dos libras de carne, usted está usando la mano de pescado como dinero.

Moneda (o sistemas monetarios) es el conjunto de monedas y billetes emitidos por un gobierno para ser utilizado como dinero. ¡Pero cuidado! No todo el dinero es moneda.

Y ya antes de que las monedas y los billetes se convirtieran en moneda, los seres humanos utilizaron una variedad de artículos como dinero. Tanto discos de piedra, pieles, cuentas y plumas fueron usadas como monedas, hasta cuando se crearon las monedas. Las cuales fueron valoradas en relación a los antiguos artículos que podían comprarse con esas monedas.

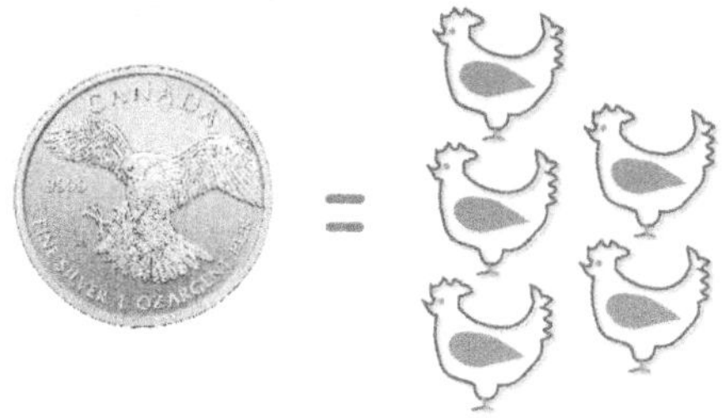

Por ejemplo: si una moneda de plata compraba 5 gallinas, y 15 gallinas compraban una vaca; entonces 3 monedas de plata compraban una vaca.

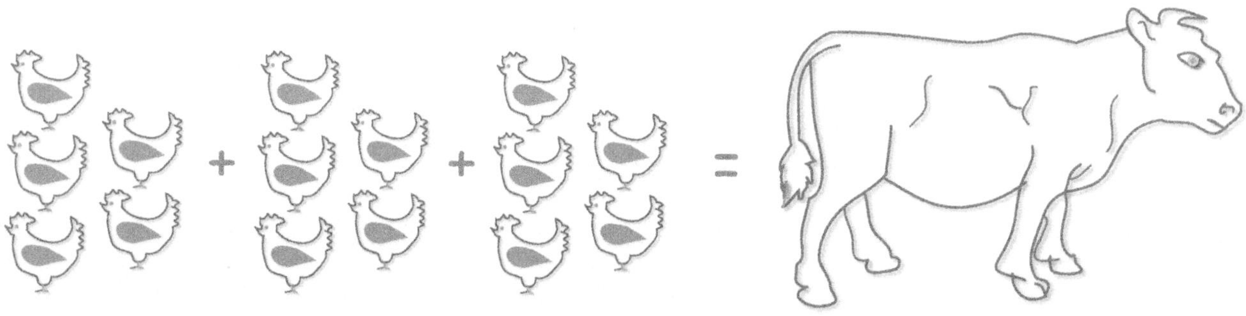

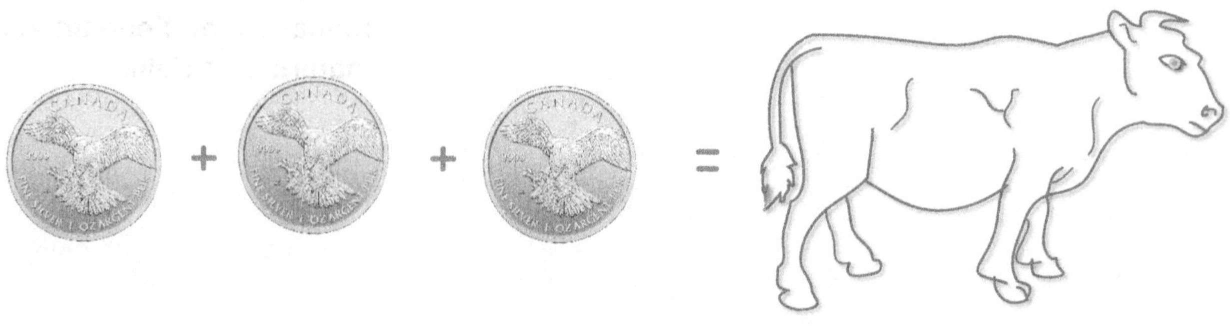

5.2. Sistema Monetario Internacional

La mayoría de los sistemas monetarios en el mundo han sido creado en base decimal. Eso significa que podemos sumar, restar, dividir y multiplicar el dinero de la misma manera que hacemos cualquier decimal (véase Sección 1.15. Decimales y Fracciones Decimales).

Actualmente el sistema económico mundial se basa en la moneda estadounidense, el **dólar americano (US$)**, o simplemente denominado, **dólar**.

El dólar usa 4 monedas básicas:

La de 25 centavos (o Quarters)

La de 10 centavos (o Dimes)

La de 5 centavos (o Nickels)

La de 1 centavo (o Pennies)

El punto decimal separa los dólares de los centavos, que se cuentan como décimas y centésimas.

Por ejemplo:
US$3.25 equivale a
US$3.00 (3 dólares) más **25¢** (25 centavos)
o, 3 billetes de **US$1** más 1 moneda de **25¢**

US$7.68 equivale a
US$7.00 más **50¢** (o, 2 x **25¢**) más **10¢** más **5¢** más **3¢** (o, 3 x **1¢**)

Ahora bien, podemos usar 7 billetes de US$1 dólar o... una combinación de 1 billete de US$5 más 2 billetes de US$1.

En circulación limitada se pueden encontrar monedas de 50 centavos (50¢ o medio dólar) y monedas de 1 dólar (**US$1** o dólar dorado)

En un gráfico de unidades, el dólar tiene el valor de uno y los demás valores pueden expresarse de la siguiente manera:

US$3.25	CIENTOS (DOLARES)	PUNTO DECIMAL (.)	DECIMALES (DIMES)	UNIDADES (PENNIES)
UN DÓLAR x	**3**	**.**	**0**	**0**
DIEZ CENTAVOS x			**2**	**0**
UN CENTAVO x				**5**

US$7.68	CIENTOS (DOLARES)	PUNTO DECIMAL (.)	DECIMALES (DIMES)	UNIDADES (PENNIES)
UN DÓLAR x	**7**	**.**	**0**	**0**
DIEZ CENTAVOS x			**6**	**0**
UN CENTAVO x				**8**

Además del billete de Un Dólar (US$1), el dólar estadounidense tiene las siguientes denominaciones (o valores):

Aunque el billete de 2 dólares fue una edición limitada y muy poco usada comercialmente.

Cuando escribimos las cantidades de dinero usando el signo de dólar, **US$** o simplemente **$**, se escribe de la misma forma en que se escriben números decimales (o notación decimal).

Existe un signo de separado para identificar los centavos, **¢**
Pero este signo de los centavos no utiliza la notación decimal.
Así que, si usted tiene que agregar centavos a dólares,
se tiene que cambiar la notación de centavos a dólares.

Por ejemplo: **15¢ = $0.15**

Y para adicionar 15¢ a $3.72, entonces debemos convertir los **¢** a su forma decimal, y luego realizar la suma de fracciones:

15¢ + $3.72 = $0.15 + $3.72 = $3.87

$$\begin{array}{r} \$0.15 \\ +\ \$3.72 \\ \hline \$3.87 \end{array}$$

¢	$
1¢	$0.01
2¢	$0.02
3¢	$0.03
4¢	$0.04
5¢	$0.05
10¢	$0.10
25¢	$0.25
50¢	$0.50
100¢	$1.00

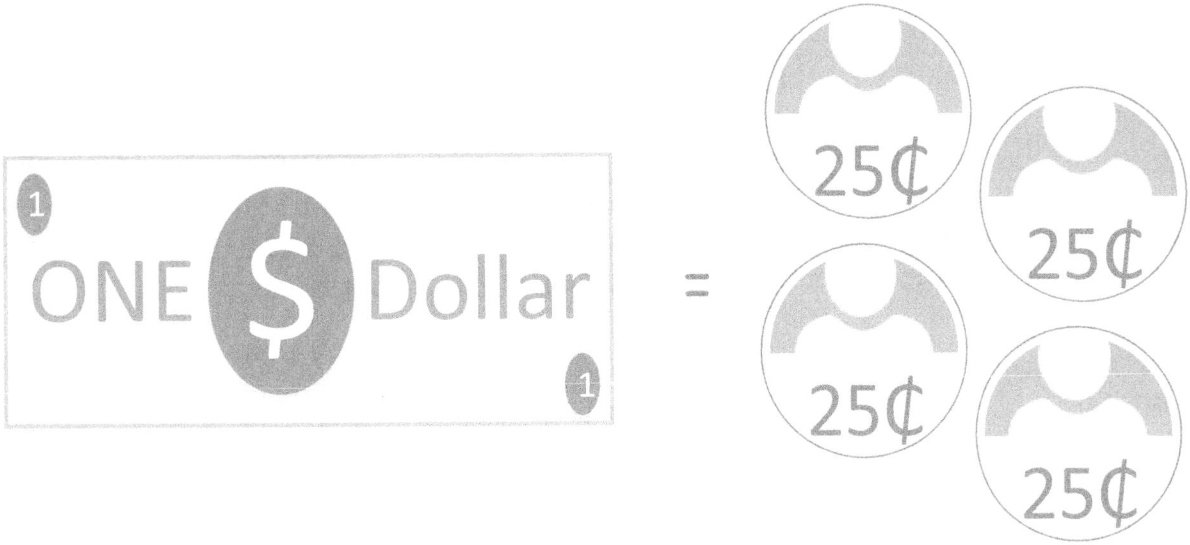

5.3. Monedas en otros Países

Como forma de guía podemos usar las siguientes equivalencias:

PAISES DE AMERICA	MONEDA	EQUIVALENTE EN DOLARES	1US$ =
ANTIGUA Y BARBUDA	Dólar del caribe Oriental	US$0.37	2.7 XCD
ARGENTINA	Peso Argentino	US$0.0574	17.41 ARS
BAHAMAS	Dólar Bahameño	US$1.00	1 BSD
BARBADOS	Dólar de Barbados	US$0.5	2 BBD
BELICE	Dólar Beliceño	US$0.5	2 BZD
BOLIVIA	Boliviano	US$0.1447	6.91 BOB
BRASIL	Real Brasileño	US$0.3144	3.18 BRL
CANADA	Dólar Canadiense	US$0.8	1.25 CAD
CHILE	Peso Chileno	US$0.0016	625.10 CLP
COLOMBIA	Peso Colombiano	US$0.000342	2,922.59 COP
COSTA RICA	Colón Costarricense	US$0.00175	570.04 CRC
CUBA	Peso Cubano	US$1.00	1 CUC
DOMINICA	Dólar del caribe Oriental	US$0.37	2.7 XCD
ECUADOR	Dólar Estadounidense	US$1.00	1 USD
EL SALVADOR	Dólar Estadounidense	US$1.00	1 USD
ESTADOS UNIDOS	Dólar Estadounidense	US$1.00	1 USD
GRANADA	Dólar del caribe Oriental	US$0.37	2.7 XCD
GUATEMALA	Quetzal	US$0.0136	7.34 GTQ
GUAYANA	Dólar Guyanés	US$0.0048	206.54 GYD
HAITI	Gourde	US$0.0157	63.52 HTG
HONDURAS	Lempira	US$0.0426	23.47 HNL
JAMAICA	Dólar Jamaicano	US$0.00784	127.49 JMD
MEXICO	Peso Mexicano	US$0.053	18.83 MEX
NICARAGUA	Córdoba	US$0.0328	30.49 NIO
PANAMA	Balboa y el Dólar Estadounidense	US$1.00	1 PAD/USD
PARAGUAY	Guaraní	US$0.00018	5,649.98 PYG
PERU	Nuevo Sol	US$0.3086	3.24 PEN
REPUBLICA DOMINICANA	Peso Dominicano	US$0.0209	47.83 DOP
SAN CRISTOBAL Y NIEVES	Dólar del caribe Oriental	US$0.37	2.7 XCD
SAN VICENTE Y LAS GANADINAS	Dólar del caribe Oriental	US$0.37	2.7 XCD
SANTA LUCIA	Dólar del caribe Oriental	US$0.37	2.7 XCD
SURINAM	Dólar Surinamés	US$0.134	7.45 SRD
TRINIDAD Y TOBAGO	Dólar Trinitense	US$0.148	6.75 TTD
URUGUAY	Peso Uruguayo	US$0.0338	29.56 UYU
VENEZUELA	Bolívar	US$0.0988	10.12 VEF

Importante:

1. La tasa de cambio entre las monedas cambia diariamente dependiendo de múltiples factores en los mercados internacionales.
2. Los países listados en azul, son los considerados países latinoamericanos.

¿Cómo podemos usar esta tabla?

Por ejemplo, para cambiar un dólar estadounidense a pesos colombianos, dividimos US$ 1 entre la tasa de cambio, US$0.000342, entonces US$1 = COP$ 2,922.59.

Para cambiar 100 pesos mexicanos a dólares estadounidenses, multiplicamos MEX$100 x US$0.053 = US$5.30 (o $5 y 30¢)

Otras monedas importantes incluyen:

PAIS	MONEDA	EQUIVALENTE EN DOLARES	1US$ =
ALEMANIA	Marco Alemán	US$0.581	1.72 DEM
ARABIA SAUDITA	Riyal Saudí	US$0.266	3.75 SAR
CHINA	Renminbi o Yuan	US$0.1508	6.63 CNY
FRANCIA	Euro	US$1.176	0.85 EUR
HOLANDA	Euro	US$1.176	0.85 EUR
INDIA	Rupia India	US$0.153	64.99 INR
INGLATERRA	Libra Esterlina	US$1.32	0.76 GBP
ISRAEL	Nuevo Shéquel Israelí	US$0.287	3.49 ILS
ITALIA	Euro	US$1.176	0.85 EUR
JAPON	Yen Japonés	US$0.00888	112.57 JPY

Importante:

1. Las tazas listadas en rojo, son aquellas que actualmente tienen un valor mayor al dólar estadounidense.

5.4. **Moneda Colombiana**

El Peso Colombiano usa actualmente las siguientes denominaciones (o valores):

Y las siguientes monedas:

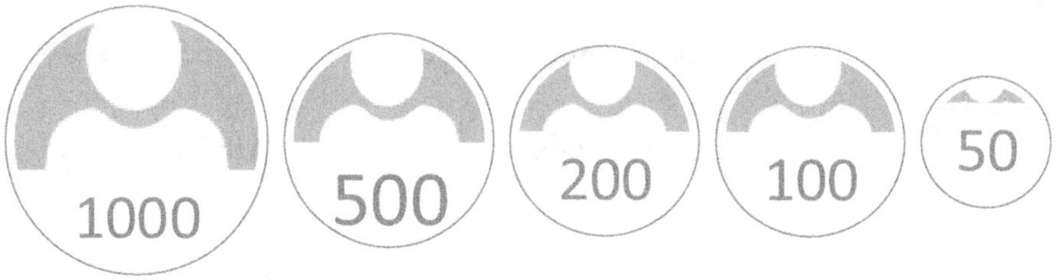

Equivalencia con respecto al Dólar Americano:

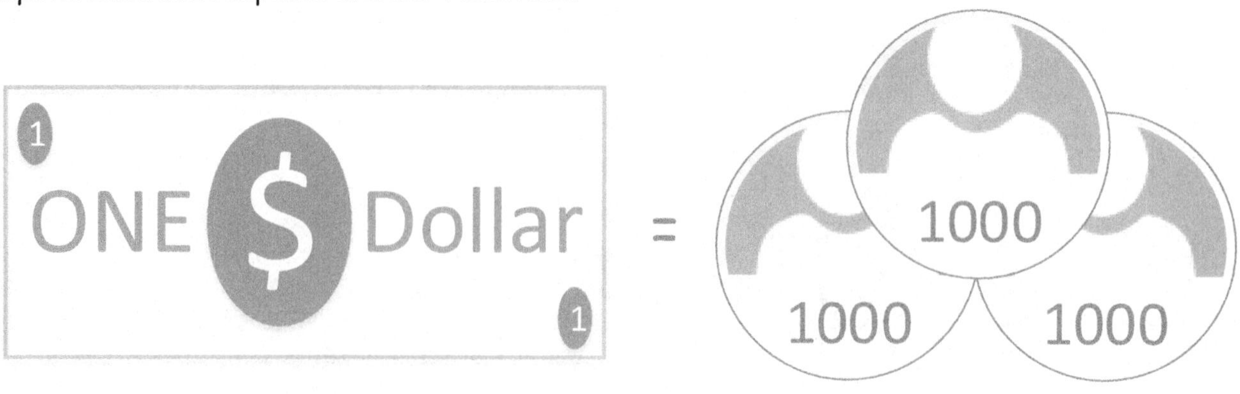

Capítulo 6: Ábaco, Calculadoras y Computadores

0 1 2 3 4 5 6 7 8 9

LATINO 01001100 01000001 01010100 01001001 01001110 01001111

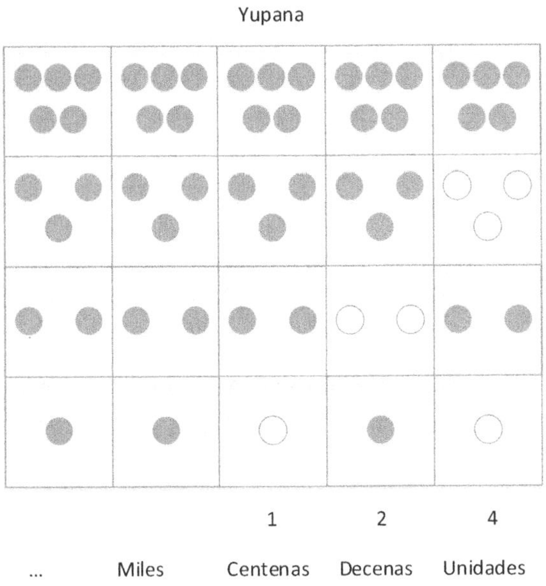

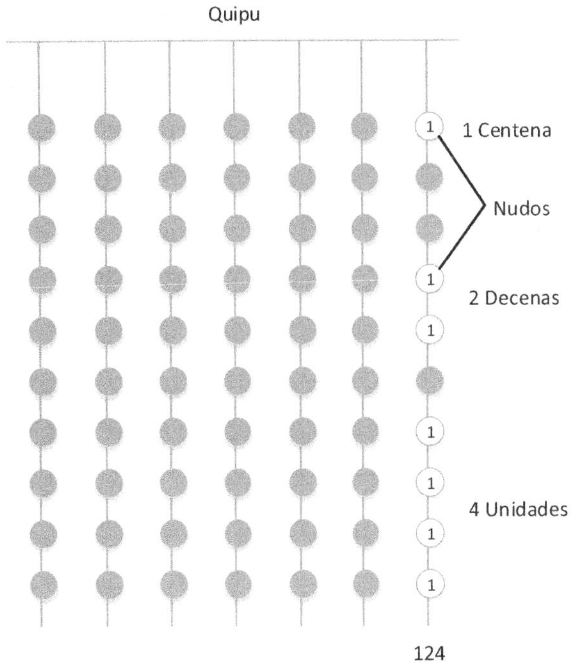

Reconocer y valorar nuestras culturas y lenguas, es parte de nuestra responsabilidad social

0 1 2 3 4 5 6 7 8 9

LATINO 01001100 01000001 01010100 01001001 01001110 01001111

Capítulo 6: Ábaco, Calculadoras y Computadores Modernos

6.1. Ábaco

Los ábacos son instrumentos aritméticos muy simples usados para realizar cálculos matemáticos como: sumas, restas, multiplicaciones, divisiones, extraer la raíz cuadrada o la raíz cubica. Los ábacos se consideran los precursores de la calculadora digital moderna y de las computadoras (o, ordenadores).

Establecer su origen exacto es complicado ya que varias culturas antiguas diseñaron sus propias versiones de ábacos, y muchas tablillas se han perdido a través del tiempo. El primer uso extendido del ábaco data de China, entre los siglos VIII y IX cuando se empezó popularizar su uso, debido a que el ábaco aumentó en gran medida la velocidad con la que los matemáticos podrían resolver problemas aritméticos. El ábaco pronto se hizo popular en todo el mundo, y aún sigue siendo usado en países orientales como China y Japón.

Existen varios tipos de ábacos, y analizaremos algunos de ellos más adelante.

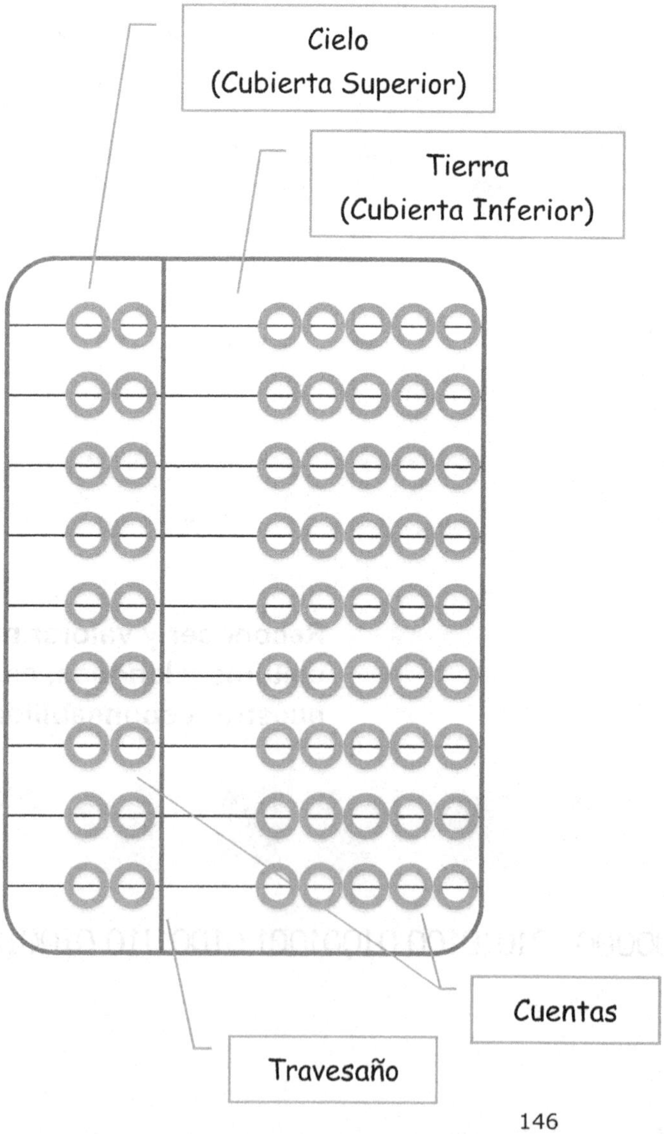

El ábaco normalmente consiste de 9 filas de cuentas ensartadas en un marco de alambres paralelos. Las cuentas están separadas por una barra transversal, formando 2 secciones llamadas "cielo" y "tierra" (o cubierta superior y cubierta inferior).

Hay dos cuentas en cada columna del cielo, y cada cuenta en el cielo tiene un valor de 5 unidades.

Así mismo, en cada columna de tierra, hay 5 cuentas. Cada cuenta en tierra tiene un valor de 1 unidad.

Cada columna de cuentas tiene un valor que aumenta con una potencia de 10, al igual que nuestro sistema decimal.

¿Cómo se usa el ábaco?

1. Usemos el Abaco Europeo como ejemplo. El ábaco europeo, a diferencia del oriental, organiza las bolas de forma horizontal, y por lo general están compuestos por **10 filas** de **10 bolas** dando un total de 100 bolas. Suelen ser de **diferentes colores** para que las personas que estén aprendiendo matemáticas puedan entender más claramente y visualmente el funcionamiento del ábaco.

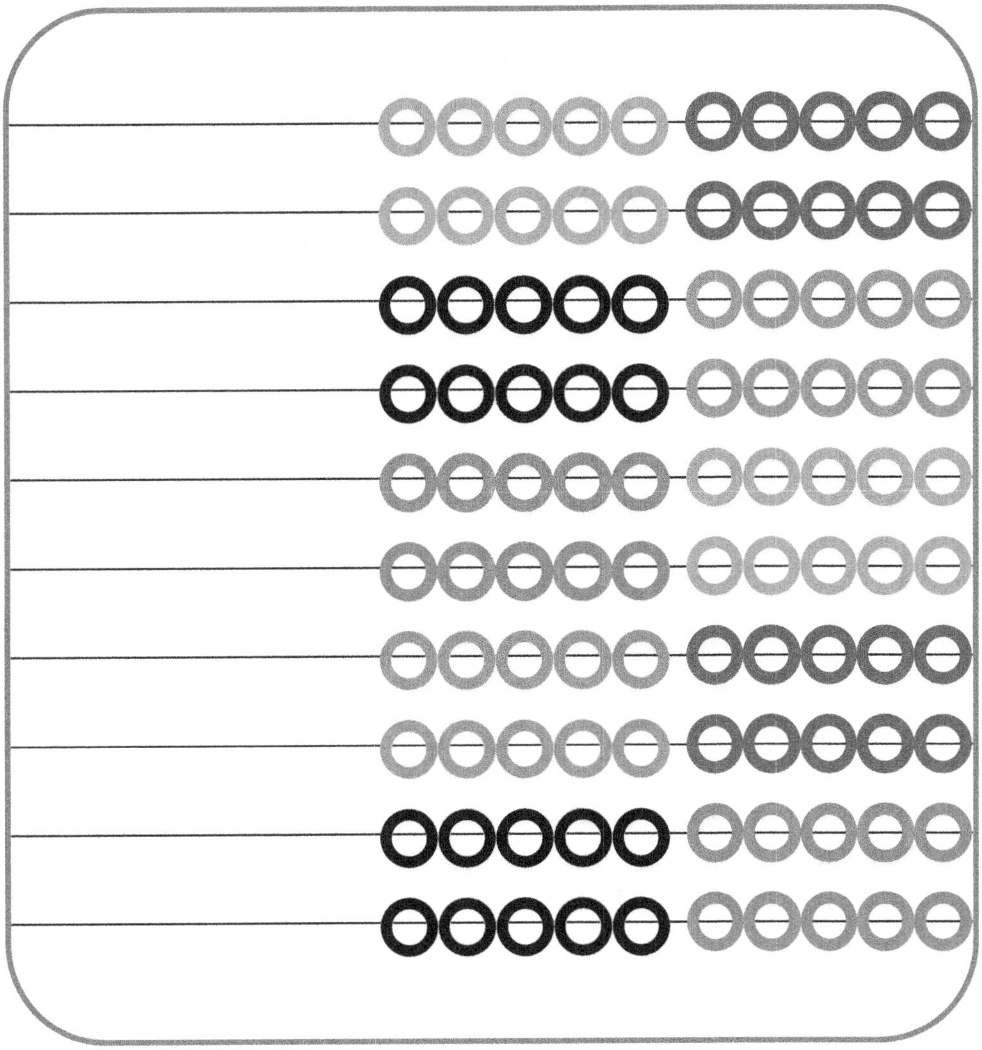

2. El ábaco más simple consta de un valor de 1 por cada cuenta, por lo tanto, lo único que haremos al mover las cuentas será sumar o restar.

3. Sin embargo, para cálculos más complejos se suelen dar otro tipo de valor a las cuentas aumentando así la capacidad de nuestros cálculos. Los números que se pueden llegar a contar en el ábaco en su forma más avanzada es de hasta diez billones distribuyendo los valores de este modo:

- Fila de abajo del todo: las cuentas tienen un valor de 1
- Segunda fila desde abajo: las cuentas valen 10 cada una
- Tercera fila desde abajo: cada cuenta vale 100
- Cuarta fila desde abajo: las cuentas tienen un valor de 1000
- Y así seguimos hasta la décima fila, hasta un valor de diez billones.

4. Para sumar con el ábaco tan solo tendremos que colocar todas las cuentas hacia la izquierda y, cuando queramos sumar, tendremos que ir moviendo las cuentas hacia la derecha, de este modo, será muy fácil poder calcular el total.

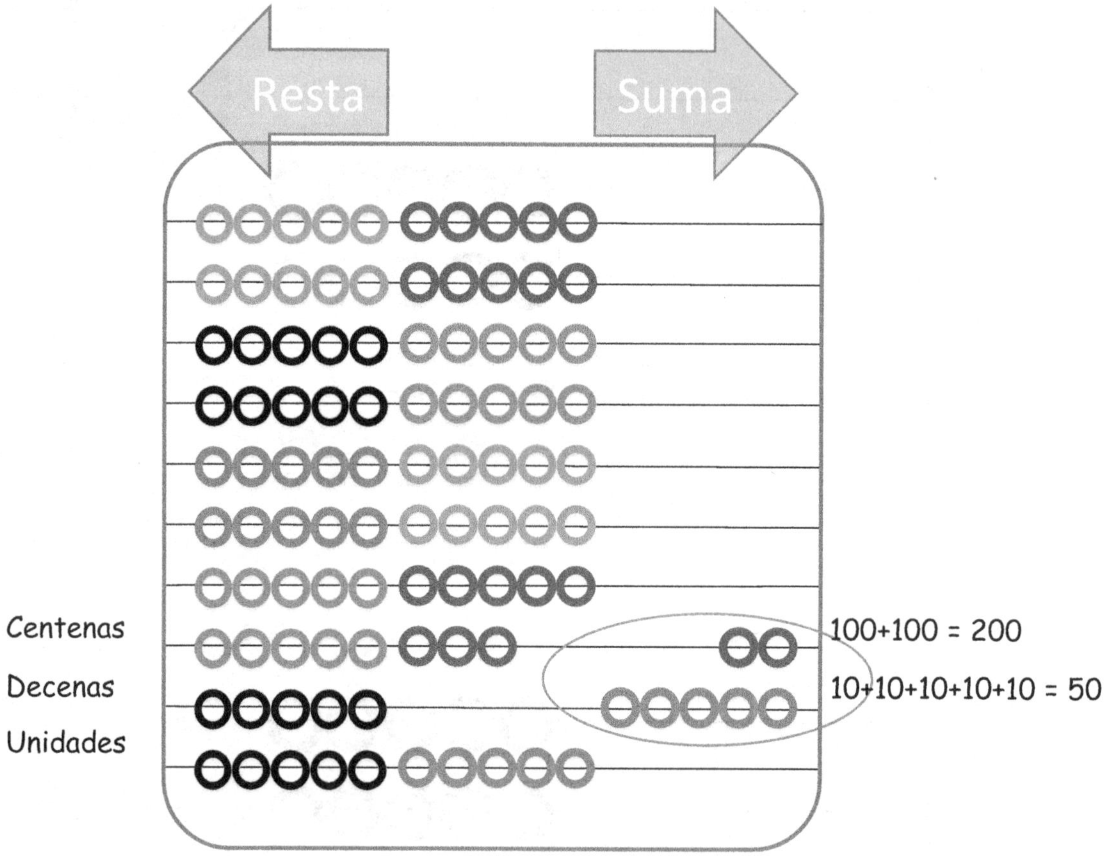

Recuerda que cada nivel tiene un valor diferente por lo tanto si tenemos un número que es 250, tendremos que mover dos cuentas del nivel 3 y después cinco cuentas del nivel 2, de este modo tendremos 200 + 50 = 250.

Si al número 250 queremos sumarle 1,000 tan solo tendremos que mover una cuenta de la cuarta fila y así, las cuentas que se van acumulando a la derecha irán sumando el total de las cantidades que vamos adicionando.

5. Para poder restar con el ábaco, el procedimiento será el mismo pero el movimiento de las cuentas, pero en lugar de ir de izquierda a derecha será contrario, de este modo, las fichas que queden en la derecha, irán restando las cantidades a descontar.

6. Los resultados siempre tienen que leerse de arriba a abajo y, de este modo ya podrás tener la solución a tu problema matemático.

¿Y podríamos usar el ábaco para multiplicar y dividir?
Si, por supuesto, veamos un ejemplo de multiplicación:

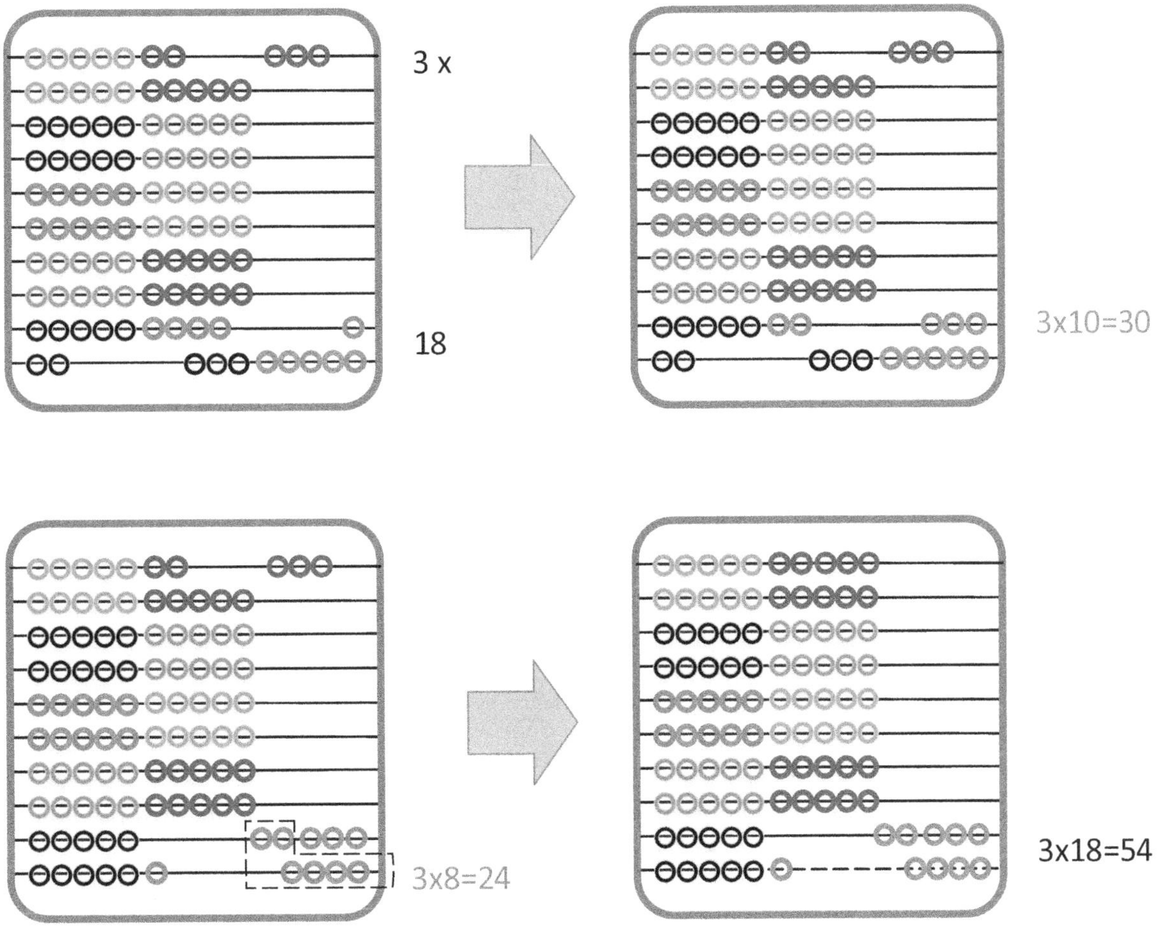

Y similarmente ocurre con la división.

6.2. Tipos de Ábaco

Ábaco Chino o Suan-Pan

Con cuentas generalmente redondeadas; cuenta con más de 7 hileras: 2 cuentas en cada fila superior y 5 en la parte inferior. Usualmente está hecho de una madera dura o bambú. Las cuentas se cuentan por moverlos hacia arriba o hacia abajo de la viga. Si los mueves hacia la viga, se cuenta su valor. Si te alejas, no tienen en cuenta su valor. El Suan-Pan puede ser devuelto a la posición inicial al instante por un rápido movimiento en el eje horizontal para hacer girar todas las cuentas fuera de la barra horizontal en el centro.

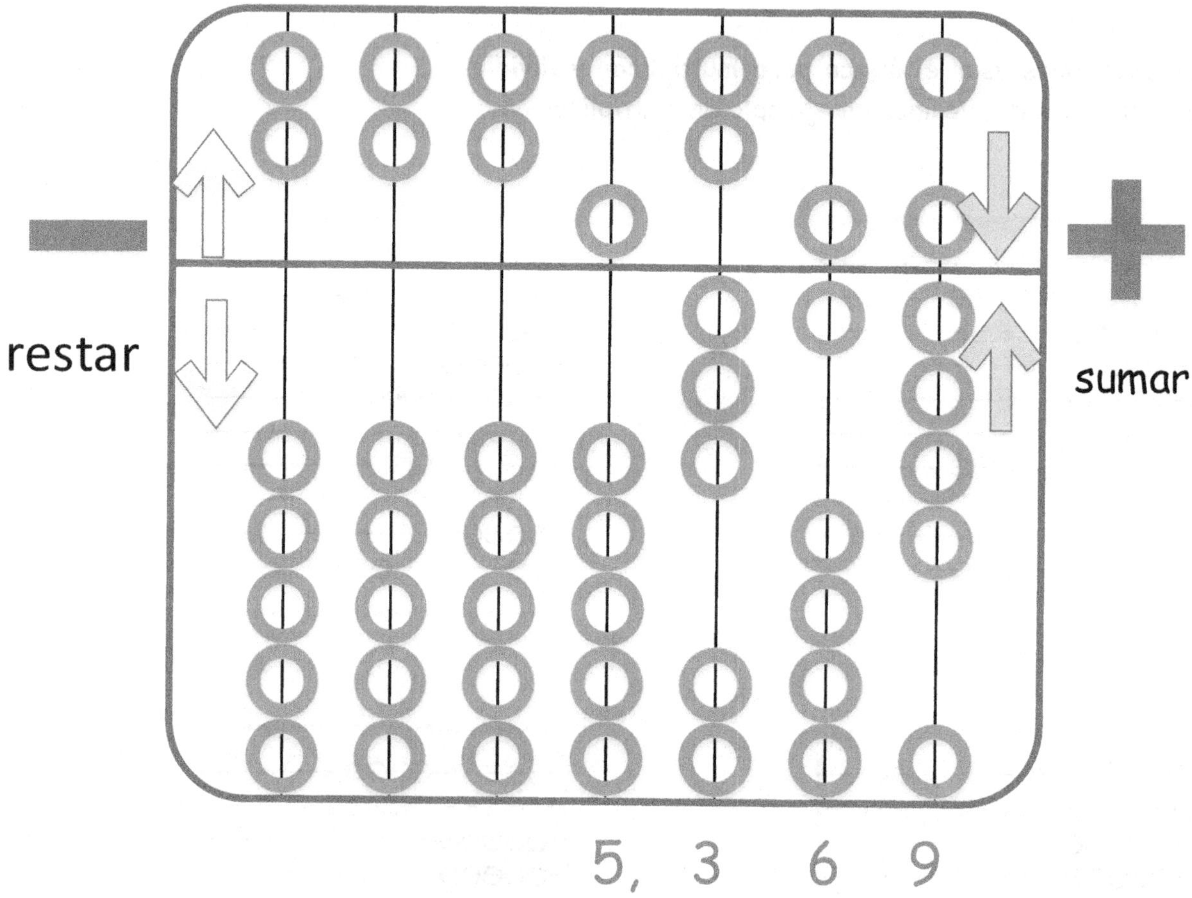

Ábaco Sorobán Japonés o Schoty

Similar al ábaco chino en cuanto a la orientación de las cuentas, es un instrumento decimal que posee 9 cuentas por varilla horizontales y es capaz de trabajar con unidades, decenas, etc. Las cuentas tienden a ser de diferente color para diferenciar las cantidades y así facilitar su uso.

Ábaco Mesopotámico
Talvez uno de los primeros ábacos en la historia del hombre. Data del período 2700-2300 A.C. aproximadamente. Consistían en una tabla de columnas sucesivas que delimitaban las órdenes sucesivas de magnitud de su sistema numérico, el cual era de tipo sexagesimal (base 60).

El Ábaco Mesopotámico fue construido en piedra plana y una especie de mezcla de arena. En la cual se dibujaban las letras en la arena y colocaban piedras sobre la arena que representaba: el valor, la cantidad o números.

Otros ábacos antiguos incluyen versiones Egipcias, Pérsico o iraní, Griego, Romano, Abaco de la India, Ruso, entre otros.

Ábacos Maya o Nepohualtzintzin
(Ne-Pohuali-Tzintzin) o contar con pequeños elementos similares por una persona
Esta herramienta de cálculo se basa en el sistema vigesimal (base 20). Está constituido por una cuadricula hecha con varillas y semillas que representaban los números. En la parte inferior hay cuatro cuentas, que en la primera fila tienen valores unitarios (o 1, 2, 3 y 4), y en la parte superior hay tres cuentas, con valores de cinco unidades (o 5, 10 y 15), respectivamente. Las cuentas en las columnas adicionales tienen valores asignados dependiendo en el sistema numérico en base 20, así:

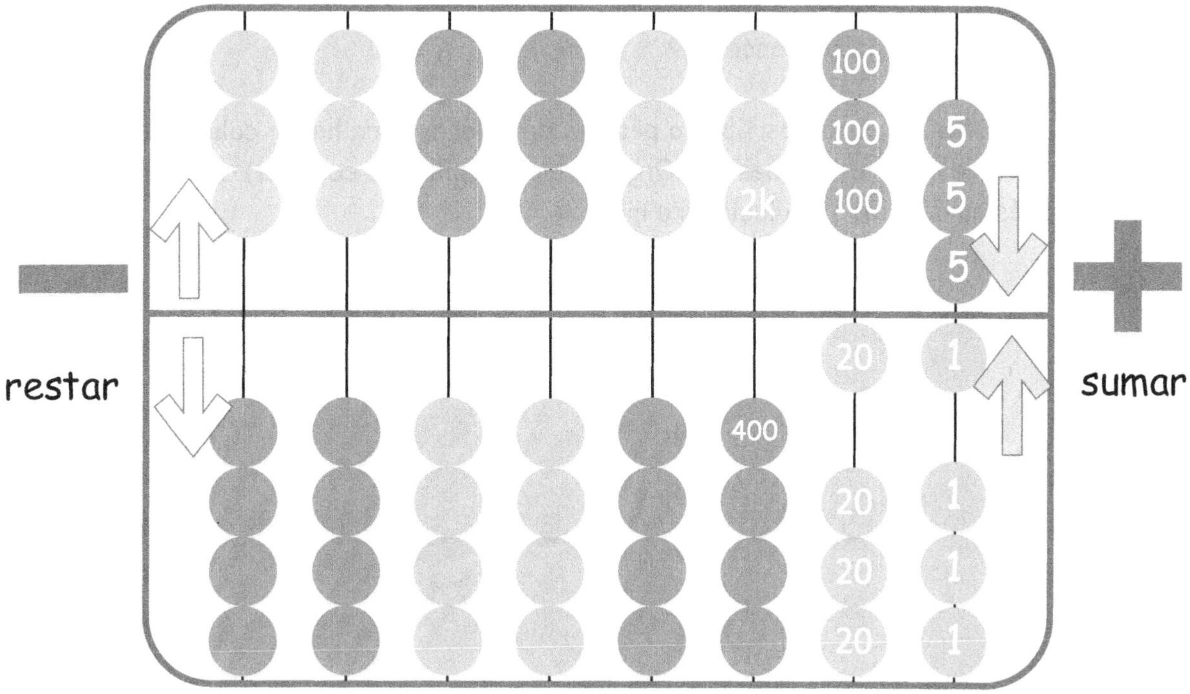

20 + (15 + 1) = 36

Para los **mayas y aztecas** contar en base 20 fue completamente natural, ya que el uso de sandalias nativas les permitió utilizar también los dedos de sus pies para hacer cálculos.

Un ábaco maya completo tendría 13 filas con 7 cuentas en cada fila, que representa 91 cuentas en cada Nepohualtzintzin. Este número 91, se trata de un número básico para entender la estrecha relación entre las cuentas mayas y ciertos fenómenos naturales que ellos observaban. Por ejemplo:

1 Nepohualtzintzin (91)	=	Número de días que toma cada estación del año
2 Nepohualtzintzin (182)	=	Número de días del ciclo del maíz
3 Nepohualtzintzin (273)	=	Número de días de gestación de un bebé
4 Nepohualtzintzin (364)	=	Completa un ciclo y aproximadamente un año

Vale la pena resaltar que en el Ábaco Maya se pueden calcular tanto cantidades espaciales como cantidades infinitesimales con absoluta precisión.

También se han encontrado muy antiguos ábacos atribuido a la cultura Olmeca, e incluso algunas **pulseras de origen maya**, así como una diversidad de formas y materiales en otras culturas.

¿Quieren construir su propia "calculadora maya"?
...portátil, sin baterías y muy económica?

Puedes usar semillas de distintos tipos o pepitas de colores para hacer collares, además de hilo y algún tipo de broche si lo deseas. Organiza las semillas (o cuentas) de la siguiente forma y habrás construido tu calculadora maya:

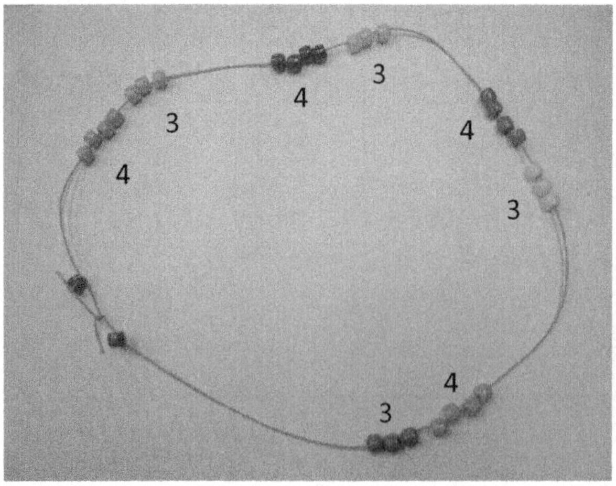

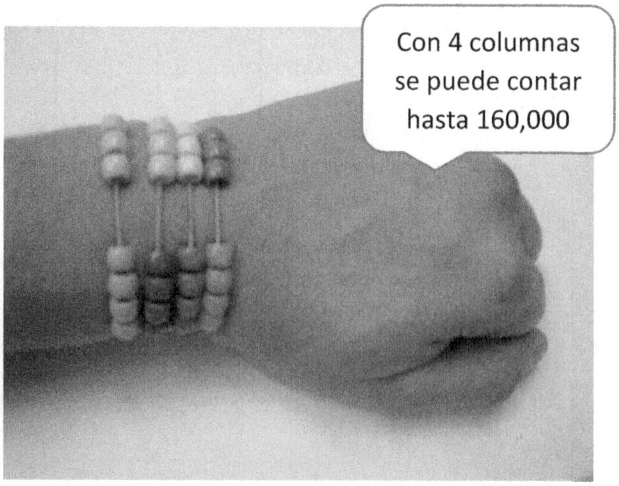

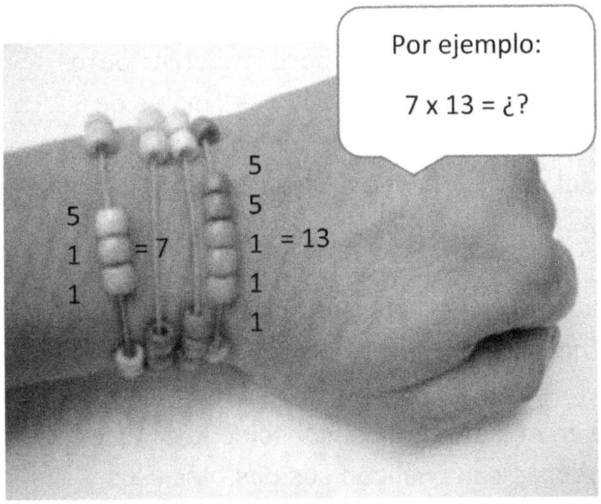
Por ejemplo:
7 x 13 = ¿?
5
1
1
= 7
5
5
1
1
1
= 13

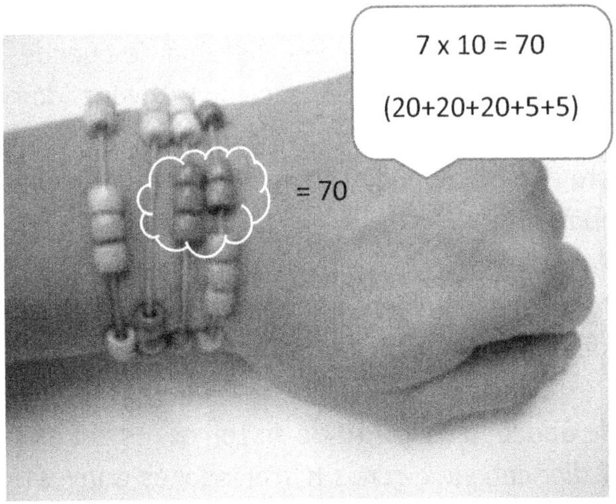
7 x 10 = 70
(20+20+20+5+5)
= 70

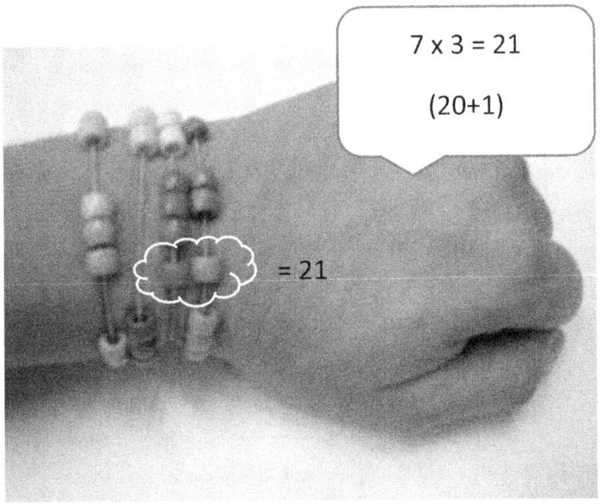
7 x 3 = 21
(20+1)
= 21

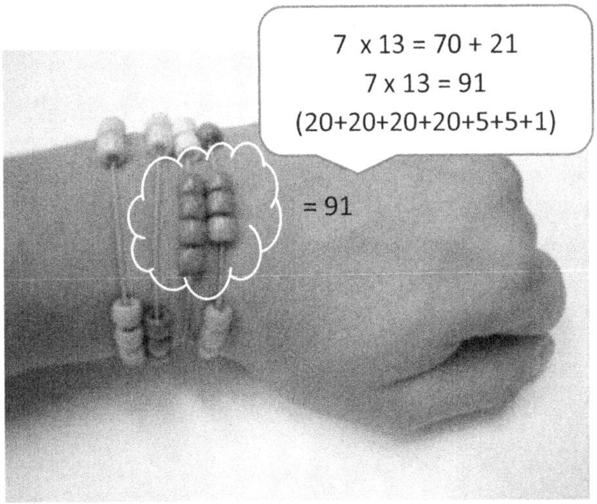
7 x 13 = 70 + 21
7 x 13 = 91
(20+20+20+20+5+5+1)
= 91

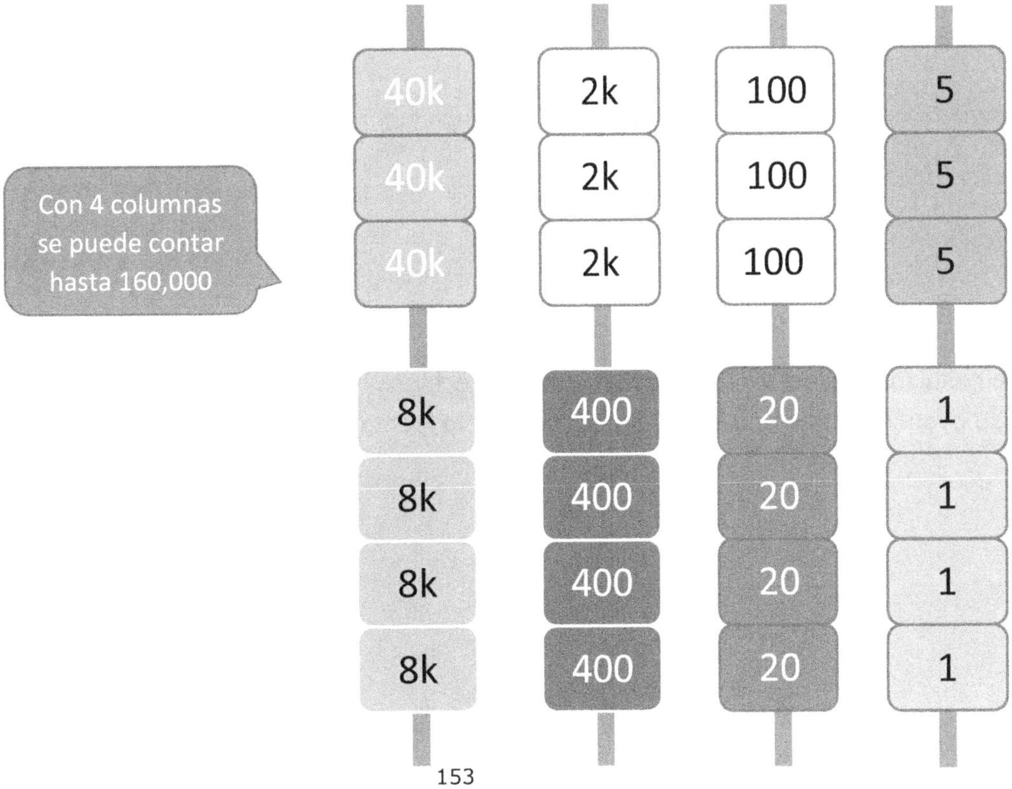
Con 4 columnas se puede contar hasta 160,000
40k
40k
40k
8k
8k
8k
8k
2k
2k
2k
400
400
400
400
100
100
100
20
20
20
20
5
5
5
1
1
1
1

Ábacos Incas: La Yupana y El Quipu (o Khipu)

El **quipu** de los incas era un sistema de cuerdas anudadas utilizadas para registrar datos numéricos. Los quipus eran como un avanzado recuento de eventos, o libros finales de contaduría, por decirlo de algún modo. Algunos piensan que el tipo de lana o hilo, su color y hasta el tipo de nudo tenían un significado especial para cada una de las etnias andinas que usaban los quipus.

Pero los quipus no eran utilizados para realizar cálculos propiamente dichos. Los cálculos se realizaban utilizando una **yupana** (quechua para "herramienta de recuento").

Este ábaco, o conjunto de sistemas, está basado en el sistema decimal como lo conocemos hoy día; aunque algunos historiadores e investigadores aún analizan sus posibles usos y conexiones con el sistema en base 40, una posible relación con la secuencia de Fibonacci (1, 1, 2, 3, 5...) y potencias de 10, 20 y 40 como valores de lugar para los diferentes campos en el instrumento.

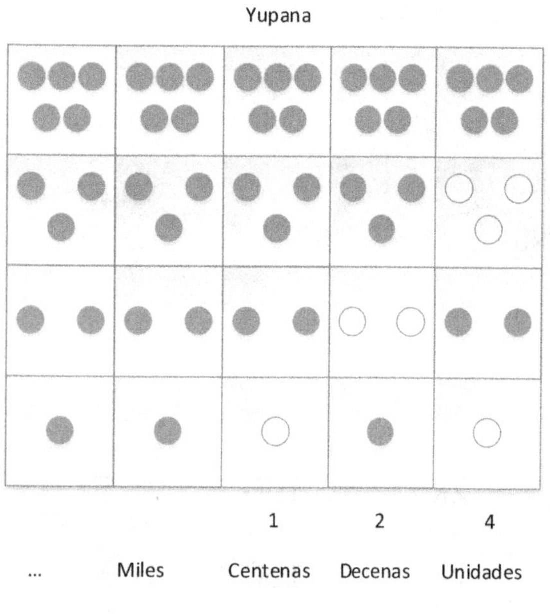

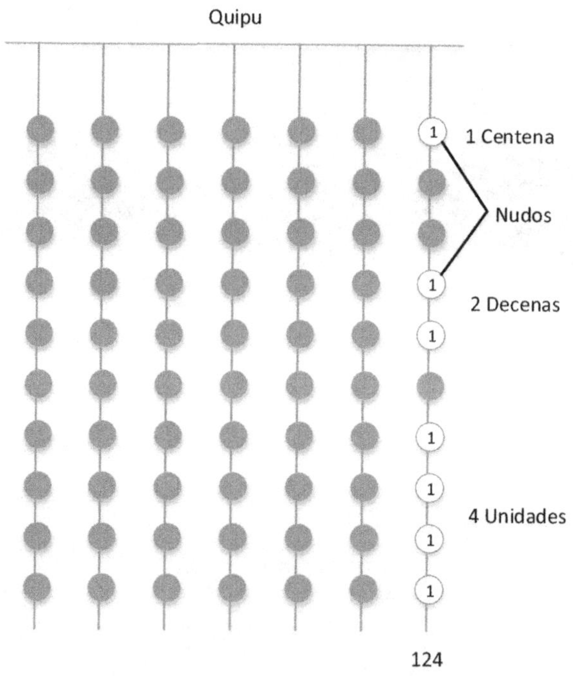

Cabe resaltar que tanto **los mayas, azteca e incas tenían conocimiento del Cero (0)**; así que su avance aritmético era significativo en la historia de la humanidad.

Ábaco Binario

El Ábaco de Base 2 ó Ábaco Binario usa una serie de cuentas en alambres paralelos dispuestos en tres filas distintas. Las cuentas representan un cambio de acción en el equipo, ya sea en forma de Uno (1) o "on-encendido"; o en forma de cero (0) o "off-apagado".

Este tipo de ábaco es la **base para la tecnología usada en computadoras, o ordenadores**. El ábaco muestra la cantidad de números, letras y signos que se pueden almacenar en un sistema binario en una computadora, ó a través del lenguaje de programación ASCII.

ASCII - BINARIO

0	00110000	5	00110101
1	00110001	6	00110010
2	00110010	7	00110111
3	00110011	8	00111000
4	00110100	9	00111001

LATINO 01001100 01000001 01010100 01001001 01001110 01001111

ASCII significa Código Estándar Americano para Intercambio de Información. Las computadoras solo pueden entender números, por lo que el código ASCII es la representación numérica de cualquier carácter como 'a' o '@' o "números' o una acción de algún tipo.

Ahora imaginemos ¿qué podría ocurrir si usamos el sistema en base 20? o ábaco maya?

Pues, inicialmente, la información que antes tomaba decenas de dígitos, podría ser representada con muchos menos caracteres y así, podríamos reducir la memoria usada en nuestros computadores o ordenadores, o talvez realizar las operaciones en un menor tiempo, etc. Las aplicaciones serian extremadamente útiles. Es por ello que el ábaco maya podría ser una pieza clave para el desarrollo de nuevas tecnologías. Que interesante, ¿cierto?

Por favor no olvides construir tu calculadora maya y crear un mejor futuro para la humanidad.

6.3. Calculadoras

Ya para la década de 1900, las calculadoras, que son realmente mini computadoras, finalmente fueron inventadas.

Inicialmente fueron muy complejas y costosas.

Las calculadoras varían en su diseño y en los tipos de problemas que pueden resolver. Aquí vemos unas de las más sencillas que podemos encontrar hoy día.

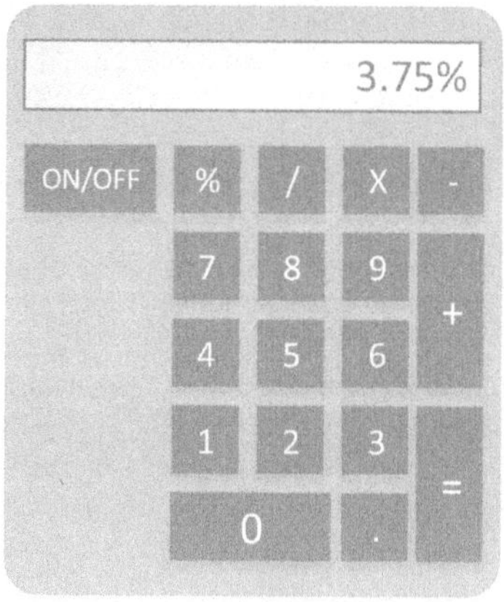

6.4. Computadores (o Ordenadores)

Las primeras computadoras electrónicas se construyeron a principios del siglo XX, y fueron utilizados sobre todo en tiempos de guerra para romper o decodificar, los códigos enemigos.

Las computadoras eran máquinas enormes y costosas, y tenían que mantenerse en habitaciones refrigeradas muy grandes. Se vendieron principalmente a los gobiernos y negocios que podían pagar su alto costo.

Luego de la invención de los transistores en la década de 1960, las computadoras pudieron ser construidas más pequeñas y portables. Y una vez los transistores fueron empaquetados en chips, comenzó la revolución de la computadora.

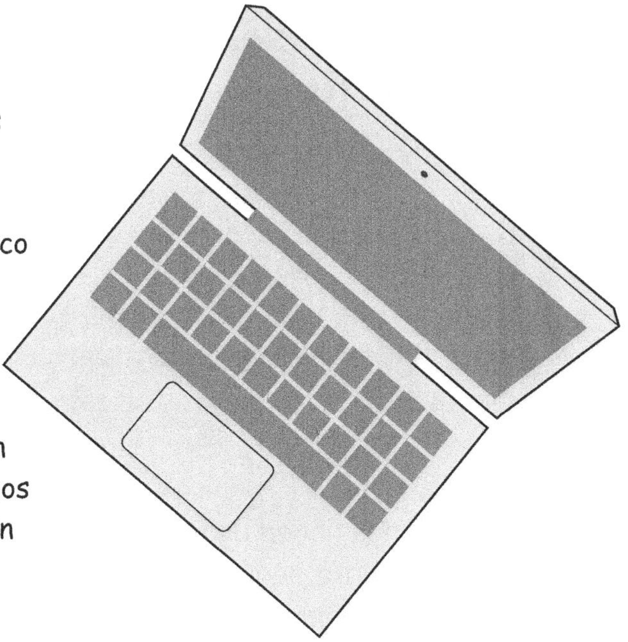

Computadoras modernas
Existen muchos tipos de computadoras, pero todas comparten un mismo conjunto de componentes que incluyen una memoria, una unidad central de procesamiento, dispositivo de almacenamiento (Disco duro), dispositivos de entrada (teclado, ratón), y dispositivos de salida (monitor).

Software
Las instrucciones dadas a la computadora se llaman software. El software está escrito en uno de muchos lenguajes de alto nivel, como BASIC, Pascal, y C. Un compilador o intérprete traduce el lenguaje del programa al código binario o ASCII.

Hardware
Los componentes de procesamiento de una computadora se llaman hardware. El hardware incluye memoria interna, unidad de procesamiento central, o CPU, dispositivos de almacenamiento y output (o dispositivos de salida).

Súper Computadoras y Mainframes
Las **súper computadoras** son el tipo de computadora más potentes y rápidas que existen en la actualidad, además tiene un precio más alto en el mercado. Estas computadoras ocupan aplicaciones especiales que requieren grandes cantidades de cálculos matemáticos. Por ejemplo, cuando se requiere predecir el tiempo de evacuación en casos de incendios, o para cálculos de fluidos dinámicos, investigación acerca de energía nuclear, exploración petrolera y gráficos animados.

Existe una gran diferencia entre las supercomputadoras y las **mainframes**, y es que las supercomputadoras utilizan todo su poder para ejecutar los programas en una mayor velocidad, mientras que los mainframes utilizan todo su poder para ejecutar muchos programas al mismo tiempo.

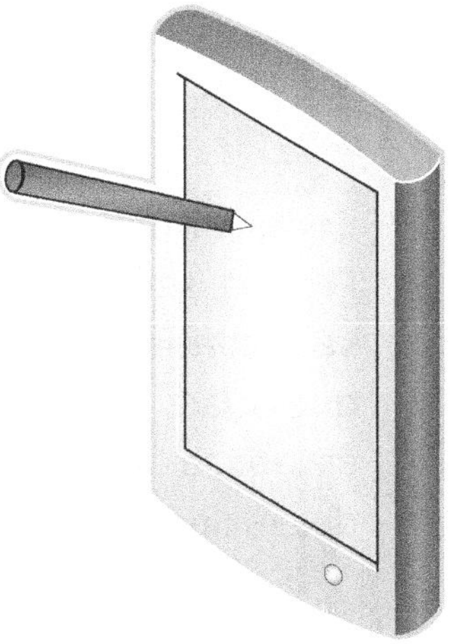

Tabletas y Teléfonos Celulares Móviles
El futuro de los computadores parece beneficiar las aplicaciones móviles que encontramos ya en teléfonos celulares y tabletas electrónicas. Muchas de ellas cuentan con softwares programables y memorias extensas capaces de almacenar una gran cantidad de datos.

Las conexiones vía internet y Wi-Fi entre otras, también están evolucionando rápidamente y ayudando al manejo de la información a gran escala.

Importante,

a la hora de resolver Ejercicios y en la vida diaria...

1,000 versus 1.00

El uso de la coma o el punto para enumerar unidades de mil o para separar decimales

Ambos signos tienen uso en los países hispanohablantes. En México y el Caribe se prefiere el punto, según la costumbre anglosajona, mientras que en España y en Sur América se prefiere la coma, según la costumbre franco-alemana.

El signo para separar los decimales al expresar un número en cifras puede ser tanto un punto o una coma. **En este libro, usaremos el punto para separar los decimales (3.85) y la coma para expresar las unidades de mil (3,850)**.

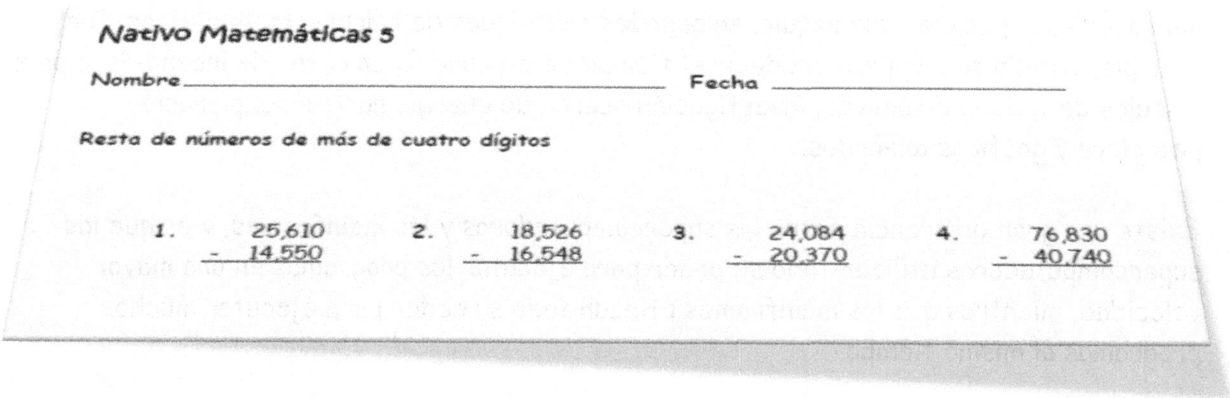
Nativo Matemáticas 5

Nombre ____________________ Fecha ____________

Resta de números de más de cuatro dígitos

1. 25,610 − 14,550
2. 18,526 − 16,548
3. 24,084 − 20,370
4. 76,830 − 40,740

Por favor note que en la Ortografía de la lengua española, de las Academias de la Lengua, se señala que, «con el fin de promover un proceso tendente hacia la unificación, **se recomienda el uso del punto como signo separador de los decimales**», al tiempo que aclara que **la coma sigue siendo igualmente válida**, de modo que puede escribirse tanto 3.85 como 3,85 para la cantidad de 'tres enteros y ochenta y cinco decimales'.

Ejercicios

Nativo Matemáticas 5
Maya y Azteca (MesoAmerica)
Arhuacos y Wayuu (Colombia)
Incas (Perú)
Guaraní (Paraguay, Brazil, Bolivia y Argentina)
Ernesto Vega Jánica

Nombre: ______________________________ Fecha: ____________

Suma de uno y dos dígitos

1. 49 + 6	**2.** 12 + 7	**3.** 83 + 5	**4.** 62 + 4
5. 39 + 3	**6.** 21 + 6	**7.** 13 + 9	**8.** 35 + 8
9. 61 + 5	**10.** 33 + 1	**11.** 68 + 9	**12.** 34 + 7
13. 72 + 9	**14.** 40 + 5	**15.** 18 + 6	**16.** 65 + 3
17. 42 + 6	**18.** 27 + 8	**19.** 32 + 5	**20.** 57 + 4

Nombre: ______________________ Fecha: ____________

Suma de dos dígitos

1. 25 + 18	**2.** 78 + 11	**3.** 50 + 20	**4.** 32 + 64
5. 17 + 53	**6.** 22 + 61	**7.** 24 + 33	**8.** 36 + 44
9. 42 + 47	**10.** 16 + 37	**11.** 50 + 19	**12.** 25 + 32
13. 29 + 39	**14.** 33 + 41	**15.** 30 + 60	**16.** 62 + 26
17. 28 + 34	**18.** 27 + 37	**19.** 21 + 18	**20.** 47 + 51

Nombre: ______________________ Fecha: ______________

Suma de tres y cuatro dígitos

1. 3,518 + 125	**2.** 1,178 + 346	**3.** 2,050 + 840	**4.** 6,432 + 1,526
5. 5,317 + 475	**6.** 6,122 + 2,433	**7.** 3,324 + 2,456	**8.** 4,436 + 2,564
9. 4,742 + 4,650	**10.** 3,716 + 5,650	**11.** 1,950 + 308	**12.** 3,225 + 755
13. 3,925 + 165	**14.** 4,133 + 1,825	**15.** 6,030 + 1,875	**16.** 2,662 + 1,258
17. 3,428 + 5,046	**18.** 3,727 + 205	**19.** 1,821 + 228	**20.** 5,147 + 1,422

Nombre: ______________________________ Fecha: ____________________

Suma de tres dígitos

1. 201 475 + 139	**2.** 302 443 + 251	**3.** 452 411 + 363	**4.** 678 379 + 475
5. 532 157 + 565	**6.** 797 125 + 677	**7.** 1,196 93 + 789	**8.** 1,794 61 + 901
9. 197 428 + 399	**10.** 177 396 + 287	**11.** 159 364 + 175	**12.** 143 332 + 63
13. 1,433 688 + 2,093	**14.** 1,290 656 + 1,981	**15.** 1,935 624 + 2,093	**16.** 1,741 592 + 1,981
17. 5,901 3,142 + 713	**18.** 5,311 3,110 + 601	**19.** 4,780 3,078 + 489	**20.** 1,912 2,758 + 601

Nombre: ______________________ Fecha: ______________

Suma de diversos dígitos

1. 1,825 15 + 257	**2.** 2,738 335 + 145	**3.** 4,106 303 + 257	**4.** 6,159 271 + 369
5. 402 275 + 5,133	**6.** 1,005 243 + 5,245	**7.** 1,508 211 + 5,357	**8.** 2,261 313 + 5,469
9. 2,633 360 + 51	**10.** 2,369 468 + 163	**11.** 2,132 749 + 51	**12.** 1,919 225 + 1,171
13. 2,435 300 + 7,090	**14.** 2,192 268 + 5,970	**15.** 3,287 402 + 2,985	**16.** 2,959 434 + 1,194
17. 3,930 843 + 2,948	**18.** 3,537 590 + 442	**19.** 3,183 1,121 + 554	**20.** 1,273 801 + 443

Nombre: ______________________________ Fecha: ______________

Resta de uno digito a un número de dos dígitos

1. 94 − 6	**2.** 21 − 7	**3.** 38 − 5	**4.** 25 − 4
5. 48 − 3	**6.** 21 − 6	**7.** 31 − 9	**8.** 53 − 8
9. 16 − 5	**10.** 58 − 1	**11.** 86 − 9	**12.** 43 − 7
13. 27 − 9	**14.** 40 − 5	**15.** 81 − 6	**16.** 56 − 3
17. 24 − 6	**18.** 72 − 8	**19.** 23 − 5	**20.** 75 − 4

Nombre: ______________________ Fecha: ______________

Resta de dos, tres y cuatro dígitos

1. 310 - 125	2. 852 - 654	3. 2,050 - 840	4. 6,432 - 1,526
5. 5,317 - 475	6. 6,122 - 2,433	7. 3,324 - 2,456	8. 4,436 - 2,564
9. 4,742 - 4,650	10. 3,716 - 56	11. 1,950 - 308	12. 3,225 - 755
13. 3,925 - 165	14. 4,133 - 1,825	15. 6,030 - 1,875	16. 2,662 - 1,258
17. 3,428 - 46	18. 3,727 - 205	19. 1,821 - 228	20. 5,147 - 1,422

Nombre: ______________________ Fecha: ________________

Resta de números de mas de cuatro dígitos

1. 25,610 - 14,550	**2.** 18,526 - 16,548	**3.** 24,084 - 20,370	**4.** 76,830 - 40,740
5. 64,210 - 13,238	**6.** 83,473 - 18,534	**7.** 108,515 - 37,068	**8.** 32,554 - 25,947
9. 19,934 - 14,827	**10.** 25,915 - 20,758	**11.** 33,689 - 14,530	**12.** 43,796 - 29,061
13. 31,176 - 16,606	**14.** 40,529 - 23,249	**15.** 52,687 - 16,274	**16.** 68,494 - 32,548
17. 55,874 - 18,599	**18.** 72,636 - 26,039	**19.** 94,427 - 18,227	**20.** 122,755 - 36,454

Nombre: ______________________ Fecha: ____________

Multiplicacion de uno y dos dígitos

1. 49×6	**2.** 12×7	**3.** 83×5	**4.** 62×4
5. 39×3	**6.** 21×6	**7.** 13×9	**8.** 35×8
9. 61×5	**10.** 33×1	**11.** 68×9	**12.** 34×7
13. 72×9	**14.** 40×5	**15.** 18×6	**16.** 65×3
17. 42×6	**18.** 27×8	**19.** 32×5	**20.** 57×4

Nombre: ______________________________ Fecha: ____________

Multiplicando dos dígitos por dos dígitos

1. 25 × 18	**2.** 78 × 11	**3.** 50 × 20	**4.** 32 × 64
5. 17 × 53	**6.** 22 × 61	**7.** 24 × 33	**8.** 36 × 44
9. 42 × 47	**10.** 16 × 37	**11.** 50 × 19	**12.** 25 × 32
13. 29 × 39	**14.** 33 × 41	**15.** 30 × 60	**16.** 62 × 26
17. 28 × 34	**18.** 27 × 37	**19.** 21 × 18	**20.** 47 × 51

Nombre: ______________________ Fecha: ______________

Multiplicando tres y cuatro dígitos por un digito

1. 3,518 × 2	**2.** 1,178 × 3	**3.** 205 × 8	**4.** 6,432 × 5
5. 5,317 × 7	**6.** 6,122 × 4	**7.** 3,324 × 5	**8.** 4,436 × 2
9. 474 × 6	**10.** 316 × 5	**11.** 1,950 × 3	**12.** 3,225 × 8
13. 3,925 × 3	**14.** 4,133 × 8	**15.** 6,030 × 2	**16.** 662 × 5
17. 3,428 × 7	**18.** 727 × 2	**19.** 1,821 × 4	**20.** 5,147 × 6

Nombre: ______________________________ Fecha: ____________________

Multiplicando tres dígitos por dos dígitos

1. 518 × 25	2. 718 × 32	3. 520 × 18	4. 432 × 51
5. 317 × 17	6. 122 × 24	7. 324 × 25	8. 436 × 47
9. 742 × 16	10. 716 × 35	11. 195 × 20	12. 225 × 28
13. 925 × 33	14. 133 × 48	15. 360 × 42	16. 662 × 34
17. 428 × 27	18. 725 × 12	19. 821 × 40	20. 147 × 56

Nombre: ______________________ Fecha: ______________

Multiplicando cifras de tres dígitos

1. 201 × 139	**2.** 302 × 251	**3.** 452 × 363	**4.** 678 × 125
5. 246 × 301	**6.** 369 × 413	**7.** 120 × 525	**8.** 180 × 245
9. 197 × 399	**10.** 177 × 287	**11.** 159 × 175	**12.** 143 × 263
13. 685 × 235	**14.** 617 × 123	**15.** 925 × 235	**16.** 352 × 123
17. 252 × 235	**18.** 227 × 123	**19.** 204 × 115	**20.** 315 × 227

Nombre: ______________________ Fecha: ____________

División entre uno y dos dígitos (División Exacta)

1. $36 \div 6$	**2.** $14 \div 7$	**3.** $85 \div 5$	**4.** $64 \div 4$
5. $39 \div 3$	**6.** $24 \div 6$	**7.** $72 \div 9$	**8.** $40 \div 8$
9. $65 \div 5$	**10.** $33 \div 1$	**11.** $72 \div 12$	**12.** $42 \div 14$
13. $54 \div 9$	**14.** $45 \div 15$	**15.** $18 \div 6$	**16.** $65 \div 3$
17. $48 \div 12$	**18.** $64 \div 16$	**19.** $35 \div 5$	**20.** $60 \div 12$

Nombre: ______________________ Fecha: ______________

Dividiendo tres dígitos por dos dígitos (División Exacta)

1. 525 ÷ 25	2. 704 ÷ 32	3. 522 ÷ 18	4. 408 ÷ 51
5. 323 ÷ 17	6. 120 ÷ 24	7. 325 ÷ 25	8. 423 ÷ 47
9. 736 ÷ 16	10. 700 ÷ 35	11. 200 ÷ 20	12. 224 ÷ 28
13. 924 ÷ 33	14. 144 ÷ 48	15. 378 ÷ 42	16. 646 ÷ 34
17. 432 ÷ 27	18. 720 ÷ 12	19. 840 ÷ 40	20. 168 ÷ 56

Nombre: ______________________ Fecha: ______________

Dividiendo tres y cuatro dígitos por un digito (División Exacta)

1. 3,518 ÷ 2	**2.** 1,179 ÷ 3	**3.** 208 ÷ 8	**4.** 6,430 ÷ 5
5. 5,320 ÷ 7	**6.** 6,124 ÷ 4	**7.** 3,325 ÷ 5	**8.** 4,436 ÷ 2
9. 474 ÷ 6	**10.** 315 ÷ 5	**11.** 1,950 ÷ 3	**12.** 3,224 ÷ 8
13. 3,924 ÷ 3	**14.** 4,136 ÷ 8	**15.** 6,030 ÷ 2	**16.** 660 ÷ 5
17. 3,430 ÷ 7	**18.** 728 ÷ 2	**19.** 1,820 ÷ 4	**20.** 5,148 ÷ 6

Nombre: ______________________ Fecha: ____________

División entre uno y dos dígitos (División Inexacta)

1. $45 \div 6$	**2.** $33 \div 7$	**3.** $84 \div 5$	**4.** $63 \div 4$
5. $47 \div 3$	**6.** $26 \div 6$	**7.** $73 \div 9$	**8.** $43 \div 8$
9. $63 \div 5$	**10.** $33 \div 12$	**11.** $78 \div 12$	**12.** $44 \div 14$
13. $58 \div 9$	**14.** $46 \div 15$	**15.** $19 \div 6$	**16.** $62 \div 3$
17. $42 \div 12$	**18.** $66 \div 16$	**19.** $32 \div 5$	**20.** $70 \div 12$

Nombre: ______________________________ Fecha: ____________________

Dividiendo tres dígitos por dos dígitos (División Inexacta)

1. 532 ÷ 25	**2.** 712 ÷ 32	**3.** 520 ÷ 18	**4.** 410 ÷ 51
5. 330 ÷ 17	**6.** 125 ÷ 24	**7.** 320 ÷ 25	**8.** 425 ÷ 47
9. 732 ÷ 16	**10.** 385 ÷ 33	**11.** 210 ÷ 20	**12.** 225 ÷ 12
13. 920 ÷ 33	**14.** 140 ÷ 48	**15.** 384 ÷ 42	**16.** 618 ÷ 34
17. 436 ÷ 27	**18.** 728 ÷ 12	**19.** 804 ÷ 40	**20.** 162 ÷ 56

Nombre: ______________________ Fecha: ______________

Dividiendo tres y cuatro dígitos por un digito (División Inexacta)

1.	3,545 ÷ 2	**2.**	1,285 ÷ 3	**3.**	218 ÷ 8	**4.**	6,432 ÷ 5
5.	5,326 ÷ 7	**6.**	6,142 ÷ 4	**7.**	3,362 ÷ 5	**8.**	4,418 ÷ 3
9.	472 ÷ 6	**10.**	322 ÷ 5	**11.**	1,985 ÷ 3	**12.**	3,215 ÷ 8
13.	3,912 ÷ 5	**14.**	4,125 ÷ 8	**15.**	6,133 ÷ 2	**16.**	663 ÷ 5
17.	3,426 ÷ 7	**18.**	737 ÷ 2	**19.**	1,865 ÷ 4	**20.**	5,038 ÷ 6

Nombre: ______________________ Fecha: ______________

Dividiendo tres y cuatro dígitos por dos dígitos (División Inexacta)

1. 3,518 ÷ 12	**2.** 1,179 ÷ 23	**3.** 210 ÷ 28	**4.** 6,435 ÷ 23
5. 5,320 ÷ 17	**6.** 6,124 ÷ 34	**7.** 3,325 ÷ 55	**8.** 4,436 ÷ 62
9. 474 ÷ 26	**10.** 315 ÷ 18	**11.** 1,950 ÷ 31	**12.** 3,224 ÷ 68
13. 3,924 ÷ 53	**14.** 4,136 ÷ 82	**15.** 6,030 ÷ 22	**16.** 660 ÷ 65
17. 3,430 ÷ 57	**18.** 728 ÷ 12	**19.** 1,820 ÷ 44	**20.** 5,148 ÷ 17

Nombre: ______________________________ Fecha: ______________

Fracciones

Sombree cada forma para mostrar la fracción correcta

1. 1/2

2. 1/4

3. 7/8

4. 3/8

5. 3/5

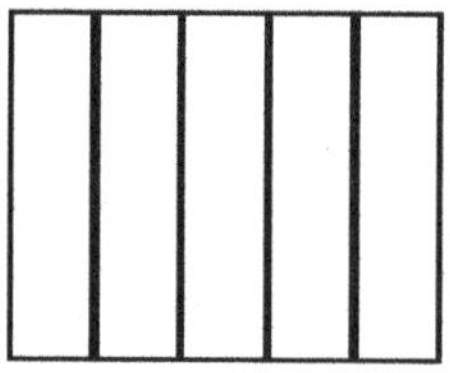

6. 5/6

Escriba la fracción

7. Denominador 4, Numerador 3

______

8. Numerador 5, Denominador 9

______

9. Numerador 2, Denominador 5

______

10. Denominador 3, Numerador 1

______

Escriba el símbolo adecuado (>, <, o =)

11. 1/2 ◯ 3/4

12. 2/5 ◯ 1/8

13. 5/4 ◯ 6/5

14. 7/8 ◯ 3/16

15. 3/8 ◯ 1/4

16. 5/8 ◯ 1/2

Nombre: ______________________ Fecha: ____________________

Reducir fracciones

1. 6/18 =	**2.** 5/25 =	**3.** 6/16 =
4. 14/32 =	**5.** 12/16 =	**6.** 30/60 =
7. 16/24 =	**8.** 18/24 =	**9.** 7/28 =
10. 5/45 =	**11.** 6/16 =	**12.** 4/32 =
13. 3/15 =	**14.** 5/10 =	**15.** 17/34 =
16. 4/16 =	**17.** 8/64 =	**18.** 7/49 =
19. 21/63 =	**20.** 45/135 =	

Nombre: ______________________ Fecha: ______________________

Reducir fracciones

1. 12/18 =	**2.** 15/25 =	**3.** 16/18 =
4. 4/18 =	**5.** 6/18 =	**6.** 15/21 =
7. 9/24 =	**8.** 5/15 =	**9.** 14/28 =
10. 15/45 =	**11.** 18/30 =	**12.** 14/112 =
13. 12/96 =	**14.** 24/72 =	**15.** 3/24 =
16. 12/108 =	**17.** 16/80 =	**18.** 42/126 =
19. 15/60 =	**20.** 13/39 =	

Nombre: ______________________ Fecha: ______________________

Comparar fracciones

Escriba el símbolo adecuado (>, <, o =)

1. 5/6 ◯ 3/18	**2.** 15/25 ◯ 4/16	**3.** 16/18 ◯ 5/9
4. 4/18 ◯ 3/4	**5.** 6/18 ◯ 3/5	**6.** 15/21 ◯ 3/8
7. 9/24 ◯ 1/5	**8.** 5/15 ◯ 8/15	**9.** 14/28 ◯ 2/4
10. 15/45 ◯ 5/6	**11.** 18/30 ◯ 16/24	**12.** 14/112 ◯ 1/5
13. 12/96 ◯ 3/4	**14.** 24/72 ◯ 4/20	**15.** 3/24 ◯ 2/3
16. 12/108 ◯ 2/7	**17.** 16/80 ◯ 7/8	**18.** 42/126 ◯ 15/20
19. 15/60 ◯ 12/24	**20.** 13/39 ◯ 6/15	

Nombre: ______________________ Fecha: ______________

Escribir fracciones en forma de números mixtos

1.	5/3 =	**2.**	9/8 =	**3.**	18/4 =
4.	40/7 =	**5.**	14/5 =	**6.**	9/2 =
7.	11/6 =	**8.**	6/4 =	**9.**	48/5 =
10.	10/3 =	**11.**	16/3 =	**12.**	14/3 =
13.	14/8 =	**14.**	20/3 =	**15.**	66/12 =
16.	15/4 =	**17.**	30/12 =	**18.**	26/4 =
19.	25/7 =	**20.**	13/39 =		

Nombre: ______________________ Fecha: ____________________

Escribir números mixtos en forma de fracciones

1. 3 4/5 =	**2.** 5 4/3 =	**3.** 3 4/9 =
4. 2 1/2 =	**5.** 6 3/4 =	**6.** 10 3/8 =
7. 4 1/3 =	**8.** 4 1/5 =	**9.** 12 3/7 =
10. 5 2/3 =	**11.** 8 2/3 =	**12.** 9 1/2 =
13. 3 3/4 =	**14.** 7 2/3 =	**15.** 4 3/8 =
16. 6 2/3 =	**17.** 4 5/9 =	**18.** 18 4/7 =
19. 8 3/5 =	**20.** 6 4/5 =	

Nombre: ______________________ Fecha: ______________________

Fracciones equivalentes. Completa el numerador

1.	3/6 =	**/24**	**2.**	4/5 =	**/20**	**3.**	2/5 =	**/30**
4.	5/2 =	**/6**	**5.**	3/8 =	**/24**	**6.**	3/7 =	**/28**
7.	1/4 =	**/16**	**8.**	7/8 =	**/24**	**9.**	1/3 =	**/9**
10.	1/5 =	**/15**	**11.**	2/9 =	**/27**	**12.**	4/9 =	**/36**
13.	3/4 =	**/16**	**14.**	1/2 =	**/8**	**15.**	5/6 =	**/30**
16.	2/4 =	**/12**	**17.**	8/9 =	**/27**	**18.**	7/9 =	**/45**
19.	1/6 =	**/12**	**20.**	5/8 =	**/32**			

Nombre: ______________________________ Fecha: ______________

Fracciones equivalentes. Completa las fracciones

1.	1/3 =	/6 =	/9 =	/12 =	/15 =	/18
2.	2/5 =	/10 =	/15 =	/20 =	/25 =	/30
3.	3/7 =	/14 =	/21 =	/28 =	/35 =	/42
4.	1/5 =	/10 =	/15 =	/20 =	/25 =	/30
5.	4/9 =	/18 =	/27 =	/36 =	/45 =	/54
6.	2/4 =	/8 =	/12 =	/16 =	/20 =	/24
7.	7/8 =	/16 =	/24 =	/32 =	/40 =	/48
8.	3/4 =	/8 =	/12 =	/16 =	/20 =	/24
9.	2/9 =	/18 =	/27 =	/36 =	/45 =	/54

Nombre: ______________________________ Fecha: ____________

Sumar fracciones con el mismo denominador. Simplifica el resultado

1.	2/3 + 5/3 =	**2.**	1/6 + 5/6 =
3.	2/5 + 1/5 =	**4.**	2/10 + 3/10 =
5.	3/7 + 4/7 =	**6.**	1/7 + 3/7 =
7.	1/5 + 3/5 =	**8.**	3/5 + 4/5 =
9.	4/9 + 6/9 =	**10.**	1/6 + 3/6 =
11.	2/4 + 3/4 =	**12.**	1/8 + 5/8 =
13.	7/8 + 3/8 =	**14.**	2/9 + 5/9 =
15.	3/4 + 5/4 =	**16.**	3/8 + 6/8 =
17.	2/9 + 4/18 =	**18.**	2/5 + 4/5 =

Nombre: ____ Fecha: ____________

Sumar fracciones con distinto denominador. Simplifica el resultado

1.	1/6	+	2/3	=	**2.**	4/5	+	1/2	=
3.	3/4	+	3/5	=	**4.**	2/5	+	1/3	=
5.	1/2	+	3/7	=	**6.**	6/7	+	2/3	=
7.	1/3	+	3/7	=	**8.**	3/7	+	2/5	=
9.	5/8	+	3/4	=	**10.**	1/2	+	2/7	=
11.	4/9	+	4/5	=	**12.**	1/8	+	3/5	=
13.	5/7	+	3/8	=	**14.**	2/9	+	1/2	=
15.	2/3	+	1/8	=	**16.**	3/4	+	5/7	=
17.	2/5	+	1/4	=	**18.**	2/5	+	4/7	=

Nombre: ______________________________ Fecha: ____________

Sumar números mixtos con distinto denominador. Simplifica el resultado

1.	4 2/9 + 1 2/9 =	**2.**	7 1/6 + 2 5/6 =
3.	3 2/5 + 4 1/5 =	**4.**	4 1/5 + 1 1/3 =
5.	3 3/7 + 2 4/7 =	**6.**	6 1/7 + 3 3/7 =
7.	5 1/5 + 8 3/5 =	**8.**	2 3/5 + 5 4/5 =
9.	8 4/9 + 1 2/3 =	**10.**	1 1/6 + 4 1/2 =
11.	6 1/2 + 2 3/4 =	**12.**	3 1/8 + 5 5/8 =
13.	9 7/8 + 1 3/8 =	**14.**	1 2/9 + 3 5/9 =
15.	5 3/4 + 3 1/4 =	**16.**	6 3/8 + 1 3/4 =
17.	4 2/9 + 5 2/9 =	**18.**	7 2/5 + 2 4/5 =

Nombre: ______________________ Fecha: ______________

Sumar fracciones y números mixtos. Simplifica el resultado

1.	3/5 + 2 2/9 =	**2.**	4/7 + 3 5/7 =
3.	3 2/5 + 1/2 =	**4.**	4 1/5 + 1/6 =
5.	4 3/7 + 2/5 =	**6.**	2/5 + 1 3/7 =
7.	4 1/5 + 3/8 =	**8.**	4 3/5 + 1/2 =
9.	2/3 + 2 2/3 =	**10.**	2 3/8 + 1/4 =
11.	5 1/2 + 2/7 =	**12.**	3 1/8 + 2/5 =
13.	3 7/8 + 4/9 =	**14.**	2/3 + 4 5/9 =
15.	7 3/4 + 1/8 =	**16.**	3/7 + 2 3/4 =
17.	4 2/9 + 4/9 =	**18.**	4 2/5 + 4/5 =

Nombre: ______________________________ Fecha: ______________

Restar fracciones con el mismo denominador. Simplifica el resultado

1.	6/7	-	3/7	=	**2.**	7/9	-	4/9	=
3.	4/9	-	2/9	=	**4.**	3/4	-	1/4	=
5.	2/3	-	1/3	=	**6.**	2/5	-	1/5	=
7.	1/3	-	2/3	=	**8.**	4/7	-	2/7	=
9.	4/5	-	3/5	=	**10.**	7/8	-	1/8	=
11.	3/5	-	1/5	=	**12.**	3/5	-	2/5	=
13.	7/9	-	2/9	=	**14.**	6/7	-	4/7	=
15.	1/2	-	1/2	=	**16.**	4/5	-	1/5	=
17.	5/9	-	2/9	=	**18.**	5/8	-	7/8	=

Nombre: ______________________________ Fecha: ____________

Restar fracciones con distinto denominador. Simplifica el resultado

1.	3/5 - 3/7 =	**2.**	1/3 - 1/2 =
3.	1/5 - 1/6 =	**4.**	1/2 - 1/3 =
5.	5/8 - 4/7 =	**6.**	4/9 - 3/7 =
7.	1/6 - 3/4 =	**8.**	3/5 - 4/5 =
9.	4/5 - 5/7 =	**10.**	4/5 - 3/5 =
11.	3/4 - 4/7 =	**12.**	1/3 - 1/8 =
13.	2/9 - 1/5 =	**14.**	2/3 - 5/9 =
15.	3/4 - 1/2 =	**16.**	4/9 - 1/2 =
17.	4/5 - 7/9 =	**18.**	6/7 - 2/3 =

Nombre: ______________________________ Fecha: __________

Restar fracciones a números enteros. Simplifica el resultado

1.	2	-	2/3	=	**2.**	5	-	1/2	=
3.	1	-	3/5	=	**4.**	4	-	1/3	=
5.	3	-	3/7	=	**6.**	8	-	2/3	=
7.	2	-	3/7	=	**8.**	3	-	2/5	=
9.	4	-	3/4	=	**10.**	9	-	2/7	=
11.	6	-	4/5	=	**12.**	6	-	3/5	=
13.	5	-	3/8	=	**14.**	7	-	1/2	=
15.	2	-	1/8	=	**16.**	3	-	5/7	=
17.	1	-	1/4	=	**18.**	5	-	4/7	=

Nombre: ______________________________ Fecha: __________

Restar números mixtos con el mismo denominador. Simplifica el resultado

1.	3 2/9 - 2 2/9 =	**2.**	6 4/7 - 3 5/7 =
3.	3 2/5 - 1 4/5 =	**4.**	4 1/5 - 2 3/5 =
5.	4 3/7 - 2 6/7 =	**6.**	2 5/7 - 1 3/7 =
7.	3 1/5 - 2 3/5 =	**8.**	4 3/5 - 1 2/5 =
9.	4 1/3 - 2 2/3 =	**10.**	2 3/8 - 1 5/8 =
11.	7 1/2 - 5 1/2 =	**12.**	3 1/8 - 1 3/8 =
13.	3 7/8 - 2 3/8 =	**14.**	7 2/9 - 4 5/9 =
15.	7 3/4 - 3 1/4 =	**16.**	3 1/4 - 2 3/4 =
17.	4 2/9 - 1 4/9 =	**18.**	4 2/5 - 3 4/5 =

Nombre: ______________________________ Fecha: ____________________

Restar números mixtos con distinto denominador. Simplifica el resultado

1.	4 2/9 - 1 2/3 =	**2.**	7 1/6 - 2 5/6 =
3.	3 2/5 - 1 3/8 =	**4.**	4 1/5 - 1 1/3 =
5.	3 3/7 - 2 3/5 =	**6.**	6 1/7 - 3 3/7 =
7.	5 1/5 - 8 1/2 =	**8.**	2 3/5 - 5 4/5 =
9.	8 4/9 - 1 2/3 =	**10.**	1 1/6 - 4 1/2 =
11.	6 1/2 - 2 3/4 =	**12.**	3 1/8 - 5 5/8 =
13.	9 7/8 - 1 3/7 =	**14.**	1 2/9 - 3 5/9 =
15.	5 3/4 - 3 1/5 =	**16.**	6 3/8 - 1 3/4 =
17.	4 2/9 - 3 2/7 =	**18.**	7 2/5 - 2 4/5 =

Nombre: ______________________________ Fecha: __________

Multiplicar fracciones. Simplifica el resultado

1.	1/6 x 2/3 =	2.	4/5 x 1/2 =
3.	3/4 x 3/5 =	4.	2/5 x 1/3 =
5.	1/2 x 3/7 =	6.	6/7 x 2/3 =
7.	1/3 x 3/7 =	8.	3/7 x 2/5 =
9.	5/8 x 3/4 =	10.	1/2 x 2/7 =
11.	4/9 x 4/5 =	12.	1/8 x 3/5 =
13.	5/7 x 3/8 =	14.	2/9 x 1/2 =
15.	2/3 x 1/8 =	16.	3/4 x 5/7 =
17.	2/5 x 1/4 =	18.	2/5 x 4/7 =

Nombre: ______________________ Fecha: ____________

Multiplicar fracciones y números enteros. Simplifica el resultado

1.	5	x	4/7	=	**2.**	8	x	3/5	=
3.	4	x	3/7	=	**4.**	12	x	2/7	=
5.	1/9	x	3	=	**6.**	2	x	10/11	=
7.	3/4	x	5	=	**8.**	5	x	4/5	=
9.	9	x	5/6	=	**10.**	2	x	3/8	=
11.	3	x	1/2	=	**12.**	6	x	3/7	=
13.	7	x	3/8	=	**14.**	3	x	4/5	=
15.	9	x	1/4	=	**16.**	5	x	2/7	=
17.	4	x	5/9	=	**18.**	6	x	2/5	=

Nombre: ______________________________ Fecha: __________

Multiplicar fracciones y números mixtos. Simplifica el resultado

1.	2 × 1 2/9 =		**2.**	3 × 2 5/6 =
3.	3 × 4 1/5 =		**4.**	9 × 1 1/3 =
5.	5 × 2 4/7 =		**6.**	6 × 3 3/7 =
7.	4 × 8 3/5 =		**8.**	2 × 5 4/5 =
9.	7 × 1 2/3 =		**10.**	5 × 4 1/2 =
11.	2 × 2 3/4 =		**12.**	8 × 5 5/8 =
13.	6 × 1 3/8 =		**14.**	3 × 3 5/9 =
15.	9 × 3 1/4 =		**16.**	2 × 1 3/4 =
17.	8 × 5 2/9 =		**18.**	7 × 2 4/5 =

Nombre: ______________________ Fecha: ______________

Suma de decimales

1. 13.52 + 8.95	**2.** 11.78 + 3.46	**3.** 20.54 + 8.35	**4.** 64.32 + 15.26
5. 17.53 + 5.74	**6.** 6.20 + 2.18	**7.** 3.25 + 5.64	**8.** 4.85 + 6.48
9. 4.74 + 3.18	**10.** 7.16 + 6.35	**11.** 9.51 + 5.45	**12.** 3.22 + 6.18
13. 9.25 + 1.65	**14.** 4.13 + 8.25	**15.** 6.34 + 18.75	**16.** 22.68 + 12.58
17. 34.28 + 50.46	**18.** 37.27 + 20.85	**19.** 18.24 + 22.46	**20.** 85.17 + 42.68

Nombre: ______________________________ Fecha: ____________

Suma de decimales

1.
```
   12.455
    4.247
+   1.392
---------
```

2.
```
    9.153
    2.883
+  11.374
---------
```

3.
```
   14.578
    2.945
+   3.584
---------
```

4.
```
   31.256
    1.975
+   4.563
---------
```

5.
```
    3.956
    2.452
+   0.025
---------
```

6.
```
    6.753
    2.159
+   4.625
---------
```

7.
```
    9.124
    4.015
+   3.854
---------
```

8.
```
    8.128
    3.745
+   1.305
---------
```

9.
```
    7.645
    5.035
+  16.308
---------
```

10.
```
   24.563
   11.963
+  29.740
---------
```

11.
```
   22.515
   20.425
+  88.642
---------
```

12.
```
   34.152
   12.448
+  20.085
---------
```

13.
```
   93.155
   10.455
+  44.288
---------
```

14.
```
   84.125
   22.510
+  66.304
---------
```

15.
```
    7.660
    9.886
+  64.253
---------
```

Nombre: ______________________ Fecha: ______________

Resta de decimales

1. 3.10 − 2.13	**2.** 8.52 − 5.46	**3.** 5.23 − 8.13	**4.** 6.24 − 1.25
5. 7.31 − 2.45	**6.** 16.22 − 2.46	**7.** 33.24 − 23.41	**8.** 4.34 − 2.77
9. 34.98 − 24.77	**10.** 16.21 − 6.20	**11.** 9.38 − 3.08	**12.** 32.25 − 7.44
13. 4.33 − 1.65	**14.** 4.11 − 1.88	**15.** 3.64 − 1.78	**16.** 6.33 − 2.58
17. 3.56 − 4.99	**18.** 3.54 − 5.02	**19.** 18.22 − 2.28	**20.** 4.25 − 3.85

Nombre: ______________________ Fecha: ______________

Resta de decimales

1. 23.459 − 14.550	2. 12.334 − 8.224	3. 6.448 − 3.102	4. 7.002 − 4.220
5. 3.886 − 5.005	6. 10.338 − 7.223	7. 4.889 − 1.256	8. 10.774 − 4.585
9. 2.773 − 1.5	10. 3.325 − 2.552	11. 4.097 − 1.703	12. 5.004 − 4.2
13. 6.157 − 2.997	14. 8.332 − 5.477	15. 11.375 − 4.1	16. 15.88 − 9.883
17. 12.664 − 4.272	18. 16.773 − 6.558	19. 22.88 − 5.505	20. 30.477 − 19.883

Nombre: ______________________ Fecha: ______________

Multiplicación de decimales

1. 3.8 × 1.5	**2.** 7.8 × 2.4	**3.** 2.2 × 4.8	**4.** 4.6 × 5.2
5. 5.3 × 7.4	**6.** 6.1 × 10.5	**7.** 3.3 × 2.4	**8.** 3.34 × 5.2
9. 4.2 × 1.3	**10.** 3.60 × 1.50	**11.** 1.90 × 3.80	**12.** 14.20 × 7.55
13. 3.90 × 6.10	**14.** 3.1 × 0.14	**15.** 6.3 × 7.5	**16.** 6.62 × 2.51
17. 5.4 × 2.3	**18.** 2.7 × 2.6	**19.** 4.45 × 2.84	**20.** 4.17 × 1.4

Nombre: ______________________ Fecha: ____________________

División de decimales

1. 4 ÷ 2.55	**2.** 12 ÷ 2.3	**3.** 28 ÷ 8.2	**4.** 20 ÷ 5.4
5. 5 ÷ 1.5	**6.** 44 ÷ 4.3	**7.** 55 ÷ 7.5	**8.** 6 ÷ 3.5
9. 4 ÷ 2.6	**10.** 18 ÷ 3.15	**11.** 31 ÷ 6.8	**12.** 8 ÷ 1.5
13. 18 ÷ 5.3	**14.** 28 ÷ 5.6	**15.** 7 ÷ 2.2	**16.** 65 ÷ 5.5
17. 34 ÷ 5.7	**18.** 12 ÷ 7.2	**19.** 12 ÷ 4.5	**20.** 17 ÷ 6.8

Nombre: ______________________ Fecha: ________________

División de decimales

1. 5.5 ÷ 2.6	2. 15.2 ÷ 2.46	3. 2.2 ÷ 0.7	4. 15.2 ÷ 5.22
5. 5.36 ÷ 2.12	6. 0.85 ÷ 0.02	7. 8.8 ÷ 3.9	8. 2.5 ÷ 0.8
9. 6.18 ÷ 1.15	10. 5.32 ÷ 6.12	11. 7.3 ÷ 2.55	12. 9.35 ÷ 6.25
13. 8.56 ÷ 2.41	14. 8.84 ÷ 3.16	15. 4.44 ÷ 2.18	16. 3.23 ÷ 0.05
17. 18.25 ÷ 5.25	18. 7.3 ÷ 3.45	19. 13.65 ÷ 4.22	20. 4.1 ÷ 2.52

Nombre: ______________________________ Fecha: ____________________

Decimales en forma de fracción. Simplifica el resultado

1. 6.5 =	2. 4.1 =	3. .25 =
4. 1.45 =	5. 2.2 =	6. 5.5 =
7. .75 =	8. 3.8 =	9. 2.85 =
10. 4.55 =	11. 6.15 =	12. 3.9 =
13. 5.15 =	14. 8.75 =	15. 3.4 =
16. 2.185 =	17. 8.6 =	18. 7.3 =
19. 2.65 =	20. 4.33 =	

Nombre: ______________________________ Fecha: __________________________

Decimales en forma de fracción. Simplifica el resultado

1. 25.5 =	2. 8.68 =	3. 9.15 =
4. 75.2 =	5. 22.15 =	6. 18.3 =
7. 3.75 =	8. 9.64 =	9. 8.65 =
10. 13.5 =	11. 0.65 =	12. 4.95 =
13. .625 =	14. 25.3 =	15. 2.65 =
16. 14.75 =	17. 6.25 =	18. 3.75 =
19. 12.4 =	20. 32.75 =	

Nombre: ______________________ Fecha: ______________________

Fracciones en forma de decimales

1. 3/8 =	**2.** 15/25 =	**3.** 16/18 =
4. 5/18 =	**5.** 6/18 =	**6.** 3/4 =
7. 6/24 =	**8.** 5/15 =	**9.** 14/28 =
10. 5/7 =	**11.** 12/30 =	**12.** 14/40 =
13. 6/15 =	**14.** 12/144 =	**15.** 3/24 =
16. 3/5 =	**17.** 7/12 =	**18.** 5/30 =
19. 12/48 =	**20.** 6/18 =	

Nombre: ______________________ Fecha: ______________

Unidades de medida
Escribir la abreviación correcta

1. ______________ centímetro **2.** ______________ pulgada

3. ______________ kilometro **4.** ______________ yarda

5. ______________ metro **6.** ______________ milla

Calcule el equivalente de cada medida

7. 10 cm = __________ mm **8.** 1 ft. = ________ cm

9. 3 km = __________ m **10.** 1 mi = ________ km

11. 100 cm = __________ m **12.** 2 yd. = ________ in.

13. 3.048 m = __________ ft. **14.** 1 in. = ________ cm

15. 1 mn = __________ km
milla náutica

16. 3 mn = ________ mi.
milla náutica

Nombre: ______________________________ Fecha: ______________

Unidades de medida
Escribir la equivalencia correcta

1. 75 mm = __________ cm	**2.** 500 m = __________ km
3. 12 km = __________ m	**4.** 300 m = __________ cm
5. 5,700 m = __________ ft	**6.** 100 cm = __________ ft
7. 50 cm = __________ m	**8.** 12,000 m = __________ km
9. 20 m = __________ cm	**10.** 2,400 m = __________ ft

Resolver los siguientes ejercicios

11. Hugues camina 5 km diarios, mientras que Fernando recorre 3,500 m. Quién recorre mas? Y cuantos metros ?

R/

12. Sofía tiene una cinta de 1 m, de la cual usa 40 cm para hacerse un adorno. Cuánta cinta le queda?

R/

Nombre: ______________________ Fecha: ______________

Unidades de medida
Escribir la equivalencia correcta

1. 10 ft. = ________ in.	**2.** 108 in. = ________ yd.
3. 75 ft. = ________ in.	**4.** 1 yd. = ________ ft.
5. 60 in. = ________ ft.	**6.** 3 ft. = ________ m
7. 36 ft. = ________ yd.	**8.** 5,000 ft. = ________ km
9. 21 mi. = ________ yd.	**10.** 15 mi. = ________ km

Resolver los siguientes ejercicios

11. Adriana conduce 12 mi. a su trabajo. Cuántos **km** recorre en ese trayecto?

R/

12. Fabián necesita 24 ft. de tuberías para hacer un arreglo en su casa. Cuántas **pulgadas** de tubería debe comprar?

R/

Nombre: ______________________________ Fecha: ____________

Unidades de medida
Escribir la equivalencia correcta

1. 200 mg = __________ kg

2. 14,000 g = __________ lb.

3. 32 oz = __________ g

4. 300 kg = __________ tn.

5. 3,000 lb. = __________ kg

6. 7,500 mg = __________ kg

7. 3 tn. = __________ kg

8. 15kg = __________ oz.

9. 6,000 g = __________ kg

10. 10 lb. = __________ kg

Resolver los siguientes ejercicios

11. Clara usa 5 kg de harina para hacer una torta, cuántos **gramos** uso?

R/

12. Juliana adiciono 18,000 mg de esencia de vainilla y luego Clara le añadió 2,000 mg mas. Cuántos **gramos** de esencia de vainilla usaron?

R/

Nombre: ________________________________ Fecha: ______________

Unidades de medida
Escribir la equivalencia correcta

1. 96 oz. = __________ kg
2. 3 tn. = __________ lb.
3. 20 lb. = __________ kg
4. 30 lb. 6 oz. = __________ oz.
5. 90,000 oz. = __________ tn.
6. 1.4 tn. = __________ lb.
7. 180 lb. 10 oz. = __________ kg
8. 208 oz. = __________ lb.
9. 120 oz. = __________ g
10. 202 lb. = __________ kg

Resolver los siguientes ejercicios

11. Sofía pesaba 30.4 lb. cuando tenia tres años, ahora ella pesa el doble. Cuántos **kg** pesa Sofía?

    R/

12. La nueva receta de Mariana requiere 1.2 lb. de azúcar, Cuántas **onzas** deben usarse?

    R/

Nombre: ______________________________ Fecha: ________________

Unidades de medida
Escribir la equivalencia correcta

1. 1.5 L = __________ mL

2. 3,781.41 ml = __________ gal

3. 500 mL = __________ L

4. 40 L = __________ qt.

5. 750 mL = __________ L

6. 13,800 ml = __________ L

7. 12 L = __________ mL

8. 50 L = __________ gal.

9. 1.5 L = __________ fl. oz.

10. 1.8 m^3 = __________ L

Resolver los siguientes ejercicios

11. Javier usa canecas de 40 L para almacenar la leche de sus vacas. Si Javier ha llenado 6 canecas, cuántos **galones** de leche tiene en total?

R/

12. Martha compro' doce botellas de gaseosa de 2 Litros para su fiesta de graduación. Los invitados se tomaron 9,000 mL. Cuántos **litros** de gaseosa sobraron?

R/

Nombre: ______________________________ Fecha: ___________

Unidades de medida
Escribir la equivalencia correcta

1.	30 fl. oz. = __________ mL	**2.**	4 qt. = ______ gal
3.	300 pt. lqd. = __________ gal.	**4.**	14 pt. = ______ qt.
5.	300 qt. = __________ gal.	**6.**	5 c. = ______ L
7.	1 tsp. = __________ mL	**8.**	9 tbsp. = ______ tsp.
9.	18 tbsp. = __________ fl. oz.	**10.**	12 qt. = ______ L

Resolver los siguientes ejercicios

11. La señora Ana ha cocinado 4 pintas (pt.) de sopa. Cuántas **copas (c.)** puede servir

    R/

12. Si José ha comprado 3 galones de leches, cuántos **litros** de leche tiene?

    R/

Nombre: ______________________________ Fecha: __________

Unidades de medida
Dibujar las horas en el reloj

1. Las tres y cuarenta y cinco

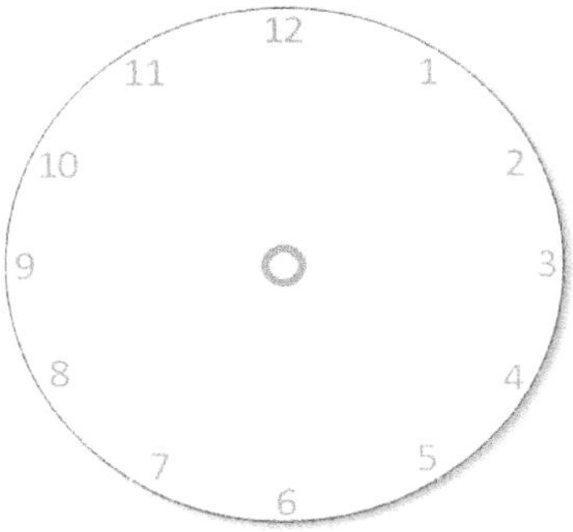

2. Las cinco y media

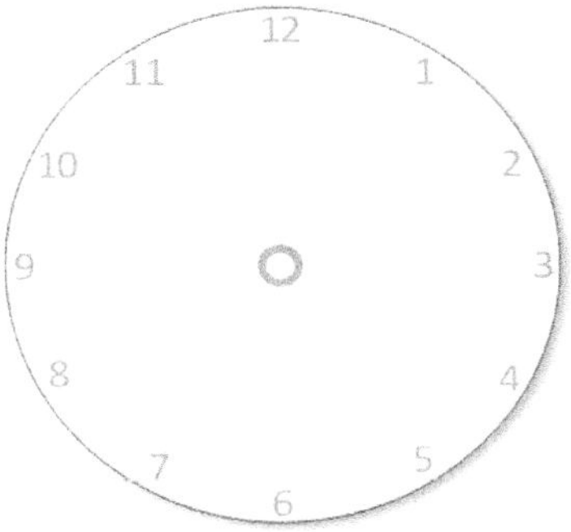

3. Diez y cuarto

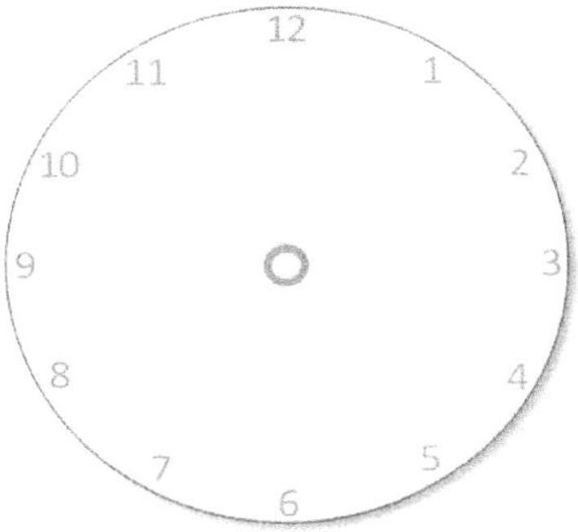

4. Las ocho en punto

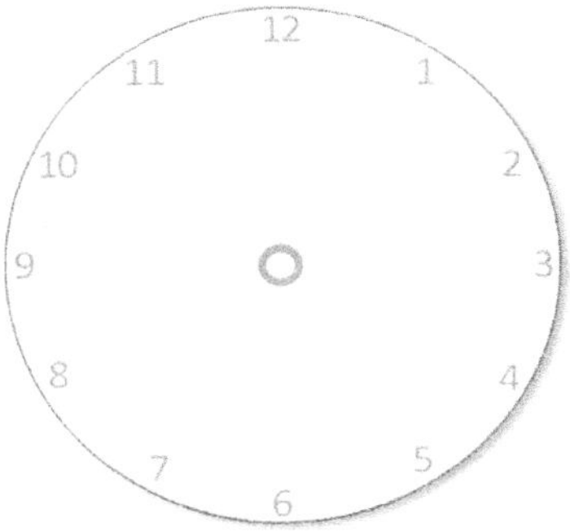

5. Las once y treinta y cinco

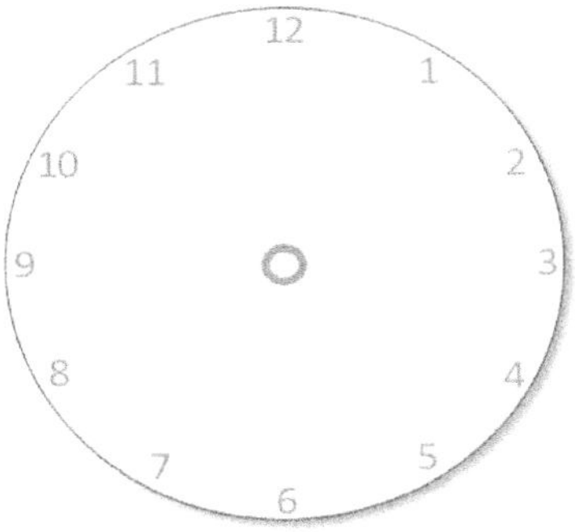

6. Las 21 horas

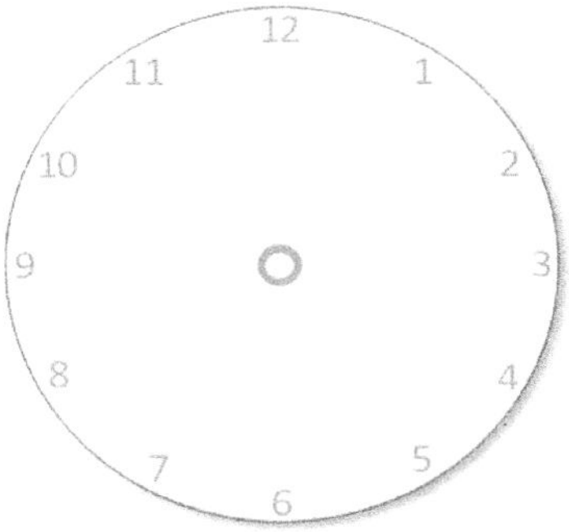

7. Las doce y veinte

8. Las 14:50 horas

Nombre: ______________________________ Fecha: __________

Unidades de medida
Resolver los siguientes ejercicios

1. Si Mariana se duerme a las 22 horas y se despierta a las 7 horas. Cuántas horas duerme?

   R/ ____

2. Cuántos minutos hay en 8 horas?

   R/ ____

3. Si la clase empieza a las 10 horas, y aun faltan 15 minutos para que empiece. Qué hora es en este momento?

   R/ ____

4. Cuántos trimestres tiene un año?

   R/ ____

5. Cuántas horas son 90 minutos?

   R/ ____

6. Si un año tiene 52 semanas, y cada semana tenemos 5 días de clase, Cuántos días al año tenemos clase?

   R/ ____

Nombre: ____ Fecha: ________________

Perímetros. Calcule la longitud de cada perímetro, Recuerde escribir las unidades correctas.

1.

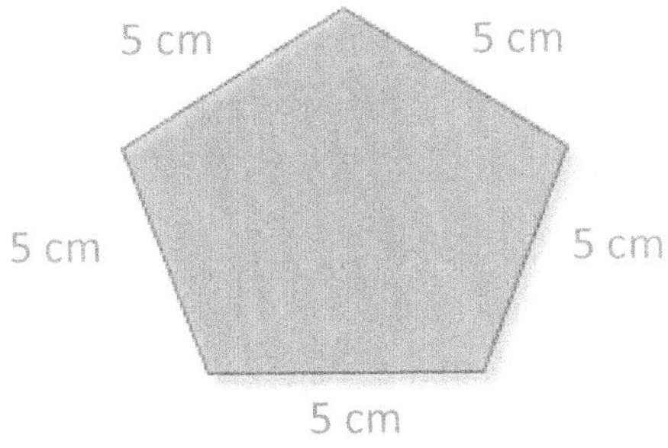

Perímetro ________________

2.

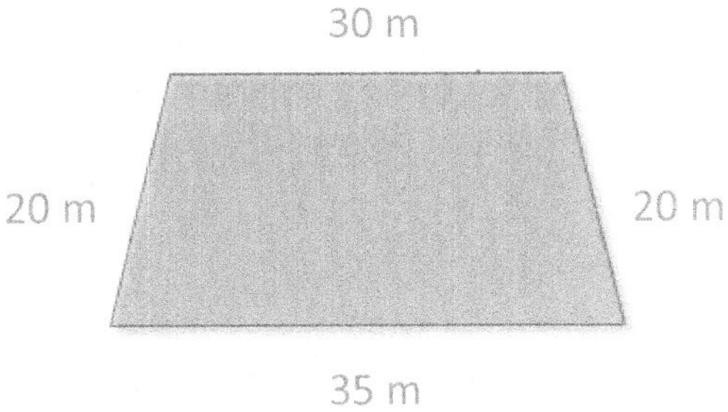

Perímetro ________________

3.

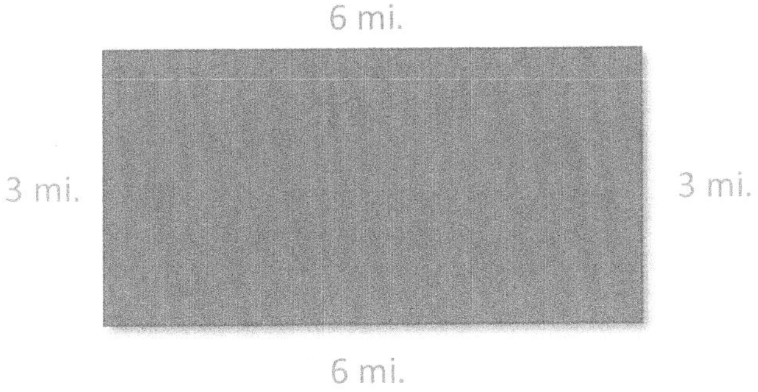

Perímetro ________________

4.

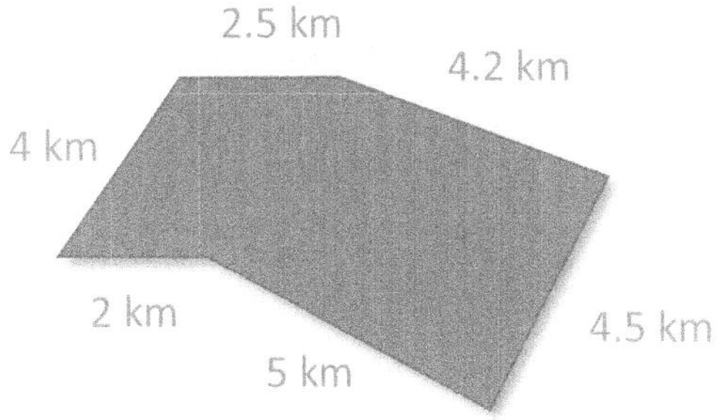

Perímetro ________________

5.

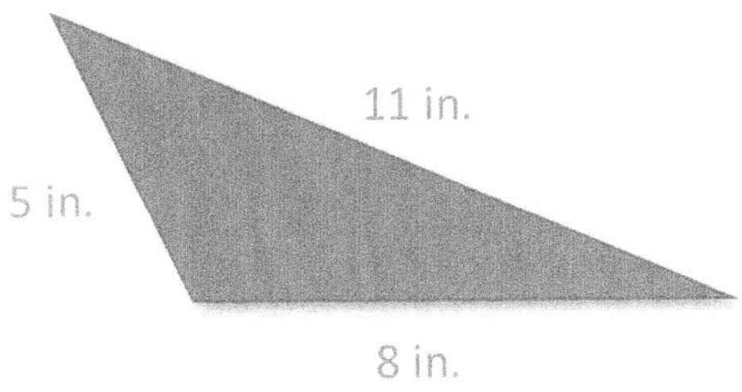

Perímetro ________________

6.

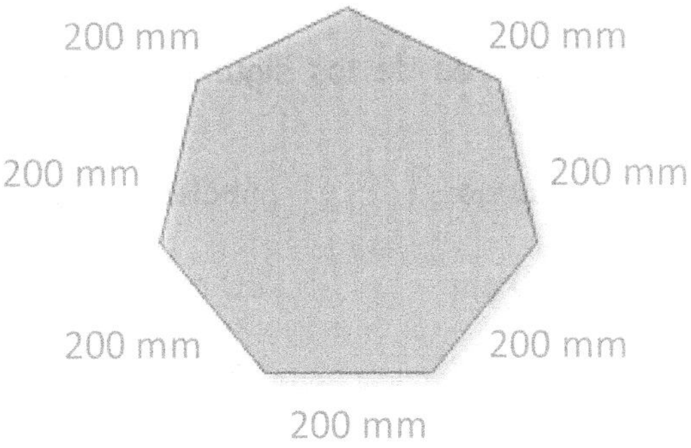

Perímetro ________________

Nombre: ______________________________ Fecha: ______________

Área. Calcule el área de cada figura. Recuerde escribir las unidades correctas.

1.

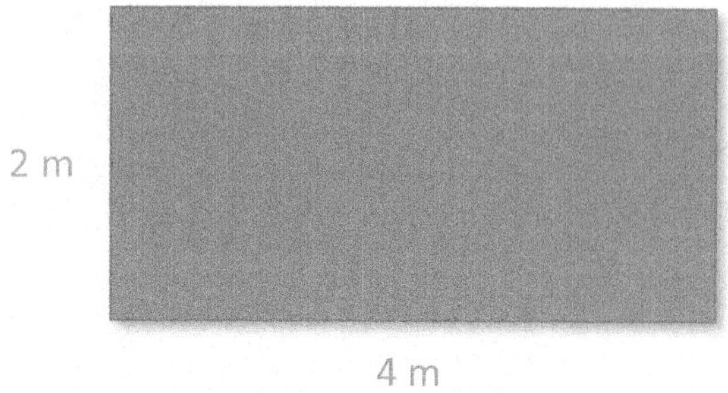

Área ______________

2.

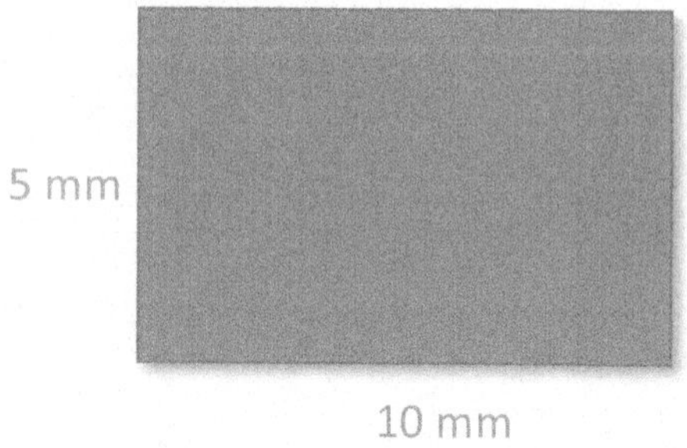

Área ______________

3.

Área ______________

4.

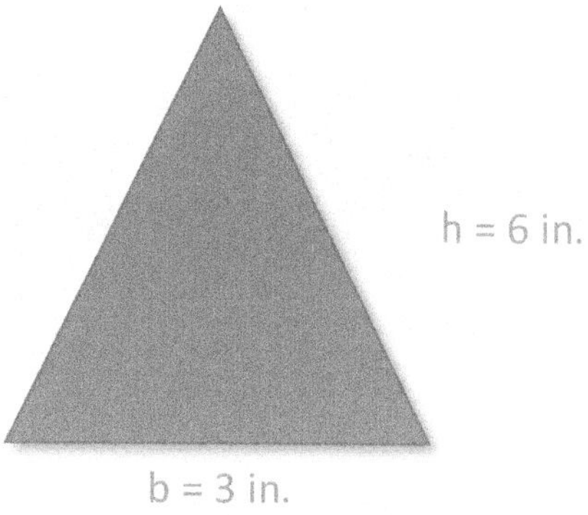

Área ______________

Calcule el área de los siguientes cuadriláteros. Recuerde escribir las unidades correctas.

	Largo	**Ancho**	**Area**
5.	30 cm	20 cm	
6.	2 m	12 m	
7.	24 in.	1 ft.	
8.	18 km	500 m	
9.	4 m	6 m	
10.	700 mm	1,500 mm	

Nombre: ____ Fecha: ________________

Líneas y segmentos de línea. Seleccione el nombre de cada figura.

1. 

Línea AB
Segmento AB
Línea B

2. 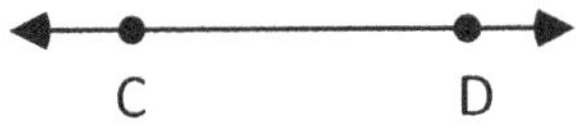

Segmento CC
Segmento CD
Línea CD

3. 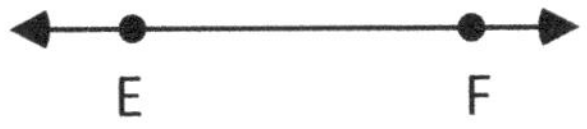

Segmento FF
Segmento EF
Línea EF

4. 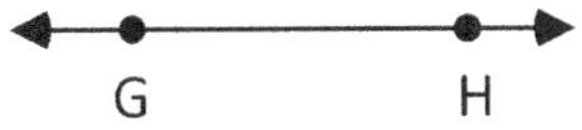

Segmento G
Segmento GH
Línea GH

5. 

Línea I
Línea IJ
Segmento IJ

6. 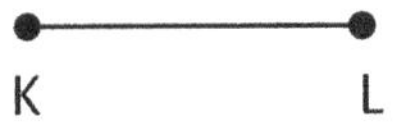

Segmento LL
Segmento KL
Línea KL

7. 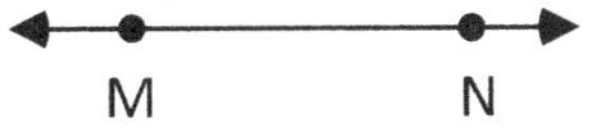

Línea N
Segmento MN
Línea MN

8. 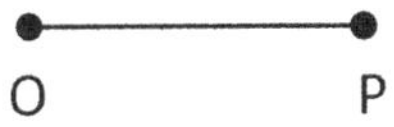

Línea OO
Segmento OP
Línea OP

Dibuje las siguientes figuras

9. $\overleftrightarrow{QR}$

10. $\overline{ST}$

11. $\overline{UV}$

12. $\overleftrightarrow{WX}$

13. $\overline{YZ}$

14. $\overleftrightarrow{AB}$

Nombre: ____ Fecha: ________________

Ángulos. Seleccione el nombre de cada figura

1.

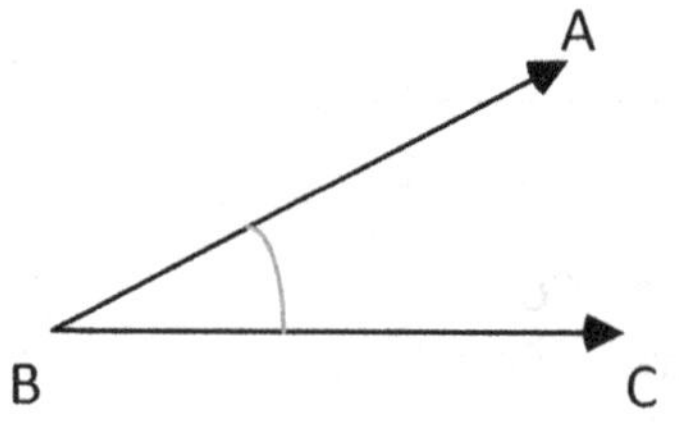

∠BAC ∠ABC ∠A

2.

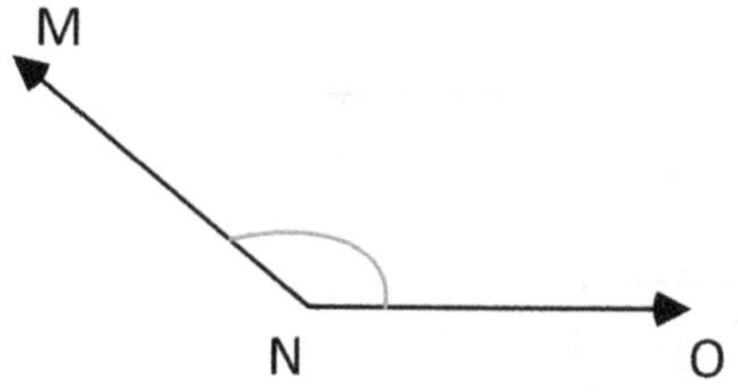

∠MNO ∠OMN ∠O

3.

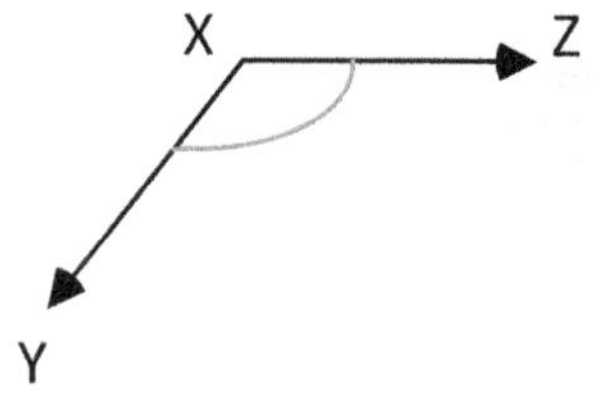

∠XYZ ∠YZX ∠ZXY

4.

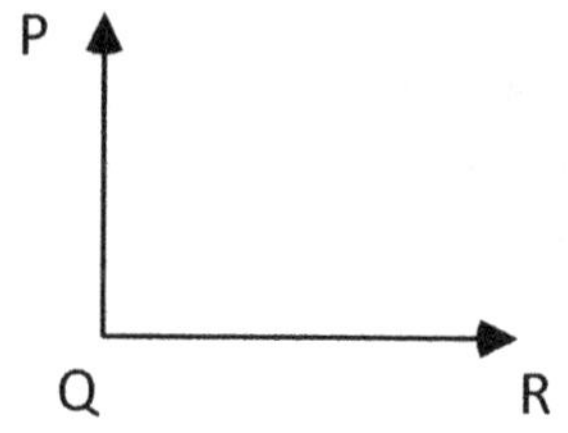

∠QPR ∠PQR ∠R

Mida los siguientes ángulos. Use el transportador.
Identifique el nombre adecuado para cada ángulo
(por ejemplo: ∠BAC o ∠CAB o ∠A)

5.

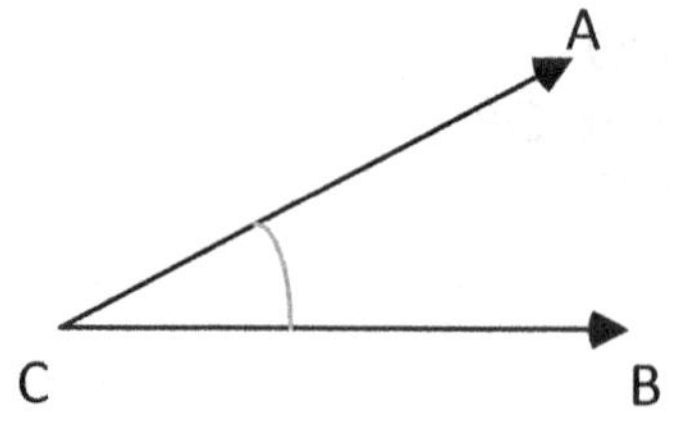

∠ __________ __________ °
ángulo grados

6.

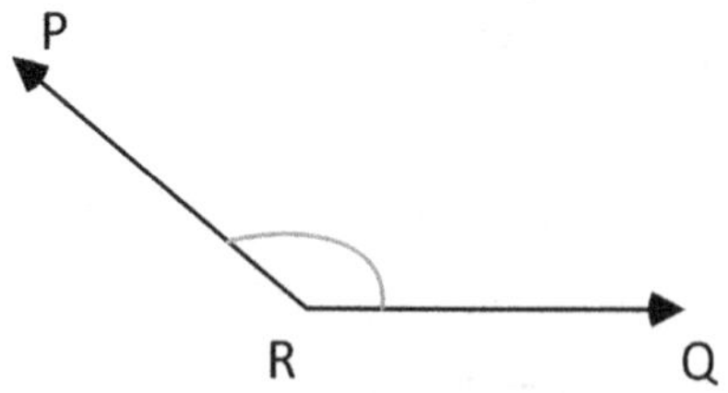

∠ __________ __________ °
ángulo grados

7.

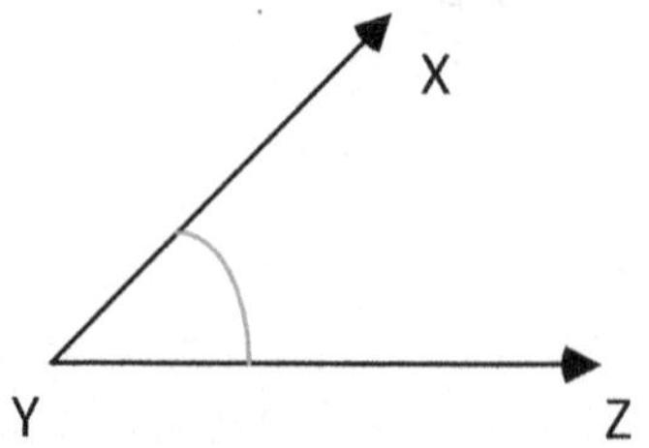

∠ __________ __________ °
ángulo grados

Nombre: ____________________________________ Fecha: ________________

Polígonos. Identifique el número de lados.

1. 

2. 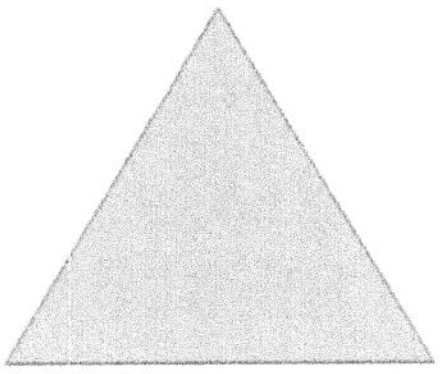

3. 

4. 

____

5. 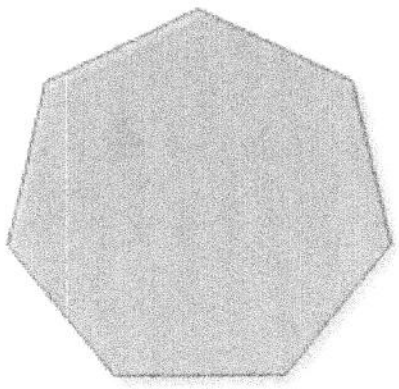

____

6. 

____

Dibuje las siguientes figuras

7. Trapezoide

8. Hexágono

9. Dodecágono

10. Rombo

Nombre: ____ Fecha: ________________

Polígonos y círculos. Seleccione el nombre de cada figura.

1.

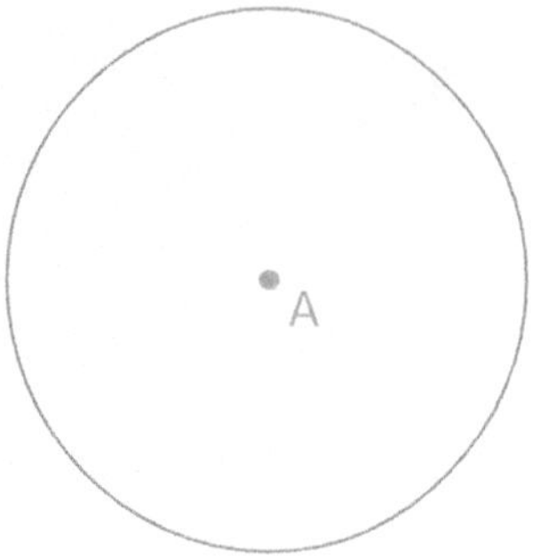

Circulo A
Segmento AB
Radio AB

2.

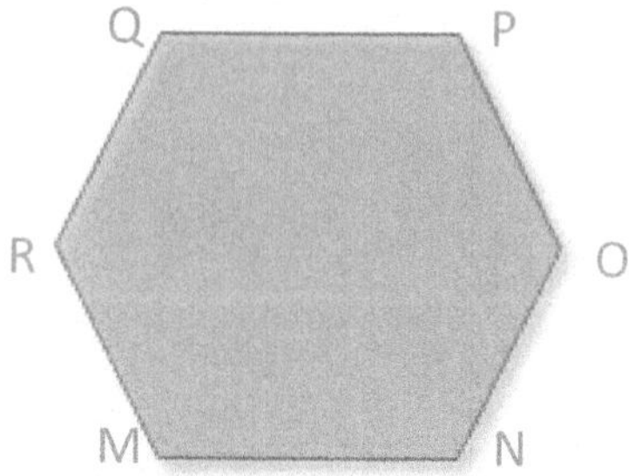

Pentágono MNOPQR
Hexágono MNOPQR
Hexágono MPQNOR

3.

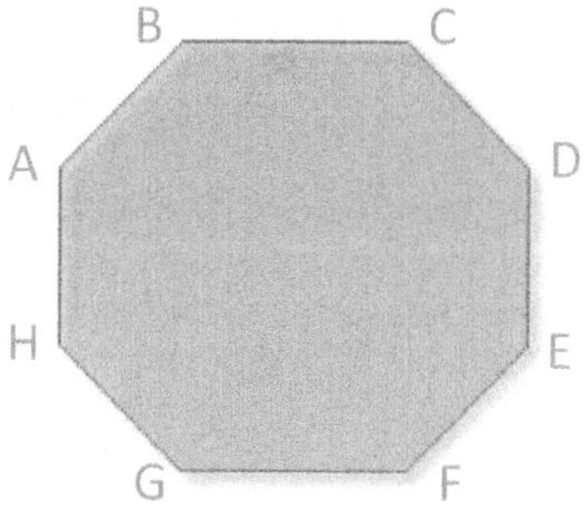

Decágono ABCDEFGHIJ
Decágono ABDHCEFGIJ
Octágono ABCDEFGH

4.

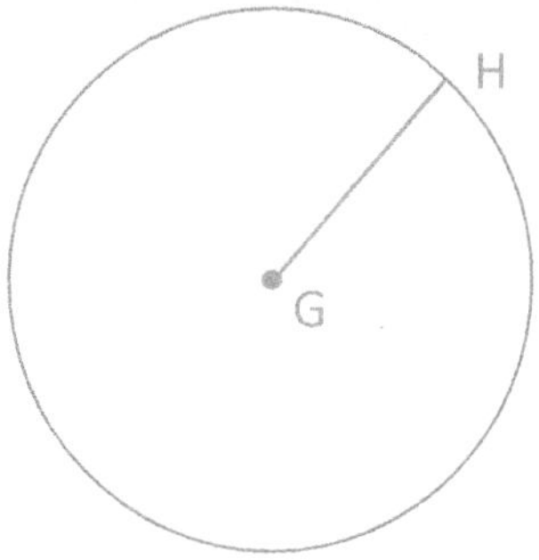

Circulo G
Segmento GH
Radio GH

Dibuje las siguientes figuras

5. Pentágono ABCDE

6. Rombo MNOP

Adicione las siguientes características a cada figura

7.

Centro C
Radio r
Diámetro d
Nombre del Circulo ________________

8.

Centro A
Radio AB
Diámetro CD
Nombre del Circulo ________________

Nombre: ______________________________ Fecha: ____________________

Estadísticas y gráficas

1. Darío pregunto a sus amigos que fruta comerían durante el recreo. Estas fueron sus respuestas:

A partir de los siguientes datos, construya un gráfico de barras verticales.

Fruta	Conteo	Total
Banano	||||||	
Piña	|||	
Uva	|||||	
Manzana	||||	
Mango	|||||||	

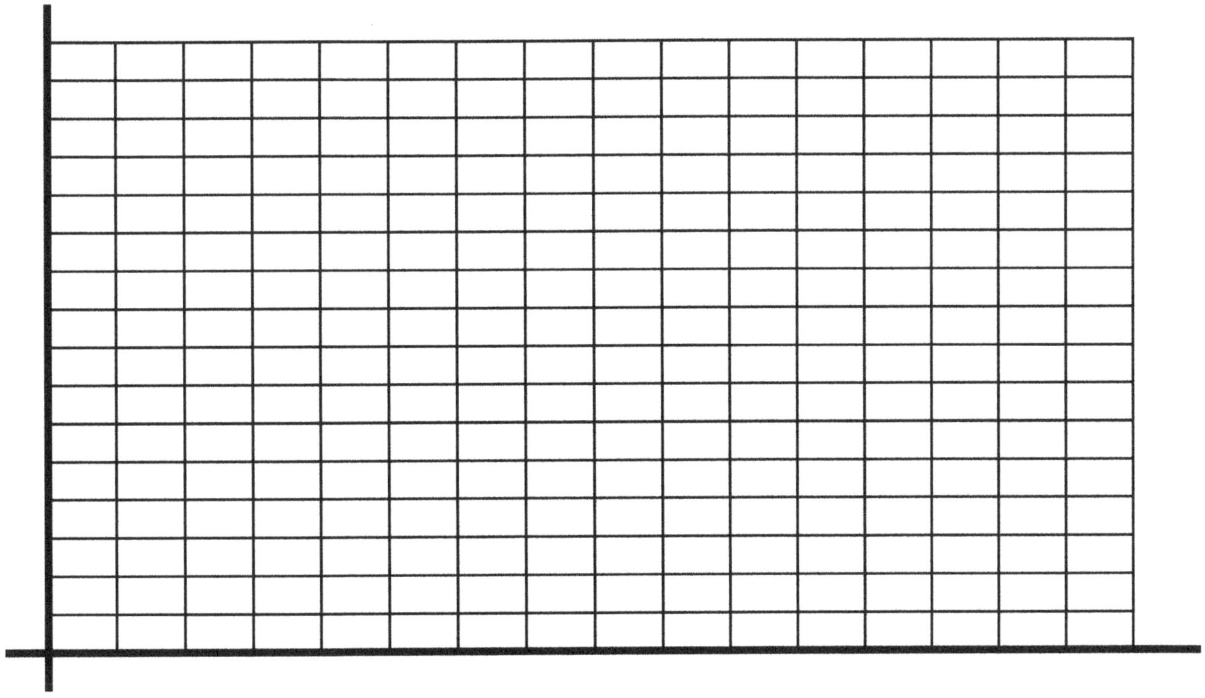

2. Cuál es la probabilidad de que un niño coma Piña? **R/** ____________________

3. Cuál es la porcentaje de niños que comerán mango? **R/** ____________________

Nombre: ______________________________ Fecha: ____________________

Estadísticas y gráficas

Responder las siguientes preguntas usando la información proporcionada en la grafica.

1. Si Colombia tiene una población estimada de 48 millones de habitantes, Cuál es el porcentaje de habitantes en la ciudad de Bogotá?

   R/

2. Cuál es el porcentaje de habitantes en la ciudades listadas de la costa atlántica? (Barranquilla, Cartagena, Santa Marta y Valledupar)

   R/

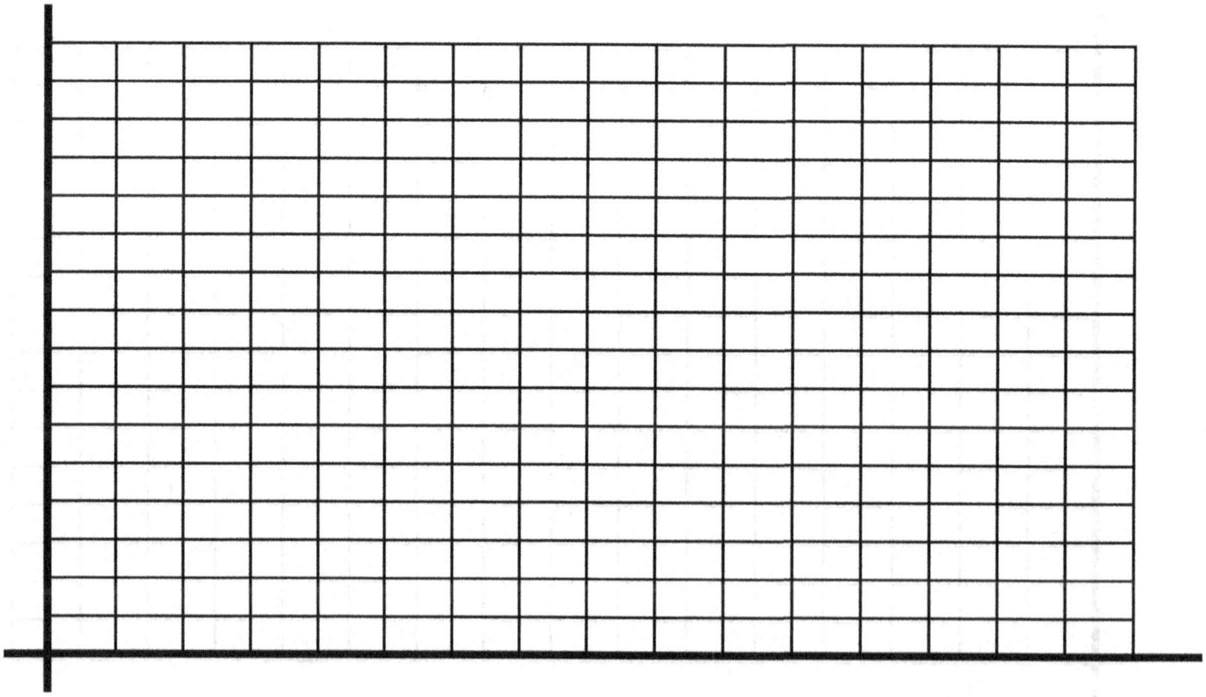

3. Qué tan grande es la población de Medellín comparada con la de Cali? (en %)

   R/

Nombre: ______________________________ Fecha: ____________________

Estadísticas y gráficas

A partir de los siguientes datos, construya un gráfico de barras verticales.

País	Área (millón km^2)	Población (millones)	GDP (trillones US$)	
Colombia	1.142	48.65	$	0.2825
México	1.964	127.5	$	1.046
USA	9.834	323.1	$	18.56
España	0.506	46.56	$	1.232
Alemania	0.357	82.67	$	3.467

GDP: Producto Interno Bruto (o PIB)
Datos aproximados (2016)

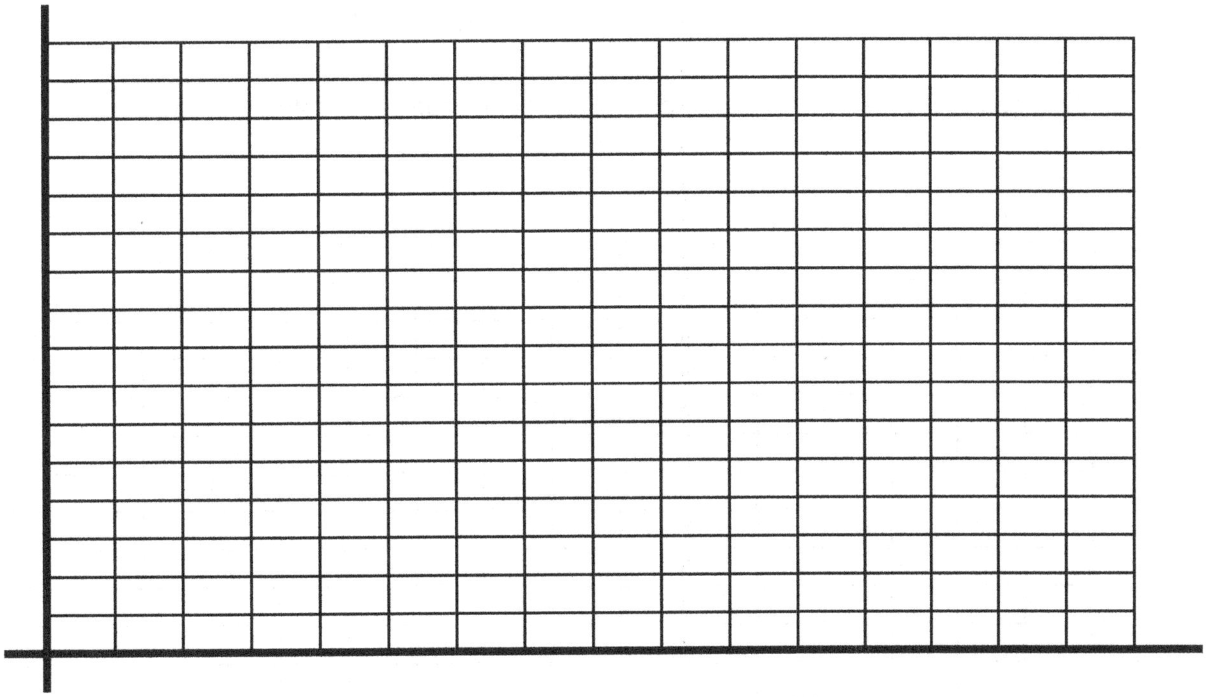

1. Qué tan grande es el área de México comparado con España? **R/** ____________

2. Qué tan grande es el área de Colombia comparado con Alemania? **R/** ____________

Nombre: ______________________________ Fecha: ____________________

Estadísticas y gráficas. Construya las gráficas y responda las siguientes preguntas.

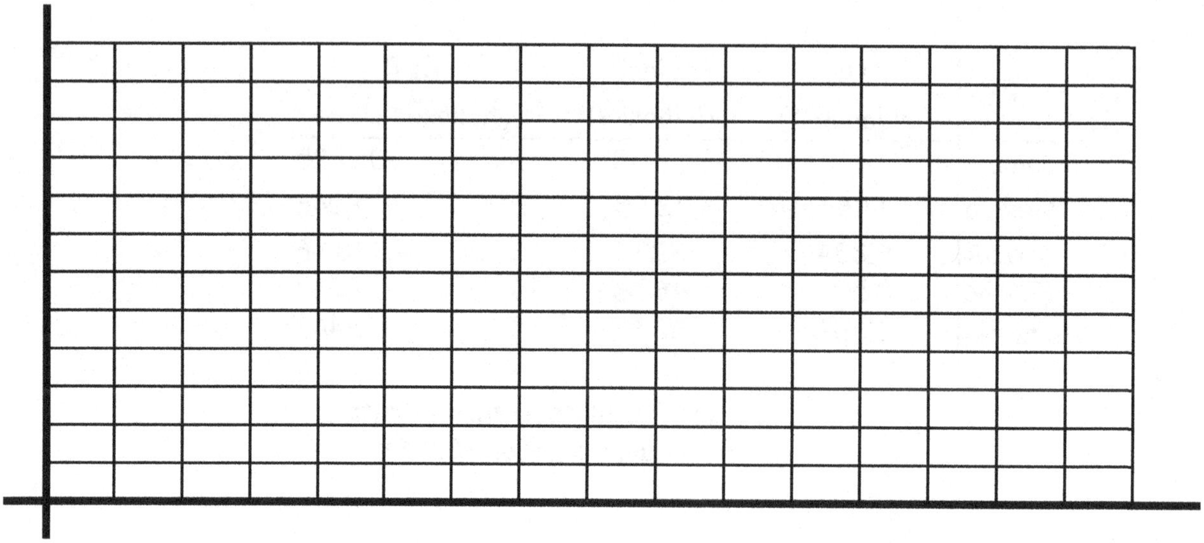

3. Qué tan grande es el población de USA comparada con México? R/ ______________

4. Qué tan grande es el población de España comparada con Colombia? R/ ______________

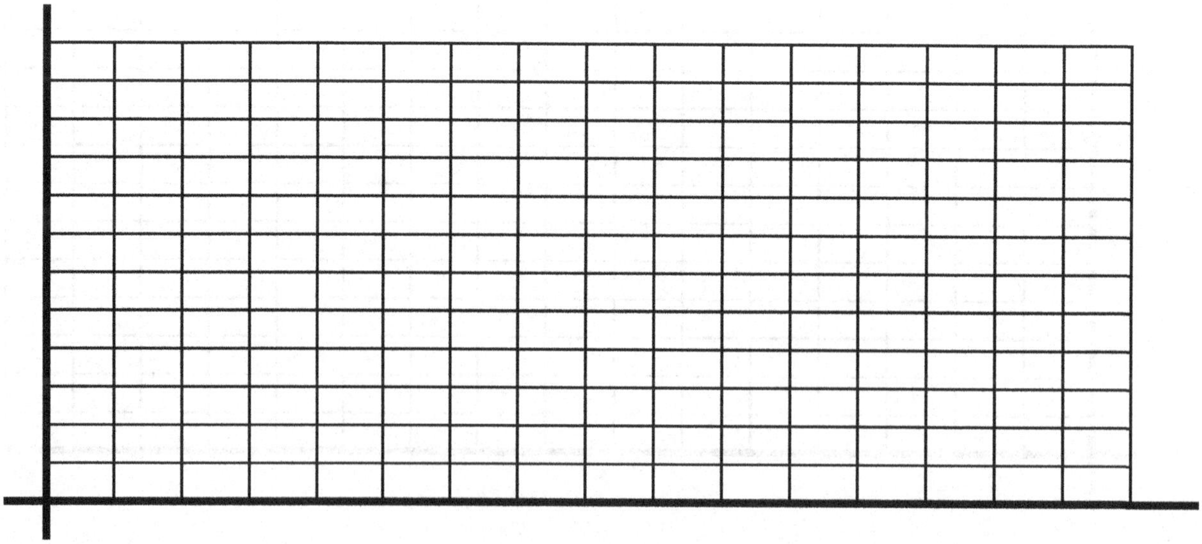

5. Qué tan productivo ($$$) es Alemania comprado con España? R/ ______________

6. Qué tan productivo ($$$) es España comprado con Colombia? R/ ______________

Nombre: ______________________________ Fecha: ____________________

Dinero y sistemas monetarios

Si un país como Colombia usa las siguientes denominaciones (valores) en sus billetes:

Cuanto dinero tenemos en las siguientes imágenes?

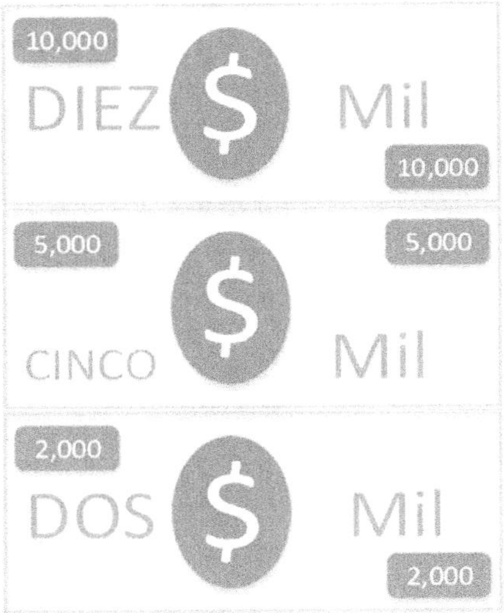

1. **R/** ____________________

2. **R/** ____________________

Nombre: ______________________________ Fecha: ____________________

Dinero y sistemas monetarios

Si tienes la siguiente cantidad de dinero,

1. Y gastas $ 30,000 en zapatos. Cuanto dinero te queda?
   R/

2. Si pagaste los zapatos con el billete de $ 50,000, cuanto dieron de vueltas?
   R/

3. El comerciante te devuelve los siguientes billetes? Es esta la cantidad correcta?

R/

Nombre: ______________________________ Fecha: ________________________

Dinero y sistemas monetarios

1. Si Juan gana $70,000 por cada día de trabajo, Cuánto gana cada semana? (asume que trabaja 5 días)
   R/

2. Cuál seria el equivalente de ese dinero en Dólares? (asume US$1 equivale a $3,000)
   R/

3. A cuántos Euros equivalen US$350? (asume € 1 equivale a US$1.2)
   R/

4. Selecciones los valores adecuados para billetes en Euros (€)

☐	€ 2	☐	€ 20	☐	€ 500
☐	€ 5	☐	€ 1	☐	€ 30
☐	€ 100	☐	€ 10	☐	€ 200
☐	€ 50	☐	€ 300	☐	€ 25

5. A cuánto dinero, en moneda local, equivalen US$300 en los siguientes países?

País	Moneda Local	Equivalente en moneda local		Total
Alemania	Euro		=	EUR
China	Yuan		=	CNY
Inglaterra	Euro		=	EUR
México	Peso Mexicano		=	MEX
Costa Rica	Colon		=	CRC
Panamá	Balboa		=	PAD/USD
Chile	Peso Chileno		=	CLP

Nombre: ______________________ Fecha: ____________

Realizar las siguientes operaciones en los ábacos proporcionados.

$$\begin{array}{r} 16 \\ +\ 37 \\ \hline \end{array}$$

1. Ábaco europeo o convencional (cada cuenta equivale a 1)

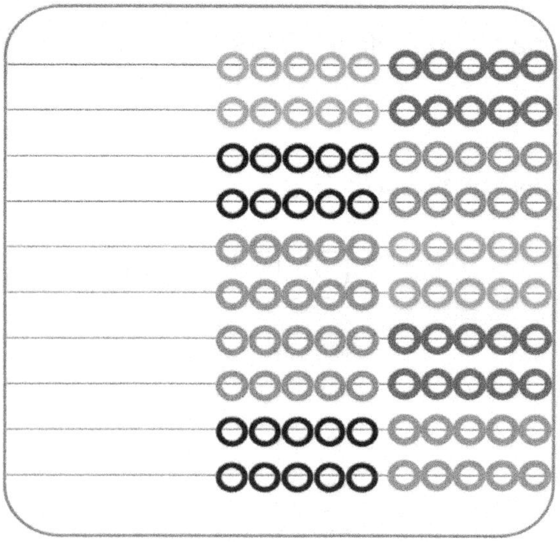

R/ ____________

2. Ábaco Chino (Suan-Pan). Sistema en base 10.

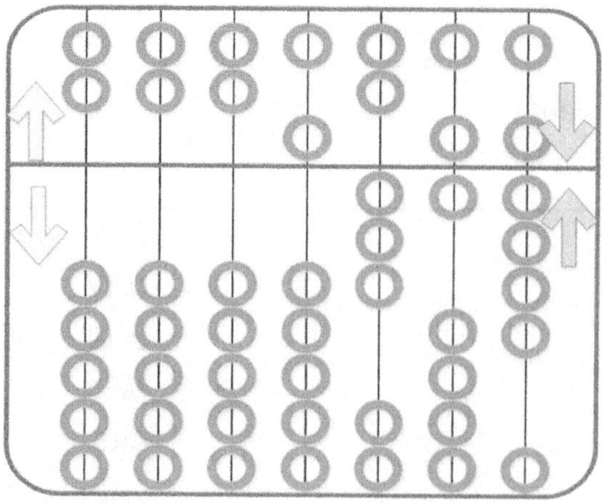

R/ ____________

Nombre: ______________________________ Fecha: ____________

Realizar las siguientes operaciones en los ábacos proporcionados.

$$\begin{array}{r} 318 \\ +\quad 44 \\ \hline \end{array}$$

1. Yupana Inca. Sistema en base 10.

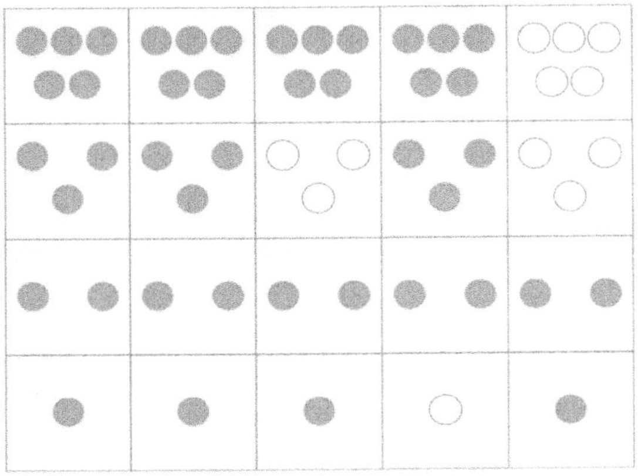

R/ ____________

2. Ábaco Maya. Sistema en base 20.

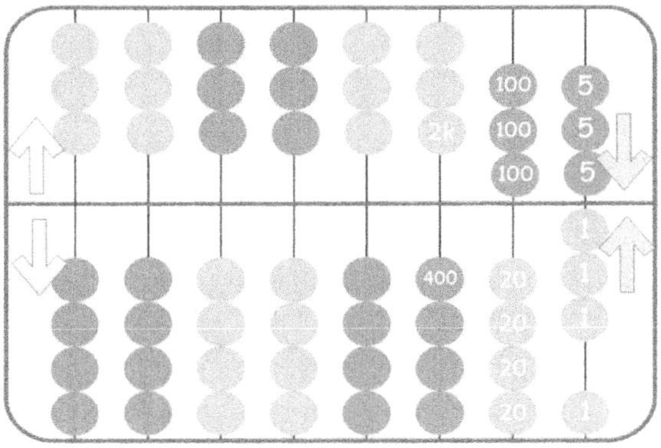

R/ ____________

Nombre: ______________________________ Fecha: ______________

Realizar las siguientes operaciones en el ábaco chino (Suan-Pan)

1.

$$\begin{array}{r} 35 \\ \times \quad 8 \\ \hline \end{array}$$

2.

$$\begin{array}{r} 68 \\ \times \quad 9 \\ \hline \end{array}$$

Nombre: ______________________________ Fecha: ______________

Realizar las siguientes operaciones en el ábaco chino (Suan-Pan)

1.
$$\begin{array}{r} 61 \\ \times \quad 5 \\ \hline \end{array}$$

2.
$$\begin{array}{r} 50 \\ \times \quad 4 \\ \hline \end{array}$$

Nombre: ______________________________ Fecha: ______________

Realizar las siguientes operaciones en el ábaco chino (Suan-Pan)

1. $\begin{array}{r} 42 \\ \times \quad 6 \\ \hline \end{array}$

2. $\begin{array}{r} 980 \\ \div \quad 35 \\ \hline \end{array}$

Nombre: ______________________________ Fecha: ______________

Realizar las siguientes operaciones en el ábaco Maya (en base 20)

1.
$$\begin{array}{r} 24 \\ \times \quad 21 \\ \hline \end{array}$$

2.
$$\begin{array}{r} 16 \\ \times \quad 37 \\ \hline \end{array}$$

Nombre: ________________________________ Fecha: ______________

Realizar las siguientes operaciones en el ábaco Maya (en base 20)

1.
$$\begin{array}{r} 18 \\ \times \quad 6 \\ \hline \end{array}$$

2.
$$\begin{array}{r} 53 \\ \times \quad 12 \\ \hline \end{array}$$

Nombre: ______________________________ Fecha: ______________

Realizar las siguientes operaciones en el ábaco Maya (en base 20)

1.
```
   65
×   4
-----
```

2.
```
  396
÷  12
-----
```

Recuerde,

a la hora de resolver Ejercicios y en la vida diaria...

1,000 versus 1.00

El uso de la coma o el punto para enumerar unidades de mil o para separar decimales

Ambos signos tienen uso en los países hispanohablantes. En México y el Caribe se prefiere el punto, según la costumbre anglosajona, mientras que en España y en Sur América se prefiere la coma, según la costumbre franco-alemana.

El signo para separar los decimales al expresar un número en cifras puede ser tanto un punto o una coma. **En este libro, usaremos el punto para separar los decimales (3.85) y la coma para expresar las unidades de mil (3,850)**.

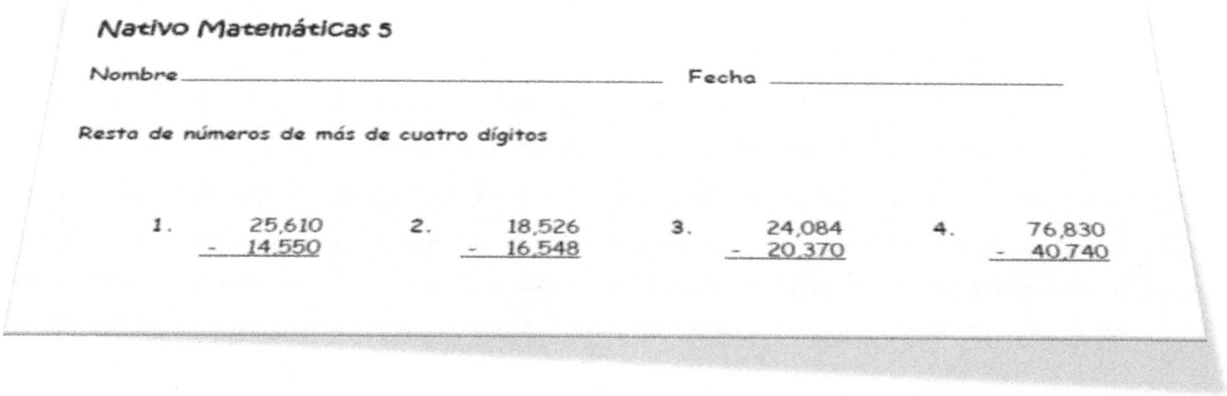
Nativo Matemáticas 5

Nombre ______________________ Fecha ______________

Resta de números de más de cuatro dígitos

1. 25,610	2. 18,526	3. 24,084	4. 76,830
- 14,550	- 16,548	- 20,370	- 40,740

Por favor note que en la Ortografía de la lengua española, de las Academias de la Lengua, se señala que, «con el fin de promover un proceso tendente hacia la unificación, **se recomienda el uso del punto como signo separador de los decimales**», al tiempo que aclara que **la coma sigue siendo igualmente válida**, de modo que puede escribirse tanto 3.85 como 3,85 para la cantidad de 'tres enteros y ochenta y cinco decimales'.

Solución a Ejercicios

Nativo Matemáticas 5

Ernesto Vega Jánica

Nombre: ______________________ Fecha: __________

Suma de uno y dos dígitos

1. 49 + 6 **55**	2. 12 + 7 **19**	3. 83 + 5 **88**	4. 62 + 4 **66**
5. 39 + 3 **42**	6. 21 + 6 **27**	7. 13 + 9 **22**	8. 35 + 8 **43**
9. 61 + 5 **66**	10. 33 + 1 **34**	11. 68 + 9 **77**	12. 34 + 7 **41**
13. 72 + 9 **81**	14. 40 + 5 **45**	15. 18 + 6 **24**	16. 65 + 3 **68**
17. 42 + 6 **48**	18. 27 + 8 **35**	19. 32 + 5 **37**	20. 57 + 4 **61**

Nombre: ______________________ Fecha: __________

Suma de dos dígitos

1. 25 + 18 **43**	2. 78 + 11 **89**	3. 50 + 20 **70**	4. 32 + 64 **96**
5. 17 + 53 **70**	6. 22 + 61 **83**	7. 24 + 33 **57**	8. 36 + 44 **80**
9. 42 + 47 **89**	10. 16 + 37 **53**	11. 50 + 19 **69**	12. 25 + 32 **57**
13. 29 + 39 **68**	14. 33 + 41 **74**	15. 30 + 60 **90**	16. 62 + 26 **88**
17. 28 + 34 **62**	18. 27 + 37 **64**	19. 21 + 18 **39**	20. 47 + 51 **98**

Nombre: ______________________ Fecha: __________

Suma de tres y cuatro dígitos

1. 3,518 + 125 **3,643**	2. 1,178 + 346 **1,524**	3. 2,050 + 840 **2,890**	4. 6,432 + 1,526 **7,958**
5. 5,317 + 475 **5,792**	6. 6,122 + 2,433 **8,555**	7. 3,324 + 2,456 **5,780**	8. 4,436 + 2,564 **7,000**
9. 4,742 + 4,650 **9,392**	10. 3,716 + 5,650 **9,366**	11. 1,950 + 308 **2,258**	12. 3,225 + 755 **3,980**
13. 3,925 + 165 **4,090**	14. 4,133 + 1,825 **5,958**	15. 6,030 + 1,875 **7,905**	16. 2,662 + 1,258 **3,920**
17. 3,428 + 5,046 **8,474**	18. 3,727 + 205 **3,932**	19. 1,821 + 228 **2,049**	20. 5,147 + 1,422 **6,569**

Nombre: ______________________ Fecha: __________

Suma de tres dígitos

1. 201 475 + 139 **815**	2. 302 443 + 251 **996**	3. 452 411 + 363 **1,226**	4. 678 379 + 475 **1,532**
5. 532 157 + 565 **1,254**	6. 797 125 + 677 **1,600**	7. 1,196 93 + 789 **2,078**	8. 1,794 61 + 901 **2,756**
9. 197 428 + 399 **1,024**	10. 177 396 + 287 **860**	11. 159 364 + 175 **698**	12. 143 332 + 63 **539**
13. 1,433 688 + 2,093 **4,215**	14. 1,290 656 + 1,981 **3,928**	15. 1,935 624 + 2,093 **4,653**	16. 1,741 592 + 1,981 **4,315**
17. 5,901 3,142 + 713 **9,756**	18. 5,311 3,110 + 601 **9,022**	19. 4,780 3,078 + 489 **8,347**	20. 1,912 2,758 + 601 **5,271**

Nombre: ______________________ Fecha: ______________

Suma de diversos dígitos

1. 1,825 15 + 257 **2,097**	2. 2,738 335 + 145 **3,218**	3. 4,106 303 + 257 **4,666**	4. 6,159 271 + 369 **6,799**
5. 402 275 + 5,133 **5,810**	6. 1,005 243 + 5,245 **6,493**	7. 1,508 211 + 5,357 **7,075**	8. 2,261 313 + 5,469 **8,043**
9. 2,633 360 + 51 **3,044**	10. 2,369 468 + 163 **3,001**	11. 2,132 749 + 51 **2,933**	12. 1,919 225 + 1,171 **3,315**
13. 2,435 300 + 7,090 **9,825**	14. 2,192 268 + 5,970 **8,430**	15. 3,287 402 + 2,985 **6,675**	16. 2,959 434 + 1,194 **4,587**
17. 3,930 843 + 2,948 **7,721**	18. 3,537 590 + 442 **4,569**	19. 3,183 1,121 + 554 **4,859**	20. 1,273 801 + 443 **2,518**

Nombre: ______________________ Fecha: ______________

Resta de uno digito a un número de dos dígitos

1. 94 - 6 **88**	2. 21 - 7 **14**	3. 38 - 5 **33**	4. 25 - 4 **21**
5. 48 - 3 **45**	6. 21 - 6 **15**	7. 31 - 9 **22**	8. 53 - 8 **45**
9. 16 - 5 **11**	10. 58 - 1 **57**	11. 86 - 9 **77**	12. 43 - 7 **36**
13. 27 - 9 **18**	14. 40 - 5 **35**	15. 81 - 6 **75**	16. 56 - 3 **53**
17. 24 - 6 **18**	18. 72 - 8 **64**	19. 23 - 5 **18**	20. 75 - 4 **71**

Nombre: ______________________ Fecha: ______________

Resta de dos, tres y cuatro dígitos

1. 310 - 125 **185**	2. 852 - 654 **198**	3. 2,050 - 840 **1,210**	4. 6,432 - 1,526 **4,906**
5. 5,317 - 475 **4,842**	6. 6,122 - 2,433 **3,689**	7. 3,324 - 2,456 **868**	8. 4,436 - 2,564 **1,872**
9. 4,742 - 4,650 **92**	10. 3,716 - 56 **3,660**	11. 1,950 - 308 **1,642**	12. 3,225 - 755 **2,470**
13. 3,925 - 165 **3,760**	14. 4,133 - 1,825 **2,308**	15. 6,030 - 1,875 **4,155**	16. 2,662 - 1,258 **1,404**
17. 3,428 - 46 **3,382**	18. 3,727 - 205 **3,522**	19. 1,821 - 228 **1,593**	20. 5,147 - 1,422 **3,725**

Nombre: ______________________ Fecha: ______________

Resta de números de mas de cuatro dígitos

1. 25,610 - 14,550 **11,060**	2. 18,526 - 16,548 **1,978**	3. 24,084 - 20,370 **3,714**	4. 76,830 - 40,740 **36,090**
5. 64,210 - 13,238 **50,972**	6. 83,473 - 18,534 **64,939**	7. 108,515 - 37,068 **71,447**	8. 32,554 - 25,947 **6,607**
9. 19,934 - 14,827 **5,107**	10. 25,915 - 20,758 **5,157**	11. 33,689 - 14,530 **19,159**	12. 43,796 - 29,061 **14,735**
13. 31,176 - 16,606 **14,570**	14. 40,529 - 23,249 **17,280**	15. 52,687 - 16,274 **36,413**	16. 68,494 - 32,548 **35,945**
17. 55,874 - 18,599 **37,275**	18. 72,636 - 26,039 **46,597**	19. 94,427 - 18,227 **76,200**	20. 122,755 - 36,454 **86,301**

Nombre: ______________________ Fecha: __________

Multiplicación de uno y dos dígitos

1. 49 x 6 294	2. 12 x 7 84	3. 83 x 5 415	4. 62 x 4 248
5. 39 x 3 117	6. 21 x 6 126	7. 13 x 9 117	8. 35 x 8 280
9. 61 x 5 305	10. 33 x 1 33	11. 68 x 9 612	12. 34 x 7 238
13. 72 x 9 648	14. 40 x 5 200	15. 18 x 6 108	16. 65 x 3 195
17. 42 x 6 252	18. 27 x 8 216	19. 32 x 5 160	20. 57 x 4 228

Nombre: ______________________ Fecha: __________

Multiplicando dos dígitos por dos dígitos

1. 25 x 18 450	2. 78 x 11 858	3. 50 x 20 1000	4. 32 x 64 2048
5. 17 x 53 901	6. 22 x 61 1342	7. 24 x 33 792	8. 36 x 44 1584
9. 42 x 47 1974	10. 16 x 37 592	11. 50 x 19 950	12. 25 x 32 800
13. 29 x 39 1131	14. 33 x 41 1353	15. 30 x 60 1800	16. 62 x 26 1612
17. 28 x 34 952	18. 27 x 37 999	19. 21 x 18 378	20. 47 x 51 2397

Nombre: ______________________ Fecha: __________

Multiplicando tres y cuatro dígitos por un digito

1. 3,518 x 2 7,036	2. 1,178 x 3 3,534	3. 205 x 8 1,640	4. 6,432 x 5 32,160
5. 5,317 x 7 37,219	6. 6,122 x 4 24,488	7. 3,324 x 5 16,620	8. 4,436 x 2 8,872
9. 474 x 6 2,844	10. 316 x 5 1,580	11. 1,950 x 3 5,850	12. 3,225 x 8 25,800
13. 3,925 x 3 11,775	14. 4,133 x 8 33,064	15. 6,030 x 2 12,060	16. 662 x 5 3,310
17. 3,428 x 7 23,996	18. 727 x 2 1,454	19. 1,821 x 4 7,284	20. 5,147 x 6 30,882

Nombre: ______________________ Fecha: __________

Multiplicando tres dígitos por dos dígitos

1. 518 x 25 12,950	2. 718 x 32 22,976	3. 520 x 18 9,360	4. 432 x 51 22,032
5. 317 x 17 5,389	6. 122 x 24 2,928	7. 324 x 25 8,100	8. 436 x 47 20,492
9. 742 x 16 11,872	10. 716 x 35 25,060	11. 195 x 20 3,900	12. 225 x 28 6,300
13. 925 x 33 30,525	14. 133 x 48 6,384	15. 360 x 42 15,120	16. 662 x 34 22,508
17. 428 x 27 11,556	18. 725 x 12 8,700	19. 821 x 40 32,840	20. 147 x 56 8,232

Nombre: ______________________ Fecha: ______________

Multiplicando cifras de tres dígitos

1.	2.	3.	4.
201	302	452	678
x 139	x 251	x 363	x 125
27,939	75,677	164,167	84,797
5.	**6.**	**7.**	**8.**
246	369	120	180
x 301	x 413	x 525	x 245
74,046	152,397	63,000	44,100
9.	**10.**	**11.**	**12.**
197	177	159	143
x 399	x 287	x 175	x 263
78,462	50,809	27,902	37,674
13.	**14.**	**15.**	**16.**
685	617	925	352
x 235	x 123	x 235	x 123
160,975	75,830	217,316	43,296
17.	**18.**	**19.**	**20.**
252	227	204	315
x 235	x 123	x 115	x 227
59,220	27,896	23,474	71,505

Nombre: ______________________ Fecha: ______________

División entre uno y dos dígitos (División Exacta)

1.	2.	3.	4.
36	14	85	64
÷ 6	÷ 7	÷ 5	÷ 4
6	2	17	16
5.	**6.**	**7.**	**8.**
39	24	72	40
÷ 3	÷ 6	÷ 9	÷ 8
13	4	8	5
9.	**10.**	**11.**	**12.**
65	33	72	42
÷ 5	÷ 1	÷ 12	÷ 14
13	33	6	3
13.	**14.**	**15.**	**16.**
54	45	18	65
÷ 9	÷ 15	÷ 6	÷ 3
6	3	3	22
17.	**18.**	**19.**	**20.**
48	64	35	60
÷ 12	÷ 16	÷ 5	÷ 12
4	4	7	5

Nombre: ______________________ Fecha: ______________

Dividiendo tres dígitos por dos dígitos (División Exacta)

1.	2.	3.	4.
525	704	522	408
÷ 25	÷ 32	÷ 18	÷ 51
21	22	29	8
5.	**6.**	**7.**	**8.**
323	120	325	423
÷ 17	÷ 24	÷ 25	÷ 47
19	5	13	9
9.	**10.**	**11.**	**12.**
736	700	200	224
÷ 16	÷ 35	÷ 20	÷ 28
46	20	10	8
13.	**14.**	**15.**	**16.**
924	144	378	646
÷ 33	÷ 48	÷ 42	÷ 34
28	3	9	19
17.	**18.**	**19.**	**20.**
432	720	840	168
÷ 27	÷ 12	÷ 40	÷ 56
16	60	21	3

Nombre: ______________________ Fecha: ______________

Dividiendo tres y cuatro dígitos por un digito (División Exacta)

1.	2.	3.	4.
3,518	1,179	208	6,430
÷ 2	÷ 3	÷ 8	÷ 5
1,759	393	26	1,286
5.	**6.**	**7.**	**8.**
5,320	6,124	3,325	4,436
÷ 7	÷ 4	÷ 5	÷ 2
760	1,531	665	2,218
9.	**10.**	**11.**	**12.**
474	315	1,950	3,224
÷ 6	÷ 5	÷ 3	÷ 8
79	63	650	403
13.	**14.**	**15.**	**16.**
3,924	4,136	6,030	660
÷ 3	÷ 8	÷ 2	÷ 5
1,308	517	3,015	132
17.	**18.**	**19.**	**20.**
3,430	728	1,820	5,148
÷ 7	÷ 2	÷ 4	÷ 6
490	364	455	858

Nombre: ____________________ Fecha: __________

División entre uno y dos dígitos (División Inexacta)

1. 45 ÷ 6 = 7.50	2. 33 ÷ 7 = 4.71	3. 84 ÷ 5 = 16.80	4. 63 ÷ 4 = 15.75
5. 47 ÷ 3 = 15.67	6. 26 ÷ 6 = 4.33	7. 73 ÷ 9 = 8.11	8. 43 ÷ 8 = 5.38
9. 63 ÷ 5 = 12.60	10. 33 ÷ 12 = 2.75	11. 78 ÷ 12 = 6.50	12. 44 ÷ 14 = 3.14
13. 58 ÷ 9 = 6.44	14. 46 ÷ 15 = 3.07	15. 19 ÷ 6 = 3.17	16. 62 ÷ 3 = 20.67
17. 42 ÷ 12 = 3.50	18. 66 ÷ 16 = 4.13	19. 32 ÷ 5 = 6.40	20. 70 ÷ 12 = 5.83

Nombre: ____________________ Fecha: __________

Dividiendo tres dígitos por dos dígitos (División Inexacta)

1. 532 ÷ 25 = 21.28	2. 712 ÷ 32 = 22.25	3. 520 ÷ 18 = 28.89	4. 410 ÷ 51 = 8.04
5. 330 ÷ 17 = 19.41	6. 125 ÷ 24 = 5.21	7. 320 ÷ 25 = 12.80	8. 425 ÷ 47 = 9.04
9. 732 ÷ 16 = 45.75	10. 385 ÷ 33 = 11.67	11. 210 ÷ 20 = 10.50	12. 225 ÷ 12 = 18.75
13. 920 ÷ 33 = 27.88	14. 140 ÷ 48 = 2.92	15. 384 ÷ 42 = 9.14	16. 618 ÷ 34 = 18.18
17. 436 ÷ 27 = 16.15	18. 728 ÷ 12 = 60.67	19. 804 ÷ 40 = 20.10	20. 162 ÷ 56 = 2.89

Nombre: ____________________ Fecha: __________

Dividiendo tres y cuatro dígitos por un digito (División Inexacta)

1. 3,545 ÷ 2 = 1,772.50	2. 1,285 ÷ 3 = 428.33	3. 218 ÷ 8 = 27.25	4. 6,432 ÷ 5 = 1,286.40
5. 5,326 ÷ 7 = 760.86	6. 6,142 ÷ 4 = 1,535.50	7. 3,362 ÷ 5 = 672.40	8. 4,418 ÷ 3 = 1,472.67
9. 472 ÷ 6 = 78.67	10. 322 ÷ 5 = 64.40	11. 1,985 ÷ 3 = 661.67	12. 3,215 ÷ 8 = 401.88
13. 3,912 ÷ 5 = 782.40	14. 4,125 ÷ 8 = 515.63	15. 6,133 ÷ 2 = 3,066.50	16. 663 ÷ 5 = 132.60
17. 3,426 ÷ 7 = 489.43	18. 737 ÷ 2 = 368.50	19. 1,865 ÷ 4 = 466.25	20. 5,038 ÷ 6 = 839.67

Nombre: ____________________ Fecha: __________

Dividiendo tres y cuatro dígitos por dos dígitos (División Inexacta)

1. 3,518 ÷ 12 = 293.17	2. 1,179 ÷ 23 = 51.26	3. 210 ÷ 28 = 7.50	4. 6,435 ÷ 23 = 279.78
5. 5,320 ÷ 17 = 312.94	6. 6,124 ÷ 34 = 180.12	7. 3,325 ÷ 55 = 60.45	8. 4,436 ÷ 62 = 71.55
9. 474 ÷ 26 = 18.23	10. 315 ÷ 18 = 17.50	11. 1,950 ÷ 31 = 62.90	12. 3,224 ÷ 68 = 47.41
13. 3,924 ÷ 53 = 74.04	14. 4,136 ÷ 82 = 50.44	15. 6,030 ÷ 22 = 274.09	16. 660 ÷ 65 = 10.15
17. 3,430 ÷ 57 = 60.18	18. 728 ÷ 12 = 60.67	19. 1,820 ÷ 44 = 41.36	20. 5,148 ÷ 17 = 302.82

Nombre: ______________________ Fecha: ____________

Fracciones

Sombree cada forma para mostrar la fracción correcta

1. 1/2

2. 1/4

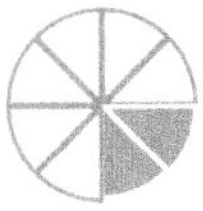

3. 7/8

4. 3/8

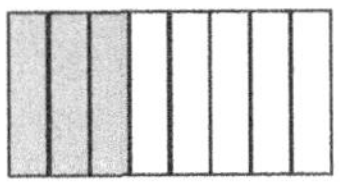

5. 3/5

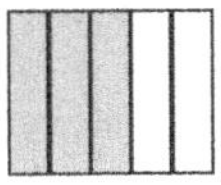

6. 5/6

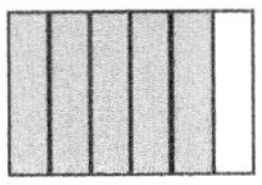

Escriba la fracción

7. Denominador 4, Numerador 3 **3/4**

8. Numerador 5, Denominador 9 **5/9**

9. Numerador 2, Denominador 5 **2/5**

10. Denominador 3, Numerador 1 **1/3**

Escriba el símbolo adecuado (>, <, o =)

11. 1/2 (<) 3/4
12. 2/5 (>) 1/8
13. 5/4 (>) 6/5
14. 7/8 (>) 3/16
15. 3/8 (<) 1/4
16. 5/8 (>) 1/2

Nombre: ______________________ Fecha: ____________

Reducir fracciones

1. 6/18 = **1/3**
2. 5/25 = **1/5**
3. 6/16 = **3/8**
4. 14/32 = **4/9**
5. 12/16 = **3/4**
6. 30/60 = **1/2**
7. 16/24 = **2/3**
8. 18/24 = **3/4**
9. 7/28 = **1/4**
10. 5/45 = **1/9**
11. 6/16 = **3/8**
12. 4/32 = **1/8**
13. 3/15 = **1/5**
14. 5/10 = **1/2**
15. 17/34 = **1/2**
16. 4/16 = **1/4**
17. 8/64 = **1/8**
18. 7/49 = **1/7**
19. 21/63 = **1/3**
20. 45/135 = **1/3**

Nombre: ______________________ Fecha: ____________

Reducir fracciones

1. 12/18 = **2/3**
2. 15/25 = **3/5**
3. 16/18 = **8/9**
4. 4/18 = **2/9**
5. 6/18 = **1/3**
6. 15/21 = **5/7**
7. 9/24 = **3/8**
8. 5/15 = **1/3**
9. 14/28 = **1/2**
10. 15/45 = **1/3**
11. 18/30 = **3/5**
12. 14/112 = **1/8**
13. 12/96 = **1/8**
14. 24/72 = **1/3**
15. 3/24 = **1/8**
16. 12/108 = **1/9**
17. 16/80 = **1/5**
18. 42/126 = **1/3**
19. 15/60 = **1/4**
20. 13/39 = **1/3**

Nombre: ______________________ Fecha: ____________

Comparar fracciones

Escriba el símbolo adecuado (>, <, o =)

1. 5/6 (>) 3/18
2. 15/25 (>) 4/16
3. 16/18 (>) 5/9
4. 4/18 (<) 3/4
5. 6/18 (<) 3/5
6. 15/21 (>) 3/8
7. 9/24 (>) 1/5
8. 5/15 (<) 8/15
9. 14/28 (=) 2/4
10. 15/45 (<) 5/6
11. 18/30 (<) 16/24
12. 14/112 (<) 1/5
13. 12/96 (<) 3/4
14. 24/72 (>) 4/20
15. 3/24 (<) 2/3
16. 12/108 (<) 2/7
17. 16/80 (<) 7/8
18. 42/126 (<) 15/20
19. 15/60 (<) 12/24
20. 13/39 (<) 6/15

Nombre: ______________________ Fecha: ________________

Escribir fracciones en forma de números mixtos

1. 5/3 = **1 2/3**	2. 9/8 = **1 1/8**	3. 18/4 = **4 1/2**
4. 40/7 = **5 5/7**	5. 14/5 = **2 4/5**	6. 9/2 = **4 1/2**
7. 11/6 = **1 5/6**	8. 6/4 = **1 1/2**	9. 48/5 = **9 3/5**
10. 10/3 = **3 1/3**	11. 16/3 = **5 1/3**	12. 14/3 = **4 2/3**
13. 14/8 = **1 3/4**	14. 20/3 = **6 2/3**	15. 66/12 = **5 1/2**
16. 15/4 = **3 3/4**	17. 30/12 = **2 1/2**	18. 26/4 = **6 1/2**
19. 25/7 = **3 4/7**	20. 13/39 = **1/3**	

Nombre: ______________________ Fecha: ________________

Escribir números mixtos en forma de fracciones

1. 3 4/5 = **19/5**	2. 5 4/3 = **19/3**	3. 3 4/9 = **31/9**
4. 2 1/2 = **5/2**	5. 6 3/4 = **27/4**	6. 10 3/8 = **83/8**
7. 4 1/3 = **13/3**	8. 4 1/5 = **21/5**	9. 12 3/7 = **87/7**
10. 5 2/3 = **17/3**	11. 8 2/3 = **26/3**	12. 9 1/2 = **19/2**
13. 3 3/4 = **15/4**	14. 7 2/3 = **23/3**	15. 4 3/8 = **27/8**
16. 6 2/3 = **20/3**	17. 4 5/9 = **41/9**	18. 18 4/7 = **130/7**
19. 8 3/5 = **43/5**	20. 6 4/5 = **34/5**	

Nombre: ______________________ Fecha: ________________

Fracciones equivalentes. Completa el numerador

1. 3/6 = **12/24**	2. 4/5 = **16/20**	3. 2/5 = **12/30**
4. 5/2 = **15/6**	5. 3/8 = **9/24**	6. 3/7 = **12/28**
7. 1/4 = **4/16**	8. 7/8 = **21/24**	9. 1/3 = **3/9**
10. 1/5 = **3/15**	11. 2/9 = **6/27**	12. 4/9 = **16/36**
13. 3/4 = **12/16**	14. 1/2 = **4/8**	15. 5/6 = **25/30**
16. 2/4 = **6/12**	17. 8/9 = **24/27**	18. 7/9 = **35/45**
19. 1/6 = **2/12**	20. 5/8 = **20/32**	

Nombre: ______________________ Fecha: ________________

Fracciones equivalentes. Completa las fracciones

1. 1/3 = **2/6** = **3/9** = **4/12** = **5/15** = **6/18**
2. 2/5 = **4/10** = **3/15** = **8/20** = **10/25** = **12/30**
3. 3/7 = **6/14** = **9/21** = **12/28** = **15/35** = **18/42**
4. 1/5 = **2/10** = **3/15** = **4/20** = **5/25** = **6/30**
5. 4/9 = **8/18** = **12/27** = **16/36** = **20/45** = **24/54**
6. 2/4 = **4/8** = **6/12** = **8/16** = **10/20** = **12/24**
7. 7/8 = **14/16** = **21/24** = **28/32** = **35/40** = **42/48**
8. 3/4 = **6/8** = **9/12** = **12/16** = **15/20** = **18/24**
9. 2/9 = **4/18** = **6/27** = **8/36** = **10/45** = **12/54**

Nombre: ______________________________ Fecha: __________

Sumar fracciones con el mismo denominador. Simplifica el resultado

1. 2/3 + 5/3 = **2 1/3**
2. 1/6 + 5/6 = **1**
3. 2/5 + 1/5 = **3/5**
4. 2/10 + 3/10 = **1/2**
5. 3/7 + 4/7 = **1**
6. 1/7 + 3/7 = **4/7**
7. 1/5 + 3/5 = **4/5**
8. 3/5 + 4/5 = **1 2/5**
9. 4/9 + 6/9 = **1 1/9**
10. 1/6 + 3/6 = **2/3**
11. 2/4 + 3/4 = **1 1/4**
12. 1/8 + 5/8 = **3/4**
13. 7/8 + 3/8 = **1 1/4**
14. 2/9 + 5/9 = **7/9**
15. 3/4 + 5/4 = **2**
16. 3/8 + 6/8 = **1 1/8**
17. 2/9 + 4/18 = **6/27**
18. 2/5 + 4/5 = **1 1/5**

Nombre: ______________________________ Fecha: __________

Sumar fracciones con distinto denominador. Simplifica el resultado

1. 1/6 + 2/3 = **5/6**
2. 4/5 + 1/2 = **1 3/10**
3. 3/4 + 3/5 = **1 7/20**
4. 2/5 + 1/3 = **11/15**
5. 1/2 + 3/7 = **13/14**
6. 6/7 + 2/3 = **1 11/21**
7. 1/3 + 3/7 = **16/21**
8. 3/7 + 2/5 = **49/60**
9. 5/8 + 3/4 = **1 3/8**
10. 1/2 + 2/7 = **11/14**
11. 4/9 + 4/5 = **1 11/45**
12. 1/8 + 3/5 = **29/40**
13. 5/7 + 3/8 = **1 5/56**
14. 2/9 + 1/2 = **13/18**
15. 2/3 + 1/8 = **19/24**
16. 3/4 + 5/7 = **1 13/28**
17. 2/5 + 1/4 = **13/20**
18. 2/5 + 4/7 = **34/35**

Nombre: ______________________________ Fecha: __________

Sumar números mixtos con distinto denominador. Simplifica el resultado

1. 4 2/9 + 1 2/9 = **5 4/9**
2. 7 1/6 + 2 5/6 = **10**
3. 3 2/5 + 4 1/5 = **7 3/5**
4. 4 1/5 + 1 1/3 = **5 1/2**
5. 3 3/7 + 2 4/7 = **6**
6. 6 1/7 + 3 3/7 = **9 4/7**
7. 5 1/5 + 8 3/5 = **13 4/5**
8. 2 3/5 + 5 4/5 = **8 2/5**
9. 8 4/9 + 1 2/3 = **10 1/9**
10. 1 1/6 + 4 1/2 = **5 2/3**
11. 6 1/2 + 2 3/4 = **9 1/4**
12. 3 1/8 + 5 5/8 = **8 3/4**
13. 9 7/8 + 1 3/8 = **11 1/4**
14. 1 2/9 + 3 5/9 = **4 7/9**
15. 5 3/4 + 3 1/4 = **9**
16. 6 3/8 + 1 3/4 = **8 1/8**
17. 4 2/9 + 5 2/9 = **9 4/9**
18. 7 2/5 + 2 4/5 = **10 1/5**

Nombre: ______________________________ Fecha: __________

Sumar fracciones y números mixtos. Simplifica el resultado

1. 3/5 + 2 2/9 = **2 5/6**
2. 4/7 + 3 5/7 = **4 2/7**
3. 3 2/5 + 1/2 = **3 8/9**
4. 4 1/5 + 1/6 = **4 3/8**
5. 4 3/7 + 2/5 = **4 5/6**
6. 2/5 + 1 3/7 = **1 29/35**
7. 4 1/5 + 3/8 = **4 4/7**
8. 4 3/5 + 1/2 = **5 1/10**
9. 2/3 + 2 2/3 = **3 1/3**
10. 2 3/8 + 1/4 = **2 5/8**
11. 5 1/2 + 2/7 = **5 7/9**
12. 3 1/8 + 2/5 = **3 1/2**
13. 3 7/8 + 4/9 = **4 1/3**
14. 2/3 + 4 5/9 = **5 2/9**
15. 7 3/4 + 1/8 = **7 7/8**
16. 3/7 + 2 3/4 = **3 1/6**
17. 4 2/9 + 4/9 = **4 2/3**
18. 4 2/5 + 4/5 = **5 1/5**

Nombre: ______________________________ Fecha: __________

Restar fracciones con el mismo denominador. Simplifica el resultado

1.	6/7 - 3/7 = **3/7**	2.	7/9 - 4/9 = **1/3**
3.	4/9 - 2/9 = **2/9**	4.	3/4 - 1/4 = **1/2**
5.	2/3 - 1/3 = **1/3**	6.	2/5 - 1/5 = **1/5**
7.	1/3 - 2/3 = **- 1/3**	8.	4/7 - 2/7 = **2/7**
9.	4/5 - 3/5 = **1/5**	10.	7/8 - 1/8 = **3/4**
11.	3/5 - 1/5 = **2/5**	12.	3/5 - 2/5 = **1/5**
13.	7/9 - 2/9 = **5/9**	14.	6/7 - 4/7 = **2/7**
15.	1/2 - 1/2 = **0**	16.	4/5 - 1/5 = **3/5**
17.	5/9 - 2/9 = **1/3**	18.	5/8 - 7/8 = **- 1/4**

Nombre: ______________________________ Fecha: __________

Restar fracciones con distinto denominador. Simplifica el resultado

1.	3/5 - 3/7 = **6/35**	2.	1/3 - 1/2 = **- 5/39**
3.	1/5 - 1/6 = **1/30**	4.	1/2 - 1/3 = **1/6**
5.	5/8 - 4/7 = **3/56**	6.	4/9 - 3/7 = **1/63**
7.	1/6 - 3/4 = **- 7/12**	8.	3/5 - 4/5 = **- 1/5**
9.	4/5 - 5/7 = **3/35**	10.	4/5 - 3/5 = **1/5**
11.	3/4 - 4/7 = **5/28**	12.	1/3 - 1/8 = **5/24**
13.	2/9 - 1/5 = **1/45**	14.	2/3 - 5/9 = **1/9**
15.	3/4 - 1/2 = **1/4**	16.	4/9 - 1/2 = **- 1/18**
17.	4/5 - 7/9 = **1/45**	18.	6/7 - 2/3 = **4/21**

Nombre: ______________________________ Fecha: __________

Restar fracciones a números enteros. Simplifica el resultado

1.	2 - 2/3 = **1 1/3**	2.	5 - 1/2 = **4 1/2**
3.	1 - 3/5 = **2/5**	4.	4 - 1/3 = **3 2/3**
5.	3 - 3/7 = **2 4/7**	6.	8 - 2/3 = **7 1/3**
7.	2 - 3/7 = **1 4/7**	8.	3 - 2/5 = **2 3/5**
9.	4 - 3/4 = **3 1/4**	10.	9 - 2/7 = **8 5/7**
11.	6 - 4/5 = **5 1/5**	12.	6 - 3/5 = **5 2/5**
13.	5 - 3/8 = **4 5/8**	14.	7 - 1/2 = **6 1/2**
15.	2 - 1/8 = **1 7/8**	16.	3 - 5/7 = **2 2/7**
17.	1 - 1/4 = **3/4**	18.	5 - 4/7 = **4 3/7**

Nombre: ______________________________ Fecha: __________

Restar números mixtos con el mismo denominador. Simplifica el resultado

1.	3 2/9 - 2 2/9 = **1**	2.	6 4/7 - 3 5/7 = **2 6/7**
3.	3 2/5 - 1 4/5 = **1 3/5**	4.	4 1/5 - 2 3/5 = **1 3/5**
5.	4 3/7 - 2 6/7 = **1 4/7**	6.	2 5/7 - 1 3/7 = **1 2/7**
7.	3 1/5 - 2 3/5 = **3/5**	8.	4 3/5 - 1 2/5 = **3 1/5**
9.	4 1/3 - 2 2/3 = **1 2/3**	10.	2 3/8 - 1 5/8 = **3/4**
11.	7 1/2 - 5 1/2 = **2**	12.	3 1/8 - 1 3/8 = **1 3/4**
13.	3 7/8 - 2 3/8 = **1 1/2**	14.	7 2/9 - 4 5/9 = **2 2/3**
15.	7 3/4 - 3 1/4 = **4 1/2**	16.	3 1/4 - 2 3/4 = **1/2**
17.	4 2/9 - 1 4/9 = **2 7/9**	18.	4 2/5 - 3 4/5 = **3/5**

Nombre: ______________________________ Fecha: ____________________

Restar números mixtos con distinto denominador. Simplifica el resultado

1.	4 2/9 - 1 2/3 = **2 5/9**	2.	7 1/6 - 2 5/6 = **4 1/3**
3.	3 2/5 - 1 3/8 = **2 1/40**	4.	4 1/5 - 1 1/3 = **2 9/10**
5.	3 3/7 - 2 3/5 = **29/35**	6.	6 1/7 - 3 3/7 = **2 5/7**
7.	5 1/5 - 8 1/2 = **-3 3/10**	8.	2 3/5 - 5 4/5 = **-3 1/5**
9.	8 4/9 - 1 2/3 = **6 7/9**	10.	1 1/6 - 4 1/2 = **-3 1/3**
11.	6 1/2 - 2 3/4 = **3 3/4**	12.	3 1/8 - 5 5/8 = **-2 1/2**
13.	9 7/8 - 1 3/7 = **8 25/56**	14.	1 2/9 - 3 5/9 = **-2 1/3**
15.	5 3/4 - 3 1/5 = **2 11/20**	16.	6 3/8 - 1 3/4 = **4 5/8**
17.	4 2/9 - 3 2/7 = **59/63**	18.	7 2/5 - 2 4/5 = **4 3/5**

Nombre: ______________________________ Fecha: __________

Multiplicar fracciones. Simplifica el resultado

1.	1/6 x 2/3 = **1/9**	2.	4/5 x 1/2 = **2/5**
3.	3/4 x 3/5 = **9/20**	4.	2/5 x 1/3 = **2/15**
5.	1/2 x 3/7 = **3/14**	6.	6/7 x 2/3 = **4/7**
7.	1/3 x 3/7 = **1/7**	8.	3/7 x 2/5 = **1/6**
9.	5/8 x 3/4 = **15/32**	10.	1/2 x 2/7 = **1/7**
11.	4/9 x 4/5 = **16/45**	12.	1/8 x 3/5 = **3/40**
13.	5/7 x 3/8 = **15/56**	14.	2/9 x 1/2 = **1/9**
15.	2/3 x 1/8 = **1/12**	16.	3/4 x 5/7 = **15/28**
17.	2/5 x 1/4 = **1/10**	18.	2/5 x 4/7 = **8/35**

Nombre: ______________________________ Fecha: __________

Multiplicar fracciones y números enteros. Simplifica el resultado

1.	5 x 4/7 = **2 6/7**	2.	8 x 3/5 = **4 4/5**
3.	4 x 3/7 = **1 5/7**	4.	12 x 2/7 = **3 3/7**
5.	1/9 x 3 = **1/3**	6.	2 x 10/11 = **1 9/11**
7.	3/4 x 5 = **3 3/4**	8.	5 x 4/5 = **4**
9.	9 x 5/6 = **7 1/2**	10.	2 x 3/8 = **3/4**
11.	3 x 1/2 = **1 1/2**	12.	6 x 3/7 = **2 4/7**
13.	7 x 3/8 = **2 5/8**	14.	3 x 4/5 = **2 2/5**
15.	9 x 1/4 = **2 1/4**	16.	5 x 2/7 = **1 3/7**
17.	4 x 5/9 = **2 2/9**	18.	6 x 2/5 = **2 2/5**

Nombre: ______________________________ Fecha: __________

Multiplicar fracciones y números mixtos. Simplifica el resultado

1.	2 x 1 2/9 = **2 4/9**	2.	3 x 2 5/6 = **8 1/2**
3.	3 x 4 1/5 = **12 3/5**	4.	9 x 1 1/3 = **11 7/10**
5.	5 x 2 4/7 = **12 6/7**	6.	6 x 3 3/7 = **20 4/7**
7.	4 x 8 3/5 = **34 2/5**	8.	2 x 5 4/5 = **11 3/5**
9.	7 x 1 2/3 = **11 2/3**	10.	5 x 4 1/2 = **22 1/2**
11.	2 x 2 3/4 = **5 1/2**	12.	8 x 5 5/8 = **45**
13.	6 x 1 3/8 = **8 1/4**	14.	3 x 3 5/9 = **10 2/3**
15.	9 x 3 1/4 = **29 1/4**	16.	2 x 1 3/4 = **3 1/2**
17.	8 x 5 2/9 = **41 7/9**	18.	7 x 2 4/5 = **19 3/5**

Nombre: ______________________________ Fecha: ____________________

Suma de decimales

1. 13.52 + 8.95 **22.47**	2. 11.78 + 3.46 **15.24**	3. 20.54 + 8.35 **28.89**	4. 64.32 + 15.26 **79.58**
5. 17.53 + 5.74 **23.27**	6. 6.20 + 2.18 **8.38**	7. 3.25 + 5.64 **8.89**	8. 4.85 + 6.48 **11.33**
9. 4.74 + 3.18 **7.92**	10. 7.16 + 6.35 **13.51**	11. 9.51 + 5.45 **14.96**	12. 3.22 + 6.18 **9.40**
13. 9.25 + 1.65 **10.90**	14. 4.13 + 8.25 **12.38**	15. 6.34 + 18.75 **25.09**	16. 22.68 + 12.58 **35.26**
17. 34.28 + 50.46 **84.74**	18. 37.27 + 20.85 **58.12**	19. 18.24 + 22.46 **40.70**	20. 85.17 + 42.68 **127.85**

Nombre: ______________________________ Fecha: ____________________

Suma de decimales

1. 12.455 4.247 + 1.392 **18.094**	2. 9.153 2.883 + 11.374 **23.410**	3. 14.578 2.945 + 3.584 **21.107**
4. 31.256 1.975 + 4.563 **37.794**	5. 3.956 2.452 + 0.025 **6.433**	6. 6.753 2.159 + 4.625 **13.537**
7. 9.124 4.015 + 3.854 **16.993**	8. 8.128 3.745 + 1.305 **13.178**	9. 7.645 5.035 + 16.308 **28.988**
10. 24.563 11.963 + 29.740 **66.266**	11. 22.515 20.425 + 88.642 **131.582**	12. 34.152 12.448 + 20.085 **66.685**
13. 93.155 10.455 + 44.288 **147.898**	14. 84.125 22.510 + 66.304 **172.939**	15. 7.660 9.886 + 64.253 **81.799**

Nombre: ______________________________ Fecha: ____________________

Resta de decimales

1. 3.10 - 2.13 **0.97**	2. 8.52 - 5.46 **3.06**	3. 5.23 - 8.13 **-2.90**	4. 6.24 - 1.25 **4.99**
5. 7.31 - 2.45 **4.86**	6. 16.22 - 2.46 **13.76**	7. 33.24 - 23.41 **9.83**	8. 4.34 - 2.77 **1.57**
9. 34.98 - 24.77 **10.21**	10. 16.21 - 6.20 **10.01**	11. 9.38 - 3.08 **6.30**	12. 32.25 - 7.44 **24.81**
13. 4.33 - 1.65 **2.68**	14. 4.11 - 1.88 **2.23**	15. 3.64 - 1.78 **1.86**	16. 6.33 - 2.58 **3.75**
17. 3.56 - 4.99 **-1.43**	18. 3.54 - 5.02 **-1.48**	19. 18.22 - 2.28 **15.94**	20. 4.25 - 3.85 **0.40**

Nombre: ______________________________ Fecha: ____________________

Resta de decimales

1. 23.459 - 14.550 **8.909**	2. 12.334 - 8.224 **4.110**	3. 6.448 - 3.102 **3.346**	4. 7.002 - 4.220 **2.782**
5. 3.886 - 5.005 **-1.119**	6. 10.338 - 7.223 **3.115**	7. 4.889 - 1.256 **3.633**	8. 10.774 - 4.585 **6.189**
9. 2.773 - 1.5 **1.273**	10. 3.325 - 2.552 **0.773**	11. 4.097 - 1.703 **2.394**	12. 5.004 - 4.2 **0.804**
13. 6.157 - 2.997 **3.160**	14. 8.332 - 5.477 **2.855**	15. 11.375 - 4.1 **7.265**	16. 15.88 - 9.883 **5.997**
17. 12.664 - 4.272 **8.392**	18. 16.773 - 6.558 **10.215**	19. 22.88 - 5.505 **17.375**	20. 30.477 - 19.883 **10.594**

Nombre: ____________________ Fecha: ______________

Multiplicación de decimales

1. 3.8 x 1.5 = **5.7**	2. 7.8 x 2.4 = **18.72**	3. 2.2 x 4.8 = **10.56**	4. 4.6 x 5.2 = **23.92**
5. 5.3 x 7.4 = **39.22**	6. 6.1 x 10.5 = **64.05**	7. 3.3 x 2.4 = **7.92**	8. 3.34 x 5.2 = **17.37**
9. 4.2 x 1.3 = **5.46**	10. 3.60 x 1.50 = **5.40**	11. 1.90 x 3.80 = **7.22**	12. 14.20 x 7.55 = **107.21**
13. 3.90 x 6.10 = **23.79**	14. 3.1 x 0.14 = **0.43**	15. 6.3 x 7.5 = **47.25**	16. 6.62 x 2.51 = **16.62**
17. 5.4 x 2.3 = **12.42**	18. 2.7 x 2.6 = **7.02**	19. 4.45 x 2.84 = **12.64**	20. 4.17 x 1.4 = **5.84**

Nombre: ____________________ Fecha: ______________

División de decimales

1. 4 ÷ 2.55 = **1.57**	2. 12 ÷ 2.3 = **5.22**	3. 28 ÷ 8.2 = **3.41**	4. 20 ÷ 5.4 = **3.7**
5. 5 ÷ 1.5 = **3.33**	6. 44 ÷ 4.3 = **10.23**	7. 55 ÷ 7.5 = **7.33**	8. 6 ÷ 3.5 = **1.71**
9. 4 ÷ 2.6 = **1.54**	10. 18 ÷ 3.15 = **5.71**	11. 31 ÷ 6.8 = **4.56**	12. 8 ÷ 1.5 = **5.33**
13. 18 ÷ 5.3 = **3.40**	14. 28 ÷ 5.6 = **5.0**	15. 7 ÷ 2.2 = **3.18**	16. 65 ÷ 5.5 = **11.82**
17. 34 ÷ 5.7 = **5.96**	18. 12 ÷ 7.2 = **1.67**	19. 12 ÷ 4.5 = **2.67**	20. 17 ÷ 6.8 = **2.5**

Nombre: ____________________ Fecha: ______________

División de decimales

1. 5.5 ÷ 2.6 = **2.115**	2. 15.2 ÷ 2.46 = **6.179**	3. 2.2 ÷ 0.7 = **3.143**	4. 15.2 ÷ 5.22 = **2.912**
5. 5.36 ÷ 2.12 = **2.528**	6. 0.85 ÷ 0.02 = **42.5**	7. 8.8 ÷ 3.9 = **2.256**	8. 2.5 ÷ 0.8 = **3.125**
9. 6.18 ÷ 1.15 = **5.374**	10. 5.32 ÷ 6.12 = **0.869**	11. 7.3 ÷ 2.55 = **2.863**	12. 9.35 ÷ 6.25 = **1.496**
13. 8.56 ÷ 2.41 = **3.552**	14. 8.84 ÷ 3.16 = **2.797**	15. 4.44 ÷ 2.18 = **2.037**	16. 3.23 ÷ 0.05 = **64.6**
17. 18.25 ÷ 5.25 = **3.474**	18. 7.3 ÷ 3.45 = **2.116**	19. 13.65 ÷ 4.22 = **3.235**	20. 4.1 ÷ 2.52 = **1.627**

Nombre: ____________________ Fecha: ______________

Decimales en forma de fracción. Simplifica el resultado

1. 6.5 = **6 1/2**	2. 4.1 = **4 1/10**	3. .25 = **1/4**
4. 1.45 = **1 4/9**	5. 2.2 = **2 1/5**	6. 5.5 = **5 1/2**
7. .75 = **3/4**	8. 3.8 = **3 4/5**	9. 2.85 = **2 6/7**
10. 4.55 = **4 5/9**	11. 6.15 = **6 1/7**	12. 3.9 = **3 8/9**
13. 5.15 = **5 1/7**	14. 8.75 = **8 3/4**	15. 3.4 = **3 2/5**
16. 2.185 = **2 1/5**	17. 8.6 = **8 3/5**	18. 7.3 = **7 2/7**
19. 2.65 = **2 2/3**	20. 4.33 = **4 1/3**	

Nombre: ____________________ Fecha: __________________

Decimales en forma de fracción. Simplifica el resultado

1. 25.5 = **25 1/2**	2. 8.68 = **8 17/25**	3. 9.15 = **9 3/20**
4. 75.2 = **75 1/5**	5. 22.15 = **22 1/7**	6. 18.3 = **18 1/3**
7. 3.75 = **3 3/4**	8. 9.64 = **9 2/3**	9. 8.65 = **8 2/3**
10. 13.5 = **13 1/2**	11. 0.65 = **2/3**	12. 4.95 = **4 19/20**
13. .625 = **5/8**	14. 25.3 = **25 1/3**	15. 2.65 = **2 2/3**
16. 14.75 = **14 3/4**	17. 6.25 = **6 1/4**	18. 3.75 = **3 3/4**
19. 12.4 = **12 2/5**	20. 32.75 = **32 3/4**	

Nombre: ____________________ Fecha: __________________

Fracciones en forma de decimales

1. 3/8 = **0.67**	2. 15/25 = **0.60**	3. 16/18 = **0.89**
4. 5/18 = **0.28**	5. 6/18 = **0.33**	6. 3/4 = **0.75**
7. 6/24 = **0.25**	8. 5/15 = **0.33**	9. 14/28 = **0.50**
10. 5/7 = **0.71**	11. 12/30 = **0.40**	12. 14/40 = **0.35**
13. 6/15 = **0.40**	14. 12/144 = **0.08**	15. 3/24 = **0.13**
16. 3/5 = **0.60**	17. 7/12 = **0.58**	18. 5/30 = **0.42**
19. 12/48 = **1/4**	20. 6/18 = **1/3**	

Nombre: ____________________ Fecha: __________________

Unidades de medida
Escribir la abreviación correcta

1. cm centímetro	2. in. pulgada
3. km kilometro	4. yd. yarda
5. m metro	6. mi. milla

Calcule el equivalente de cada medida

7. 10 cm = 100 mm	8. 1 ft. = 30.48 cm
9. 3 km = 3,000 m	10. 1 mi = 1.609 km
11. 100 cm = 1 m	12. 2 yd. = 72 in.
13. 3.048 m = 10 ft.	14. 1 in. = 2.54 cm
15. 1 mn = 1.85 km (milla náutica)	16. 3 mn = 3.45 mi. (milla náutica)

Nombre: ____________________ Fecha: __________________

Unidades de medida
Escribir la equivalencia correcta

1. 75 mm = 7.5 cm	2. 500 m = 0.5 km
3. 12 km = 12,000 m	4. 300 m = 30,000 cm
5. 5,700 m = 18,700.79 ft	6. 100 cm = 3.28 ft
7. 50 cm = 0.5 m	8. 12,000 m = 12 km
9. 20 m = 2,000 cm	10. 2,400 m = 7,874.02 ft

Resolver los siguientes ejercicios

11. Hugues camina 5 km diarios, mientras que Fernando recorre 3,500 m. Quién recorre mas? Y cuantos metros ?

    R/ Hugues camina 1,500 m mas que Fernando

12. Sofía tiene una cinta de 1 m, de la cual usa 40 cm para hacerse un adorno. Cuánta cinta le queda?

    R/ A Sofía le quedan 60 cm de cinta

Nombre: ______________________________ Fecha: ____________

Unidades de medida
Escribir la equivalencia correcta

1. 10 ft. = 120 in.
2. 108 in. = 3 yd.
3. 75 ft. = 900 in.
4. 1 yd. = 3 ft.
5. 60 in. = 5 ft.
6. 3 ft. = 18.288 m
7. 36 ft. = 12 yd.
8. 5,000 ft. = 1,524 km
9. 21 mi. = 36,960 yd.
10. 15 mi. = 24.14 km

Resolver los siguientes ejercicios

11. Adriana conduce 12 mi. a su trabajo. Cuántos **km** recorre en ese trayecto?

R/ Adriana recorre 19.3121 km

12. Fabián necesita 24 ft. de tuberías para hacer un arreglo en su casa. Cuántas **pulgadas** de tubería debe comprar?

R/ Fabián necesita 288 in. de tubería

Nombre: ______________________________ Fecha: ____________

Unidades de medida
Escribir la equivalencia correcta

1. 200 mg = 0.2 kg
2. 14,000 g = 30.87 lb.
3. 32 oz = 907.185 g
4. 300 kg = 0 tn.
5. 3,000 lb. = 1,370.777 kg
6. 7,500 mg = 7.50 kg
7. 3 tn. = 2,721.55 kg
8. 15kg = 529.109 oz.
9. 6,000 g = 6.0 kg
10. 10 lb. = 4.54 kg

Resolver los siguientes ejercicios

11. Clara usa 5 kg de harina para hacer una torta, cuántos **gramos** uso?

R/ Clara uso 5,000 g de harina

12. Juliana adiciono 18,000 mg de esencia de vainilla y luego Clara le añadió 2,000 mg mas. Cuántos **gramos** de esencia de vainilla usaron?

R/ Clara y Juliana usaron 2 g de esencia de vainilla

Nombre: ______________________________ Fecha: ____________

Unidades de medida
Escribir la equivalencia correcta

1. 96 oz. = 2.72 kg
2. 3 tn. = 6,000 lb.
3. 20 lb. = 9.07 kg
4. 30 lb. 6 oz. = 486 oz.
5. 90,000 oz. = 2.8125 tn.
6. 1.4 tn. = 2,800 lb.
7. 180 lb. 10 oz. = 81.93 kg
8. 208 oz. = 13 lb.
9. 120 oz. = 3,401.94 g
10. 202 lb. = 91.630 kg

Resolver los siguientes ejercicios

11. Sofía pesaba 30.4 lb. cuando tenia tres años, ahora ella pesa el doble. Cuántos **kg** pesa Sofía?

R/ Sofía pesa 27.58 kg (60.8 lb.)

12. La nueva receta de Mariana requiere 1.2 lb. de azúcar, Cuántas **onzas** deben usarse?

R/ la nueva receta requiere 19.2 oz. de azúcar

Nombre: ______________________________ Fecha: ____________

Unidades de medida
Escribir la equivalencia correcta

1. 1.5 L = 1,500 mL
2. 3,781.41 ml = 1.00 gal
3. 500 mL = 0.5 L
4. 40 L = 42.27 qt.
5. 750 mL = 0.75 L
6. 13,800 ml = 13.8 L
7. 12 L = 12,000 mL
8. 50 L = 13.21 gal.
9. 1.5 L = 51.2 fl. oz.
10. 1.8 m^3 = 1,800 L

Resolver los siguientes ejercicios

11. Javier usa canecas de 40 L para almacenar la leche de sus vacas. Si Javier ha llenado 6 canecas, cuántos **galones** de leche tiene en total?

R/ Javier tiene 63.4 gal (240 L) de leche

12. Martha compro' doce botellas de gaseosa de 2 Litros para su fiesta de graduación. Los invitados se tomaron 9,000 mL. Cuántos **litros** de gaseosa sobraron?

R/ A Martha le sobraron 3 L de gaseosa

Nombre: ______________________________ Fecha: __________

Unidades de medida
Escribir la equivalencia correcta

1. 30 fl. oz. = 354.88 mL
2. 4 qt. = 1.00 gal
3. 300 pt. lqd. = 37.5 gal.
4. 14 pt. = 7 qt.
5. 300 qt. = 75.00 gal.
6. 5 c. = 1.20 L
7. 1 tsp. = 4.93 mL
8. 9 tbsp. = 3 tsp.
9. 18 tbsp. = 6.0 fl. oz.
10. 12 qt. = 11.36 L

Resolver los siguientes ejercicios

11. La señora Ana ha cocinado 4 pintas (pt.) de sopa. Cuántas copas (c.) puede servir

R/ La señora Ana puede servir 7.89 c. de sopa

12. Si José ha comprado 3 galones de leches, cuántos litros de leche tiene?

R/ José ha comprado 11.35 L de leche

Nombre: ______________________________ Fecha: __________

Unidades de medida
Dibujar las horas en el reloj

1. Las tres y cuarenta y cinco

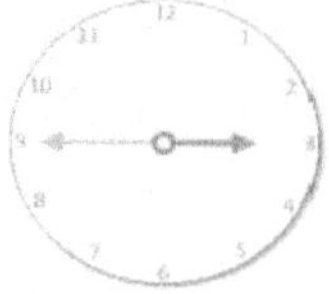

2. Las cinco y media

3. Diez y cuarto

4. Las ocho en punto

5. Las once y treinta y cinco

6. Las 21 horas

7. Las doce y veinte

8. Las 14:50 horas

Nombre: ______________________________ Fecha: __________

Unidades de medida
Resolver los siguientes ejercicios

1. Si Mariana se duerme a las 22 horas y se despierta a las 7 horas. Cuántas horas duerme?

R/ Mariana duerme 9 horas (o 2 hrs hasta las 24 hrs + 7 hrs)

2. Cuántos minutos hay en 8 horas?

R/ Hay 480 minutos en 8 horas (o 8hrs x 60 min/hr = 480min)

3. Si la clase empieza a las 10 horas, y aun faltan 15 minutos para que empiece. Qué hora es en este momento?

R/ En este momento serían las 9:45 horas

4. Cuántos trimestres tiene un año?

R/ Un año tiene 4 trimestres (4 x 3 meses = 12 meses)

5. Cuántas horas son 90 minutos?

R/ 90 minutos son 1 hora y media (1 hora + 30 minutos)

6. Si un año tiene 52 semanas, y cada semana tenemos 5 días de clase, Cuántos días al año tenemos clase?

R/ Serían 260 días (52 x 5 = 260)

Nombre: ______________________________ Fecha: __________

Perímetros. Calcule la longitud de cada perímetro, Recuerde escribir las unidades correctas.

1.

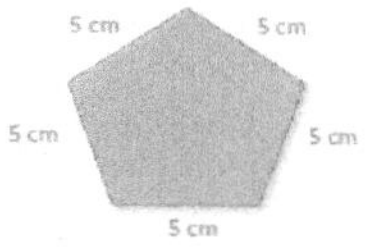

Perímetro 25 cm

2.

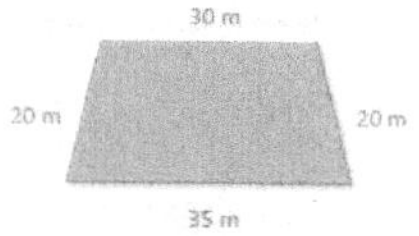

Perímetro 105 m

3.

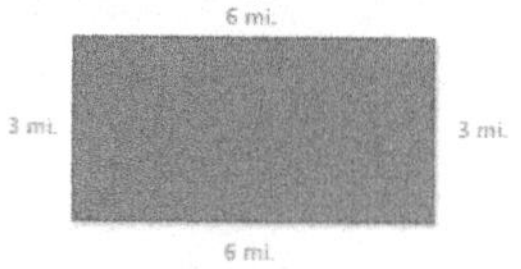

Perímetro 18 mi.

4.

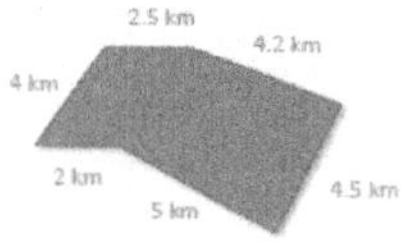

Perímetro 22.2 km

5.

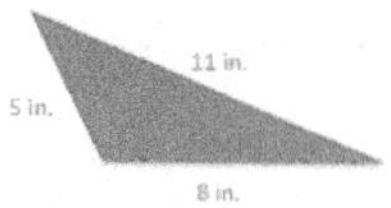

Perímetro 24 in. (2 ft.)

6.

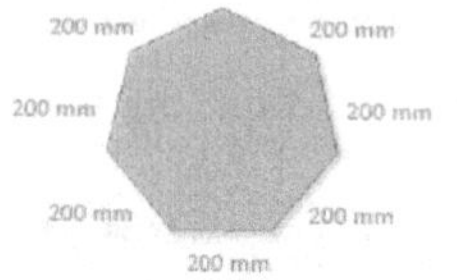

Perímetro 1,400 mm (140 cm o 1.4 m)

Nombre: ______________________ Fecha: ______________

Área. Calcule el área de cada figura. Recuerde escribir las unidades correctas.

1.

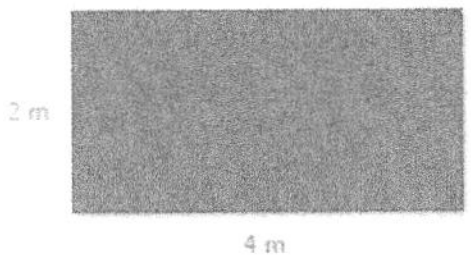

Área 8 m²

2.

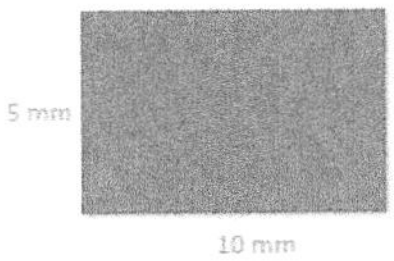

Área 50 mm²

3.

Área 19.74 cm² (Area: π*R²)

4.

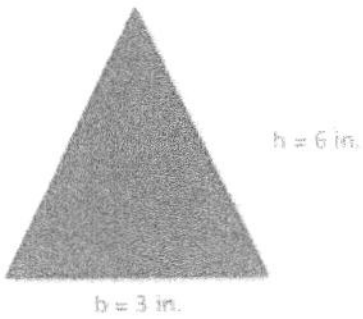

Área 9 in.² (Area: b*h/2)

Calcule el área de los siguientes cuadriláteros. Recuerde escribir las unidades correctas.

	Largo	Ancho	Area
5.	30 cm	20 cm	600 cm²
6.	2 m	12 m	24 m²
7.	24 in.	1 ft.	288 in.² (o 2 ft.²)
8.	18 km	500 m	9 km²
9.	4 m	6 m	24 m²
10.	700 mm	1,500 mm	1.05 m²

213

Nombre: ______________________ Fecha: ______________

Líneas y segmentos de línea. Seleccione el nombre de cada figura.

1. A B
Línea AB
<u>Segmento AB</u>
Línea B

2. C D
Segmento CC
Segmento CD
<u>Línea CD</u>

3. E F
Segmento FF
Segmento EF
<u>Línea EF</u>

4. G H
Segmento G
Segmento GH
<u>Línea GH</u>

5. I J
Línea I
Línea IJ
<u>Segmento IJ</u>

6. K L
Segmento LL
<u>Segmento KL</u>
Línea KL

7. M N
Línea N
Segmento MN
<u>Línea MN</u>

8. O P
Línea OO
<u>Segmento OP</u>
Línea OP

Dibuje las siguientes figuras

9. $\overleftrightarrow{QR}$ Q R
10. $\overline{ST}$ S T
11. $\overline{UV}$ U V
12. $\overleftrightarrow{WX}$ W X
13. $\overline{YZ}$ Y Z
14. $\overleftrightarrow{AB}$ A B

214

Nombre: ______________________ Fecha: ______________

Ángulos. Seleccione el nombre de cada figura.

1. A B C
∠BAC <u>∠ABC</u> ∠A

2. M N O
<u>∠MNO</u> ∠OMN ∠O

3. X Z Y
∠XYZ ∠YZX <u>∠ZXY</u>

4. P Q R
∠QPR <u>∠PQR</u> ∠R

Mida los siguientes ángulos. Use el transportador.
Identifique el nombre adecuado para cada ángulo
(por ejemplo: ∠BAC o ∠CAB o ∠A)

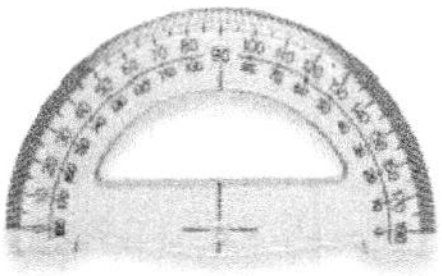

5. A C B
∠ ABC (ángulo) 29 (grados) °

6. P R Q
∠ PRQ (ángulo) 140 (grados) °

7. X Y Z
∠ Y (ángulo) 45 (grados) °

215

Nombre: ______________________ Fecha: ______________

Polígonos. Identifique el número de lados.

1.

5

2.

3

3.

10

4.

8

5.

7

6.

6

Dibuje las siguientes figuras

7. Trapezoide

8. Hexágono

9. Dodecágono

10. Rombo

216

Nombre: ______________________ Fecha: ______________

Polígonos y círculos. Seleccione el nombre de cada figura.

1.

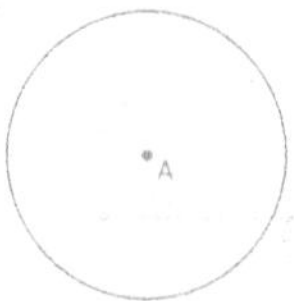

Circulo A
Segmento AB
Radio AB

2.

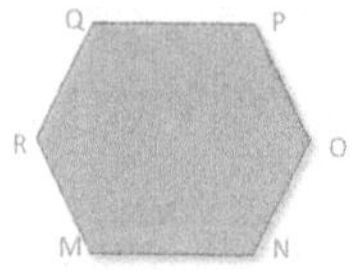

Pentágono MNOPQR
Hexágono MNOPQR
Hexágono MPQNOR

3.

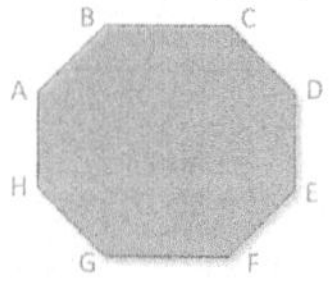

Decágono ABCDEFGHIJ
Decágono ABDHCEFGIJ
Octágono ABCDEFGH

4.

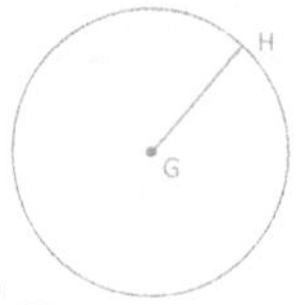

Circulo G
Segmento GH
Radio GH

Dibuje las siguientes figuras

5. Pentágono ABCDE

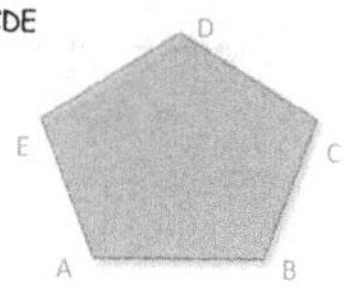

6. Rombo MNOP

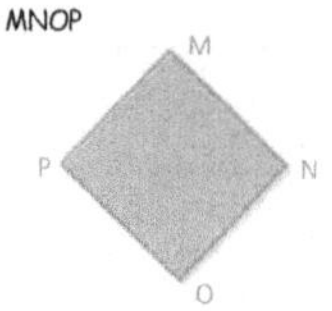

Adicione las siguientes características a cada figura

7.

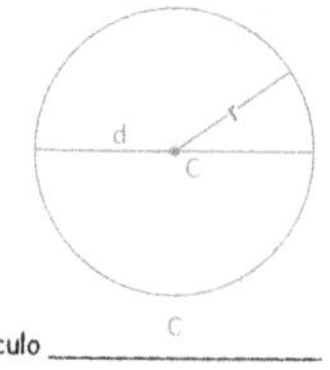

Centro C
Radio r
Diámetro d
Nombre del Circulo ______________

8.

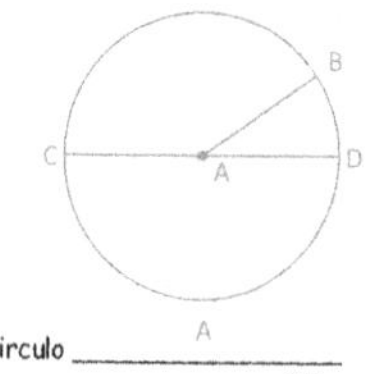

Centro A
Radio AB
Diámetro CD
Nombre del Circulo ______________

Nombre: ______________________ Fecha: ______________

Estadísticas y gráficas

1. Darío pregunto a sus amigos que fruta comerían durante el recreo. Estas fueron sus respuestas:

A partir de los siguientes datos, construya un gráfico de barras verticales.

Fruta	Conteo	Total
Banano	IIIIII	6
Piña	III	3
Uva	IIIII	5
Manzana	IIII	4
Mango	IIIIIII	7

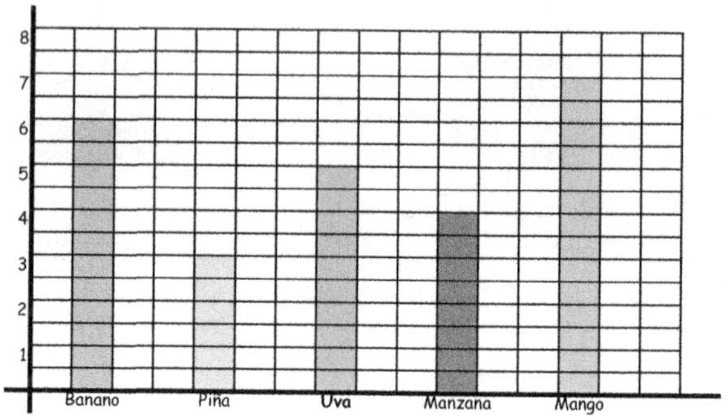

2. Cuál es la probabilidad de que un niño coma Piña? **R/ 20% (5 de 25)**

3. Cuál es la porcentaje de niños que comerán mango? **R/ 28% (7 de 25)**

Nombre: ______________________ Fecha: ______________

Estadisticas y graficas
Responder las siguientes preguntas usando la informacion proporcionada en la grafica.

1. Si Colombia tiene una población estimada de 48 millones de habitantes, Cuál es el porcentaje de habitantes en la ciudad de Bogotá?

R/ El porcentaje de habitantes en Bogotá seria del 15.625% (o 7.5/48)

2. Cuál es el porcentaje de habitantes en la ciudades listadas de la costa atlántica? (Barranquilla, Cartagena, Santa Marta y Valledupar)

R/ El porcentaje de habitantes en estas ciudades seria del 7.29% (o 3.5/48)

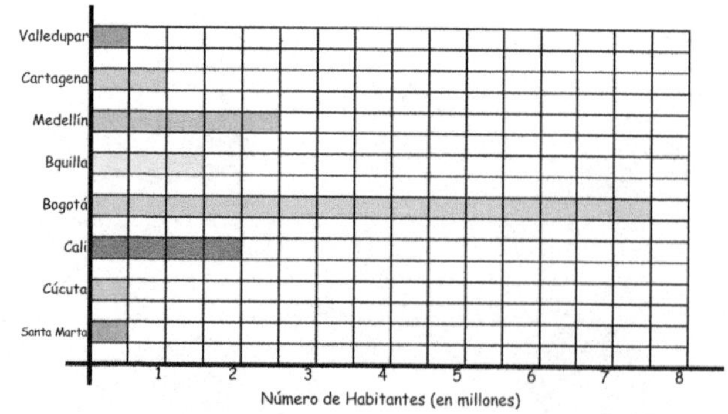

3. Qué tan grande es la población de Medellín comparada con la de Cali? (en %)

R/ La población de Medellín es 25% mas que la población de Cali (o 2.5M/2M)

Nombre: ______________________ Fecha: ______________

Estadísticas y gráficas
A partir de los siguientes datos, construya un gráfico de barras verticales.

País	Área (millón km^2)	Población (millones)	GDP (trillones US$)
Colombia	1.142	48.65	$ 0.2825
México	1.964	127.5	$ 1.046
USA	9.834	323.1	$ 18.56
España	0.506	46.56	$ 1.232
Alemania	0.357	82.67	$ 3.467

GDP: Producto Interno Bruto (o PIB)
Datos aproximados (2016)

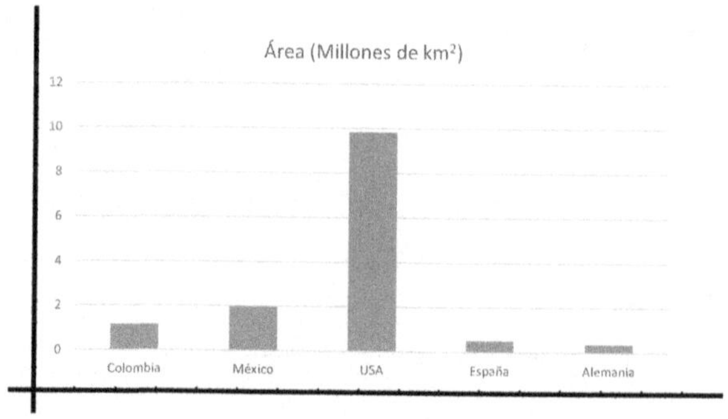

1. Qué tan grande es el área de México comparado con España? **R/ 3.88 veces**

2. Qué tan grande es el área de Colombia comparado con Alemania? **R/ 3.2 veces**

Nombre: ______________________________ Fecha: ____________________

Estadísticas y gráficas. Construya las gráficas y responda las siguientes preguntas.

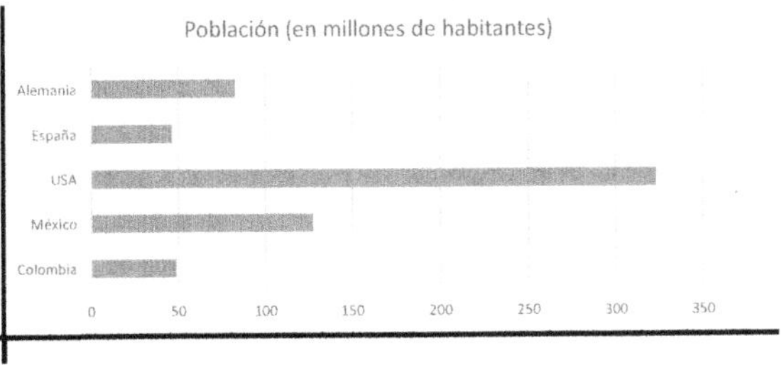

3. Qué tan grande es el población de USA comparada con México? **R/ 2.53 veces**
4. Qué tan grande es el población de España comparada con Colombia? **R/ 4.3% menor**

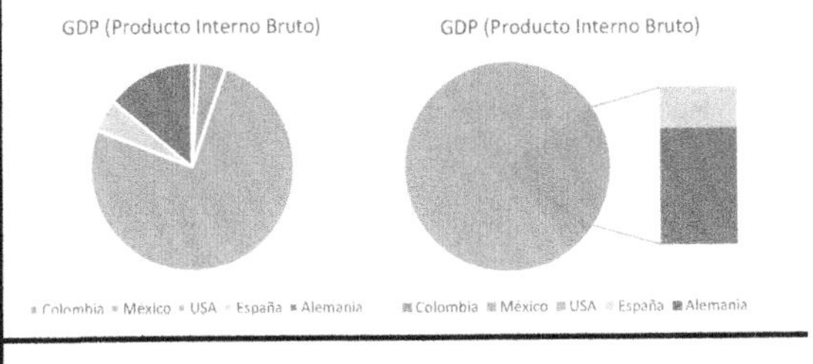

5. Qué tan productivo ($$$) es Alemania comprado con España? **R/ 2.81 veces**
6. Qué tan productivo ($$$) es España comprado con Colombia? **R/ 4.36 veces**

Nombre: ______________________________ Fecha: ____________________

Dinero y sistemas monetarios
Si un país como Colombia usa las siguientes denominaciones (valores) en sus billetes:

Cuanto dinero tenemos en las siguientes imágenes?

1. **R/ $17,000**
2. **R/ $206,000**

Nombre: ______________________________ Fecha: ____________________

Dinero y sistemas monetarios

Si tienes la siguiente cantidad de dinero,

1. Y gastas $ 30,000 en zapatos. Cuanto dinero te queda?
   R/ Luego de comprar los zapatos, te quedarían $ 150,000
2. Si pagaste los zapatos con el billete de $ 50,000, cuanto dieron de vueltas?
   R/ Te han de devolver $ 20,000 ($50Mil - $30Mil)
3. El comerciante te devuelve los siguientes billetes? Es esta la cantidad correcta?

R/ Las cuentas no están correctas. Aun faltan $3,000 pesos. Es posible que el comerciante haya equivocado el billete de $ 2,000 por uno de $ 5,000.

Nombre: ______________________________ Fecha: ____________________

Dinero y sistemas monetarios

1. Si Juan gana $70,000 por cada día de trabajo, Cuánto gana cada semana? (asume que trabaja 5 días)
   R/ Juan ganaría $350,000 por cada 5 días de trabajo.
2. Cuál seria el equivalente de ese dinero en Dólares? (asume US$1 equivale a $3,000)
   R/ $350,000 equivaldrían a US$ 116.66 (o 350,000/3,000)
3. A cuántos Euros equivalen US$350? (asume € 1 equivale a US$1.2)
   R/ US$350 equivaldrían a €291.66
4. Selecciones los valores adecuados para billetes en Euros (€)

[ ] € 2	[X] € 20	[X] € 500
[X] € 5	[ ] € 1	[ ] € 30
[X] € 100	[X] € 10	[X] € 200
[X] € 50	[ ] € 300	[ ] € 25

5. A cuánto dinero, en moneda local, equivalen US$300 en los siguientes países?

País	Moneda Local	Equivalente en moneda local		Total		
Alemania	Euro	0.85 EUR	=	$	**255**	EUR
China	Yuan	6.63 CNY	=	$	**1,989**	CNY
Inglaterra	Euro	0.85 EUR	=	$	**255**	EUR
México	Peso Mexicano	18.83 MEX	=	$	**5,649**	MEX
Costa Rica	Colon	570.04 CRC	=	$	**171,012**	CRC
Panamá	Balboa	1 PAD/USD	=	$	**300**	PAD/USD
Chile	Peso Chileno	615.10 CLP	=	$	**184,530**	CLP

Nombre: ______________________ Fecha: __________

Realizar las siguientes operaciones en los ábacos proporcionados.

$$\begin{array}{r} 16 \\ +\ 37 \\ \hline \mathbf{53} \end{array}$$

1. Ábaco europeo o convencional (cada cuenta equivale a 1)

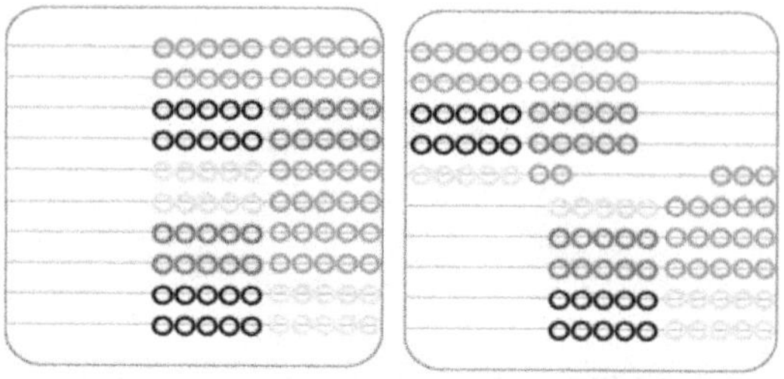

R/ 16 + 37 = 53

2. Ábaco Chino (Suan-Pan). Sistema en base 10.

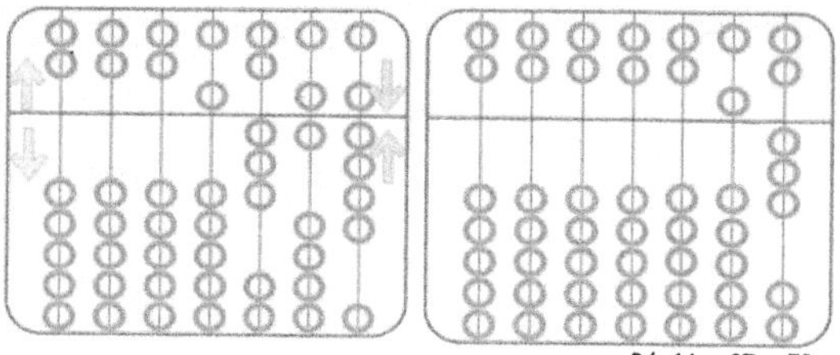

R/ 16 + 37 = 53

Nombre: ______________________ Fecha: __________

Realizar las siguientes operaciones en los ábacos proporcionados.

$$\begin{array}{r} 318 \\ +\ 44 \\ \hline \mathbf{362} \end{array}$$

1. Yupana Inca. Sistema en base 10.

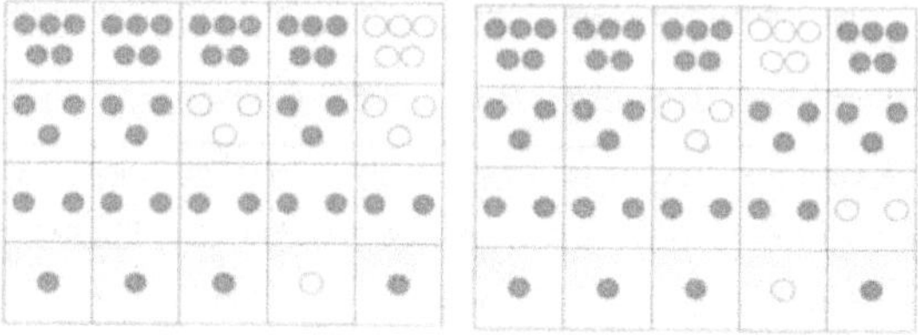

R/ 318 + 44 = 362

2. Ábaco Maya. Sistema en base 20.

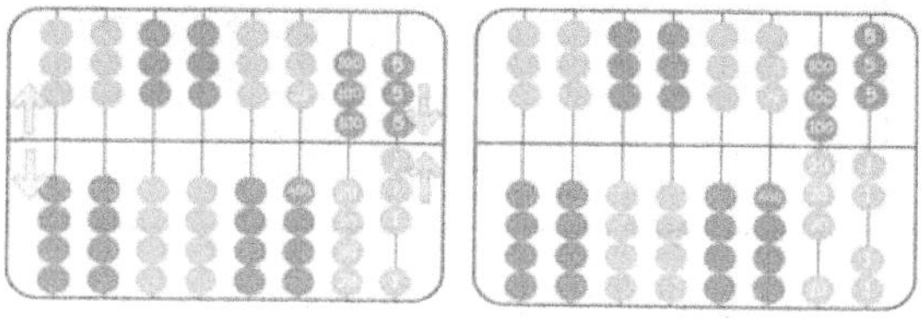

R/ 318 + 44 = 362

Nombre: ______________________ Fecha: __________

Realizar las siguientes operaciones en el ábaco chino (Suan-Pan)

1. $$\begin{array}{r} 35 \\ \times\ 8 \\ \hline \mathbf{280} \end{array}$$

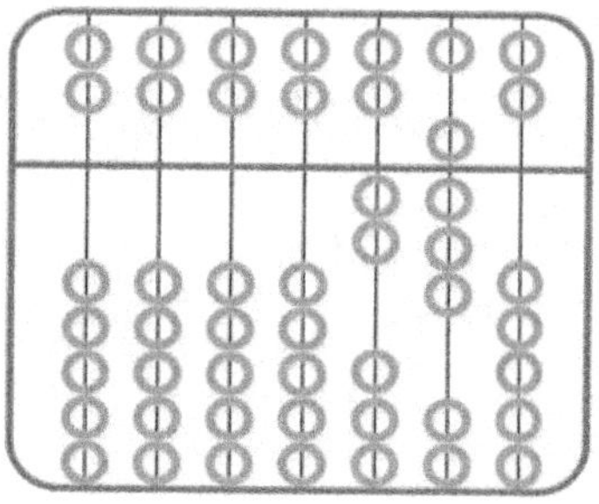

2. $$\begin{array}{r} 68 \\ \times\ 9 \\ \hline \mathbf{612} \end{array}$$

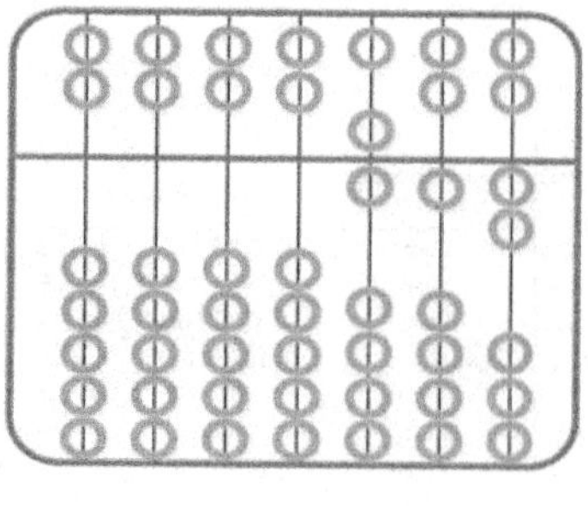

Nombre: ______________________ Fecha: __________

Realizar las siguientes operaciones en el ábaco chino (Suan-Pan)

1. $$\begin{array}{r} 61 \\ \times\ 5 \\ \hline \mathbf{305} \end{array}$$

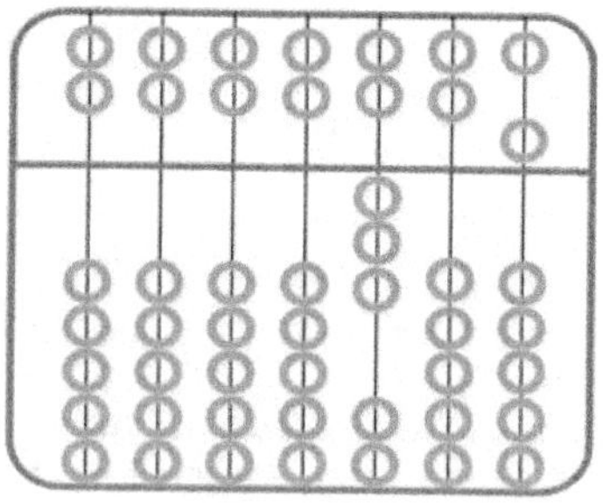

2. $$\begin{array}{r} 68 \\ \times\ 9 \\ \hline \mathbf{612} \end{array}$$

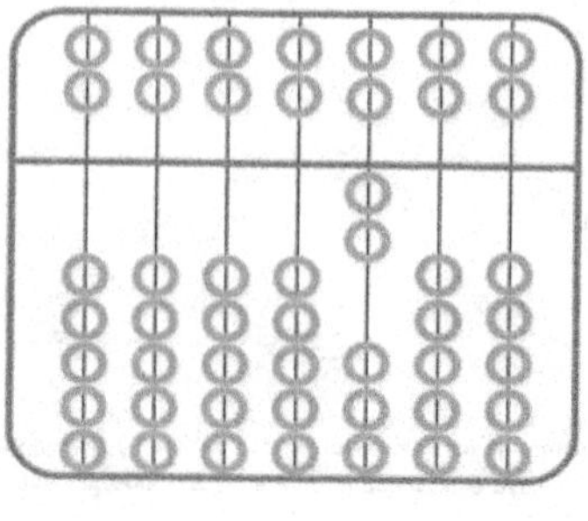

Nombre: ______________________ Fecha: __________

Realizar las siguientes operaciones en el ábaco chino (Suan-Pan)

1. 42
x 6
252

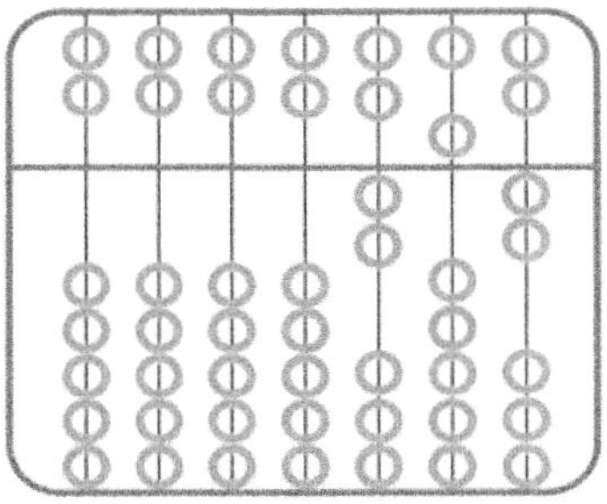

2. 975
÷ 35
28

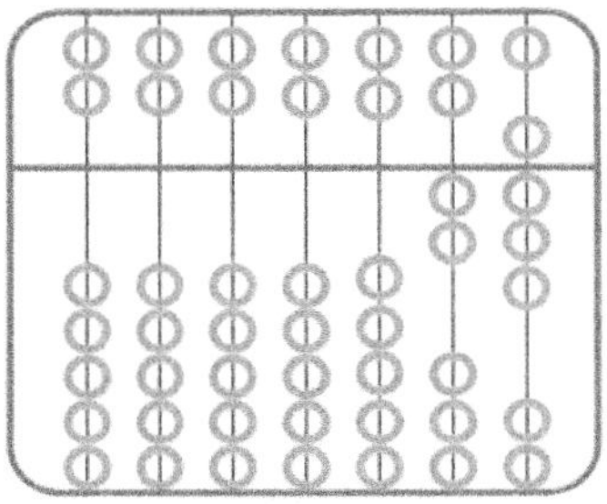

Nombre: ______________________ Fecha: __________

Realizar las siguientes operaciones en el ábaco Maya (en base 20)

1. 24
x 21
504

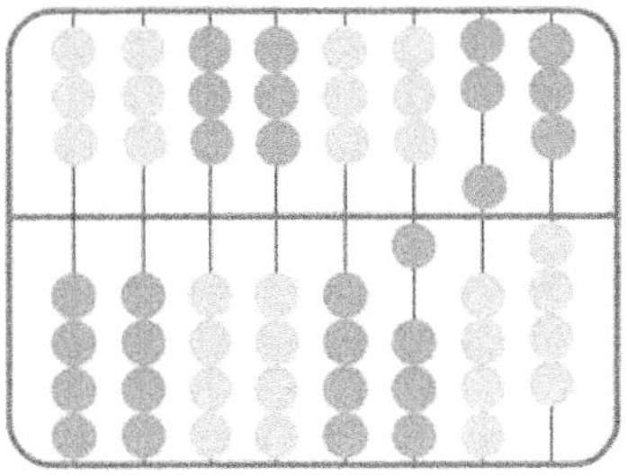

2. 16
x 37
592

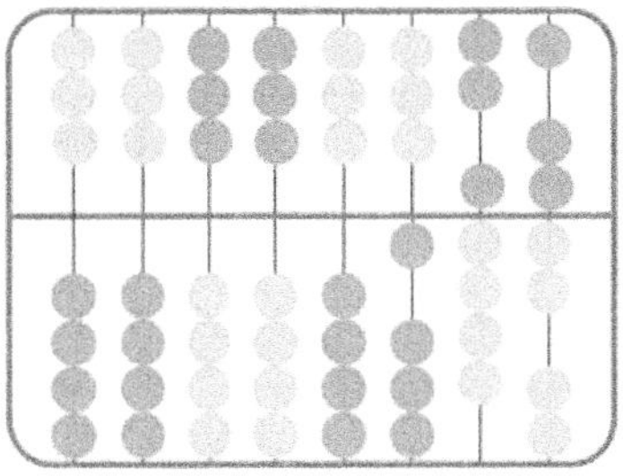

Nombre: ______________________ Fecha: __________

Realizar las siguientes operaciones en el ábaco Maya (en base 20)

1. 18
x 6
108

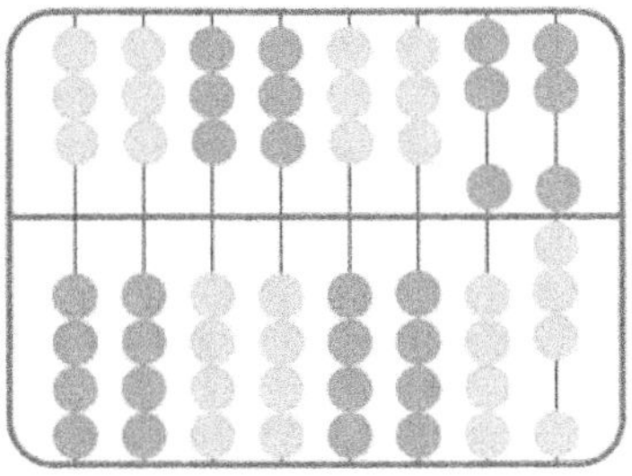

2. 53
x 12
636

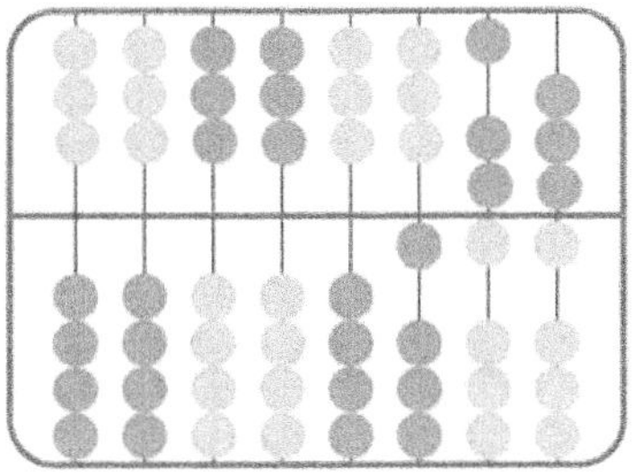

Nombre: ______________________ Fecha: __________

Realizar las siguientes operaciones en el ábaco Maya (en base 20)

1. 65
x 4
260

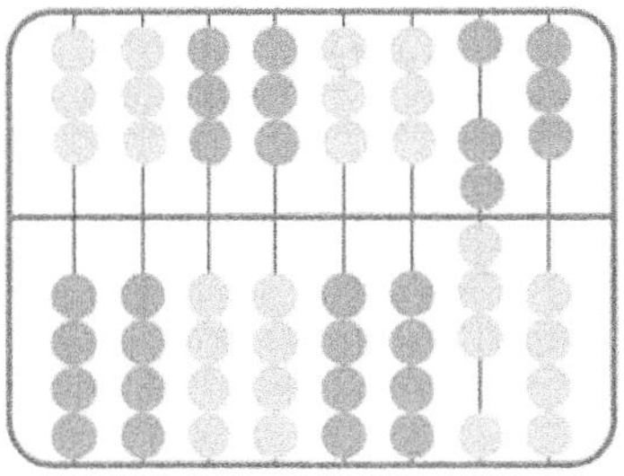

2. 490
÷ 15
33

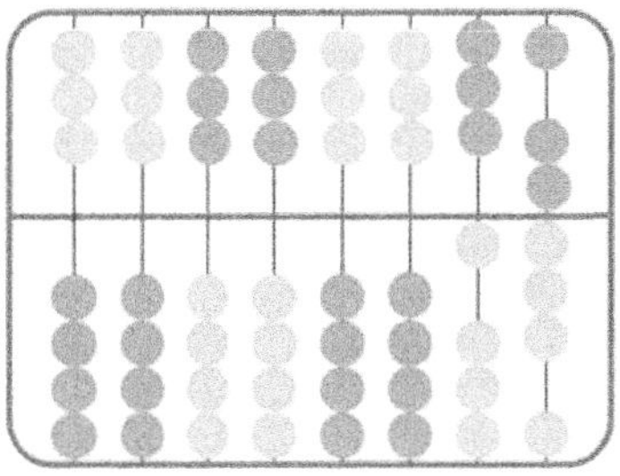

Nativo Matemáticas 5

La opción perfecta para profesores y padres, este valioso libro de matemáticas proporciona una reseña histórica de las principales civilizaciones nativas latinoamericanas, resalta el valor de múltiples sistemas numéricos y de sus posibles usos. Además, este libro incluye más de 1,000 ejercicios prácticos y actividades emocionantes, en un entorno actual y con ámbito global. Las páginas reproducibles brindan a los estudiantes la práctica que necesitan para dominar las habilidades básicas necesarias para tener éxito en el quinto grado, y son excelentes para usar tanto en la escuela como en el hogar.

Habilidades incluidas:

- Suma y resta de números con múltiples dígitos
- Multiplicación y división de números con múltiples dígitos
- Reducción y comparación de fracciones
- Suma y resta de fracciones con denominadores iguales y diferentes
- Multiplicación de fracciones
- Suma, resta, multiplicación y división de decimales
- Equivalencias entre fracciones y decimales
- Áreas y perímetros
- Líneas, ángulos y figuras
- Geometría
- Estadística y probabilidad
- Dinero y sistemas monetarios
- Ábacos
- Etno-Educación Latinoamericana

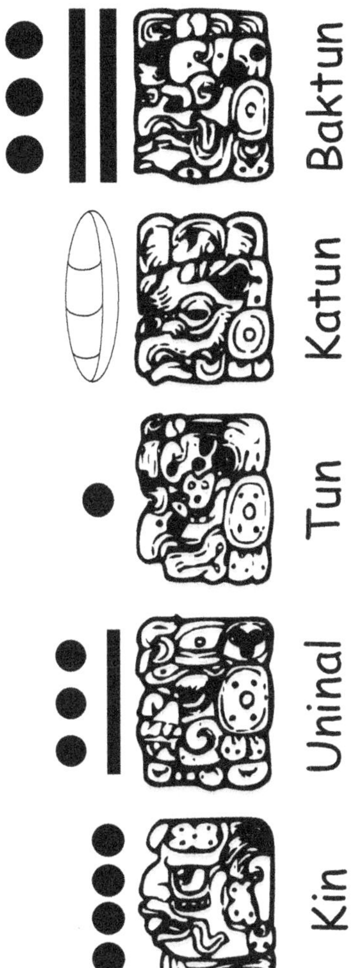

Maya-Azteca-Inca-Guaraní-
Arhuacos-Wayuu

Made in the USA
Monee, IL
08 November 2026

67971463R00151